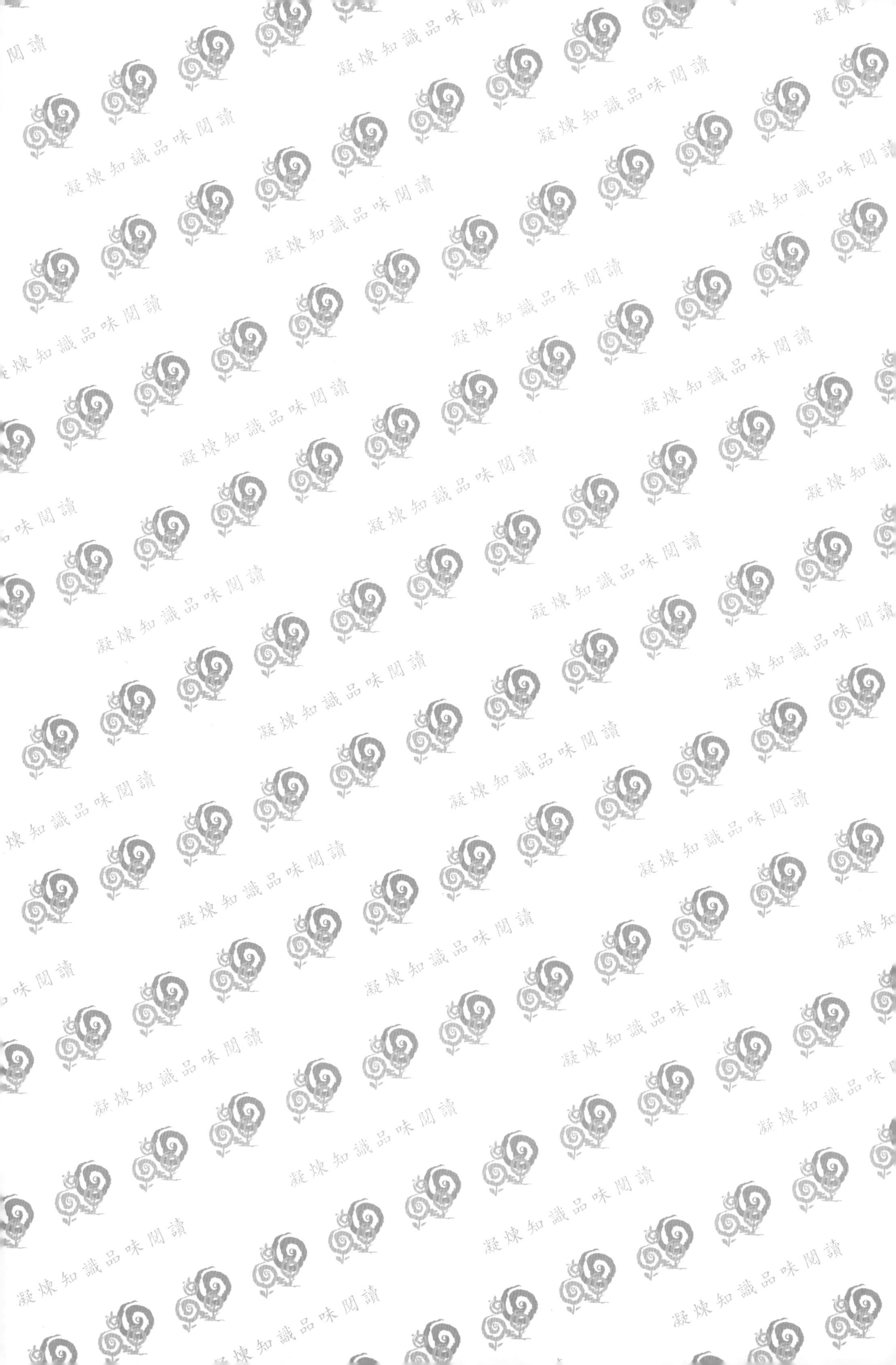
凝煉知識品味閱讀

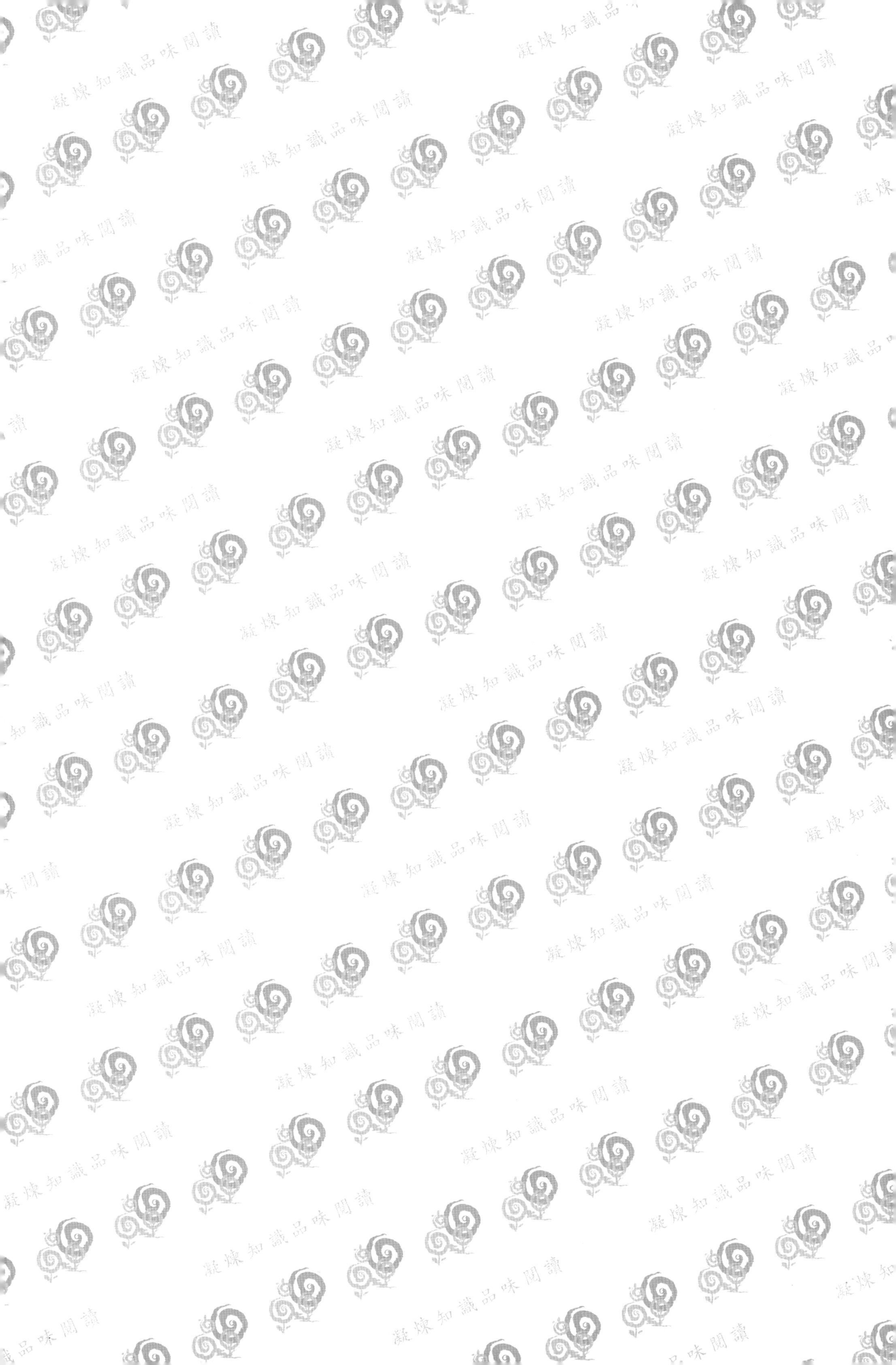
凝煉知識品味閱讀

五南出版

電子學實驗

Learning Electronics through Experiments

謝太炯 著

本書特色

★ 每一實驗單元皆包含：實驗原理、操作項目、重點整理、討論及問題。

★ 逐步帶領讀者熟悉電阻、電容、電感元件。

★ 藉由 PSpice 模擬，學習使用電路分析的軟體。

五南圖書出版公司 印行

引　言

本書內容的安排採用循序漸進的方式。

實驗一～三介紹電子儀器及量測技術。從這三個實驗單元，讀者開始認識電阻、電容及電感元件。實際上，熟習這三種電路元件的性質，是學習電子學的入門。實驗一是三用電錶的操作，學習電阻、電壓及電流的量測，引導進入電路定律及直流電路的計算。實驗2是示波器及信號產生器的量測技術，包括認識電路響應，以及利用正弦波信號響應，量測電容及電感元件的數值。實驗3量測電路的穩態數據，認識頻率響應，阻抗及傳輸函數，從而導入交流電路的數學分析。

實驗四接續實驗二～三的主題。一般讀者有了傳輸函數的概念，即可以使用運算放大器，不須要了解運算放大電路的內部組成。實驗的重點在於使用運算放大器，組構信號放大的電路。

實驗五～七的編寫依序為PN接面二極體、場效電晶體及雙載子接面電晶體。基本上，半導體元件接腳的標示可以從元件的規格表得知。這裡由元件物理的觀點，以實驗方法辨識出元件的接腳。這三個實驗皆運用直流量測的方法來認識半導體元件的電流與電壓的函數關係。

實驗八～九是關於以半導體電子元件組成類比電路的實驗，經由量測，瞭解放大電路的工作原理，同時學習直流分析及交流分析的方法。實驗八主要量測基本的電晶體放大電路，認識電晶體的傳輸電導g_m，g_m是分析放大電路重要的參數。實驗九藉由量測回授放大電路，探討回授的原理及練習分析回授電路的技巧。

實驗十學習組構振盪電路及波型產生電路。這理，接續實驗九，使用信號回授的概念，來瞭解正弦振盪產生的原理。基於電路的動態響應，可以使用示波器的觸發技巧作同步顯示，觀察弦波振盪電路開始振盪的過程。在波型產生電路，使用電晶體組構諧振電路，用來觀察諧振信號，是包括一個低電壓及一個高電壓的二位元信號。諧振電路的實驗是引導進入數位電路的基礎。

實驗十一～十三是關於數位電路的實驗。在實驗十一，從量測來認識數位閘路，包括TTL及CMOS閘路。實驗十二是組合邏輯及循序邏輯的電路實驗，並且導入數位電路的設計原理。在實驗十三，練習撰寫一個8位元微控器的程式，用來產生信號，藉以認識可程式的數位電路。

每個實驗單元包括幾個大項目，即實驗原理的「說明」，「操作項目」，「重點整理」，「討論及問題」。「重點整理」是作完實驗之後的提示，包括理論、觀念及練習題，其中透過練習題介紹分析電路的方法。「討論及問題」是進階的練習，除了提出與實驗相關的問題，另外依序介紹PSpice模擬，包括電子元件的特性分析，類比及數位電路的模擬，目的是藉由PSpice模擬，學習使用電路分析的軟體。PSpice的分析及實驗驗證，是設計電子電路的作法。

上述的十三個單元，其名稱，學習項目及需要的時間週數如下面的表列：

No	單元名稱	學習項目	建議週數
一、	三用電錶	儀錶原理及操作，直流電路，RC元件	一週
二、	示波器與信號產生器	儀錶原理及操作，信號波形，RLC電路動態	二週
三、	頻率響應	時域及頻域之電路變量，Bode圖，阻抗	二週
四、	運算放大器	認識類比IC，運算放大器及應用電路	二週
五、	半導體PN二極體	PN接面的*i-v*特性，二極體基礎電路	三週
六、	場效電晶體	MOSFET及JFET的*i-v*特性，基礎電路	三週
七、	雙載子接面電晶體	*i-v*特性，Ebers-Moll等效電路，基礎電路	三週
八、	低頻類比放大器	偏壓設計，放大電路，連級電路	三週
九、	回授放大電路	回授原理及電路結構	二週
十、	振盪與波型產生電路	正回授設計，起振現像及多諧振電路	三週
十一、	數位閘路	認識數位IC，邏輯閘路	一週
十二、	組合及循序邏輯電路	七段顯示元件，正反器及計數器	二週
十三、	微控器電路	MCU原理及基礎程式的設計	三週

下列事項，是與電子實驗相關的準備工作：

1. 先修習普通物理及微積分的課程。本書述及的物理量使用普通物理的MKS單位。
2. 如同一般課程的預習，**實驗前預習**實驗單元的內容，並且把要點**寫在實驗記錄簿**。
3. **攜帶實驗記錄簿**進入實驗室。**撰寫記錄簿是實驗課重要的學習項目**，包括繪製電路圖，描述量測方法，登記數據，及**即時寫下觀察到的現**

象。實驗結束前整理數據，在**記錄簿**上繪製成簡要的圖表，清楚標示出格線，數字，及物理量的單位，以快速檢驗結果。

4. **操作儀器之前，須要閱讀儀器的使用手冊。**
5. 撰寫報告，探討實驗的結果，格式為：一、原理簡述；二、操作項目，方法，及數據；三、問題與討論；四、結論。實驗報告是敘述從實驗學習到的知識，作為評量學習成果的依據。

為了方便解說，本書只以一家廠牌的儀器作為範例，說明儀器的功能及操作。基本上，所作的敘述也適用於其他廠牌的儀器。因此，使用本書作為實驗課的教材，量測儀器只須具有相同或是類似功能，可以不設限於型號及廠牌。

本書述及的電路及實驗方法皆已經試用於教學實務。使用本書，實際上是藉由「電子實驗」，逐步學習電子學相關的基礎知識。這裡的教材適用於大學二年級或更高年級的電子學課程。在一些章節，本書嘗試加入一般電子學教科書少見到的題材。若讀者發現內容有謬誤或不妥之處，敬請不吝指正，祈使本書更臻完備。

在進入實驗的主題之前，這裏先簡介相關的數學。

一元二次代數方程式，$ax^2 + bx + c = 0$，其中係數a，b及c 是實數，是中學數學的題目。標準的求解是：$x = \dfrac{-b \pm \sqrt{b^2 - 4ac}}{2a}$ 。

若$b^2 - 4ac > 0$，x的解是雙實根。若$b^2 - 4ac < 0$，x的解是兩個共軛複數根。為了表達共軛根，引進虛數$i = \sqrt{-1}$ 。不同於數學，電路學使用$j = \sqrt{-1}$ 的寫法。這是由於電路學習慣使用i或I代表電流，為了避免混淆，用j替代i。因此，$j^2 = -1$，$j^3 = -j$，其餘類推。在中學時，幾乎每個學生都會算二次方程式，卻不清楚為何要反覆練習作這類的問題，遑論去問「j」的涵義。

微積分把指數函數 $\exp(x)$ 或 e^x 寫成無限系列，$e^x = 1 + x + \dfrac{x^2}{2!} + \dfrac{x^3}{3!} + \cdots + \dfrac{x^n}{n!} + \cdots$。基於這個系列，作微分運算，$d(e^x)/dx = 1 + x + x^2/2! + \cdots = e^x$。$e^x$ 微分之後仍為e^x，是這個函數的特性。

若e^x函數的x用jx代替，$e^{jx} = 1 + jx + \dfrac{(jx)^2}{2!} + \dfrac{(jx)^3}{3!} + \cdots + \dfrac{(jx)^3}{n!} + \cdots$ 。整理後，得到 $e^{jx} = \left(1 - \dfrac{x^2}{2!} + \dfrac{x^4}{4!} - \cdots\right) + j\left(x - \dfrac{x^3}{3!} + \dfrac{x^5}{5!} - \cdots\right)$ ，其中實部及虛部分別是$\cos(x) =$

$1-\frac{x^2}{2!}+\frac{x^4}{4!}-\cdots$ 及 $\sin(x)=x-\frac{x^3}{3!}+\frac{x^5}{5!}-\cdots$。因此，$e^{jx}=\text{cox}(x)+j\sin(x)$，稱為Euler (沃伊勒) 公式。

在複數的運算，從直角座標 (a, b) 轉換成極座標 (r, θ) 時，使用Euler 公式：

$$a+jb=(a^2+b^2)^{1/2}\exp(j\tan^{-1}b/a)=re^{j\theta}，$$

其中，$r=(a^2+b^2)^{1/2}$，$\theta=\tan^{-1}b/a$ 及 $e^{j\theta}=\cos(\theta)+j\sin(\theta)$。座標轉換的關係，如下圖的示意：

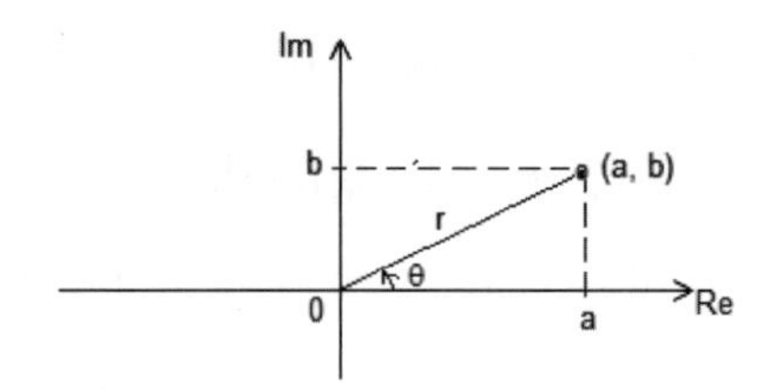

$re^{j\theta}$ 可以視為矢量 (向量)，大小是r，與實數 (Re) 軸成夾角θ。比照$re^{j\theta}$，A乘以$e^{j\theta}$，等於把實數A逆時針轉一個θ角，變成複數$Ae^{j\theta}$。A 與 $Ae^{j\theta}$ 差一個角度。在電路學稱θ為相位角，用θ來看兩個物理量發生的時間先後。因此，引進j的概念，就能夠把時間因素連結到實數量。

本書的編寫，在部分章節使用上述學過的數學。對電子實驗而言，數學工具不是主要的學習項目。然而，善用數學解析，可以理解或解釋觀察到的真實現象。這個嘗試，也是寫本書的宗旨。

目　錄

實驗1　三用電錶

目的：認識(1)儀錶的原理及操作；(2)電阻及電容；(3)直流電源；(4)直流電路之定理及分析。

器材：三用電錶，直流電源供應器，電阻，電容，端夾，接線，麵包板。

❖1. 說明

三用電錶 (Multi-meter) 具備量測電壓，電流及電阻的功能，是電學量測最常使用的儀錶，依構造可分為**類比電錶**及**數位電錶**。類比電錶使用指針附著在微流計 (Galvanometer) 的線圈上，量測時指針偏轉，顯示讀值。數位電錶利用類比數位轉換技術 (Analog-to-digital conversion，ADC)，將待測的電阻，電流或電壓經ADC電路轉換成數值信號，由液晶 (Liquid crystal) 或發光二極體 (LED) 顯示數值。電錶的構造會影響操作的性能。使用儀錶之前必須先詳閱使用手冊 (User Manual)。

電阻器 (Resistor) 簡稱電阻，是基本的電路元件。電阻以碳膜或金屬線製作，有兩個端點，標示如下圖1的R。按照端點電壓V的正負極性**定義**，電流I由正端 (+) 流向負端 (–)。電阻器的端點電壓V正比於電流I，寫成V = RI，此即**歐姆定律** (Ohm's law)，其中比例常數R是**電阻** (Resistance)。電阻的單位是**歐姆** (Ohm，Ω)，或Ω = [V]/[I]。用[]表示括弧內物理量的單位，例如，[V] = V及[I] = A。

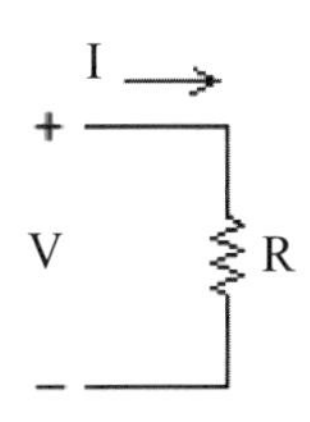

圖1　電阻之電性符號及電壓V極性與電流 I 流動方向的標示。

一般，電阻值用三用電錶的**電阻 (歐姆) 檔位**量測。這裡以常見的**類比電錶**為例，說明量測電阻值的原理。圖2是類比電錶量測電阻的電路。

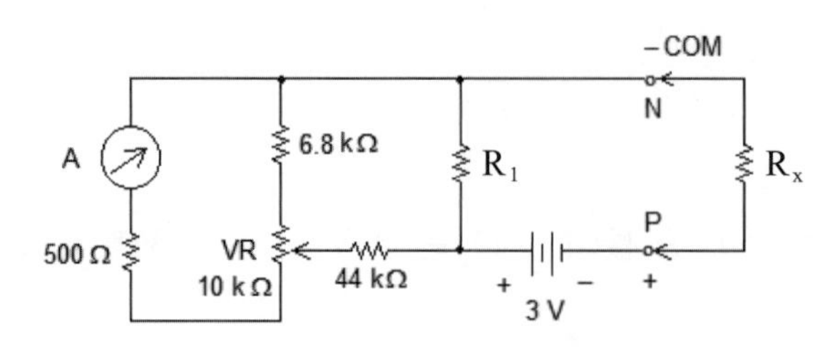

圖2　類比電錶的電阻量測電路。

圖2的電錶電路包括一顆3 V電池，微流計A，歸零電阻VR及**檔位電阻**R_1。**待測電阻**R_x經由兩隻**探棒** (Probe) 連接到電錶。微流計A的滿標度 (Full scale) 電流$I_F = 48\mu A$。微流計A結合一個磁場轉動線圈。當探棒碰觸待測電阻R_x時，產生電流通過微流計A，驅動轉動線圈轉動。附在轉動線圈上面的指針的偏轉角度，與線圈電流I_x成正比關係。電錶的錶頭上面有電阻數值刻度。對應指針停留的位置的刻度，即為待測電阻的電阻值。**注意**：在電阻 (歐姆) 檔位，類比三用電錶的**正極插孔，即標示「P/+」的端點**，連接到3V電池的**負極**。

使用**類比三用電錶**量取電阻值的步驟如下：

1. 選擇檔位：轉動檔位旋鈕，選定歐姆檔位 (對應於圖2的R_1值)；
2. 歸零：將電錶的兩隻探棒碰觸短路，調整可變電阻VR的轉鈕，使錶頭指針偏轉滿標度；
3. 讀值：把兩隻探棒同時分別接觸待測電阻R_x的兩端，指針停止擺動時讀取指針位置的數值。

由圖2的電路，若R_x在微流計造成偏轉的線圈電流是I_x，其與滿標度電流I_F的關係為：

$$I_x = I_F R_1/(R_x + R_1)。 \tag{1}$$

指針偏轉角度θ正比於電流。因此，待測電阻R_x導致指針偏轉θ_x與滿標度偏轉θ_F的關係是：

$$\theta_x = \theta_F R_1/(R_x + R_1), \tag{2}$$

從式(2)的關係可以設計錶頭上的數值刻度 (參考本章問題6-1)。

以**類比電錶**量測電壓或電流時，先選定**直流** (DC) **或交流** (AC) 及電壓或電流檔位。錶頭的線圈電流，不借助內建的3V電池，是由待測電路產生。圖3分別示意電壓及電流量測的接線。**圖3(a)量取待測元件的電壓**V_x**，電錶與待測元件並聯**。錶頭電流 ($I_m \approx V_x/R_i$)，亦即錶頭指針的偏轉量，正比於V_x。**電壓量測時**，選擇合適的電壓值檔位 (參考問題6-2)，使錶頭的內電阻R_i遠大於待測元件的電阻R_x，保持$I_m << I_x$，以降低**負載效應**造成的量測誤差。**圖3(b)量取待測元件的電流**I_x**，電錶與待測元件串聯**，錶頭電流I_m正比於I_x。**電流量測時**，必須確定錶頭的內電阻R_i遠小於待測元件的電阻R_x，保持$V_x' \approx V_x$，以降低量測誤差。在類比電錶，電壓及電流的錶頭數值是**線性**刻度；與之對照，電阻的錶頭數值是**非線性**刻度，如式(2)的表示。

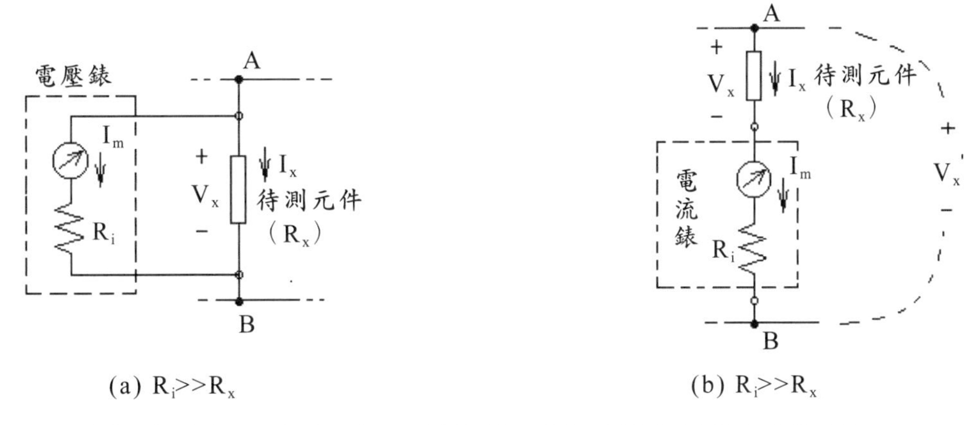

圖3　電壓及電流量測的接線：(a) 量測電壓，電壓錶和待測元件並聯，讀取電壓；(b) 量測電流，電流錶和待測元件串聯，讀取電流。

機械式的類比電錶顯示的誤差值，比電子式的數位電錶為大。儀錶不準確度來源有電路內電阻值的不準度，錶頭刻度，及校準誤差。類比電錶的不準度大致是2%滿標度。數位電錶的不準度則除了本身電路的精準度外，是由類比數位轉換的電路 (ADC) 決定。以一般使用的三位半 (3-1/2) 數位電錶為例，各檔位的準確度是0.5% 至1%。數位電錶可以由ADC的位元數提昇其準度，例如：10 位元的電錶顯示是XX.X，20 位元電錶的顯示是XX.XXXX。

電源供應器 (Power supply)，供給電路工作所需的能源，有直流

(DC) 和交流 (AC) 兩種型式。一般的直流電源供應器具有可調電壓 (0～30V) 及電流 (0～3A) 的雙輸出，另外設有固定5V-1A 的單一輸出。最常使用的埠端是可調的雙輸出。圖4是使用一般的電源供應器作**正負對稱雙電源**的接線圖。先把MASTER的負端和SLAVE的正端連接，形成兩個電源串聯，再把此連接點作為電路的接地 (Ground，GND)，**這個接點是參考用的零電位。正或負的電壓值皆以接地為基準，例如B端的電位低於零電位，故V_{EE}為負電壓。反之，V_{CC}為正電壓。**

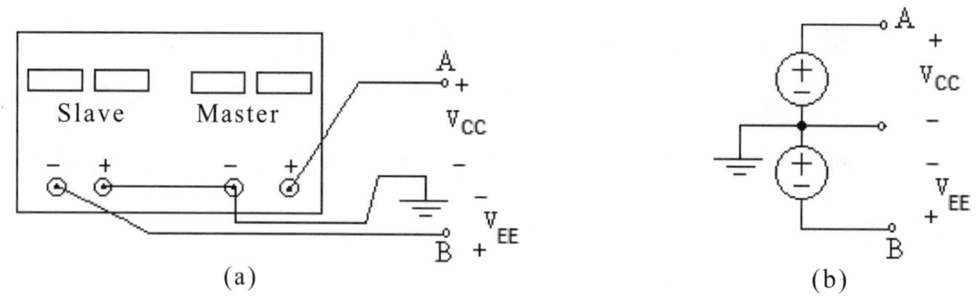

圖4　對稱雙電源：(a)供給正負電壓的接線
(b)等效電路及電路符號。

熟習上述電源供應器的**操作模式，是在電子實驗重要的準備工作；例如，在**運算放大器的實驗 (參考實驗4)，**使用正負雙電源，**屬於上圖4的接線。使用電源供應器，**不要**把電源輸出埠的**正負端短路** (Short circuit)。**實驗的基本原則是時常翻閱儀器使用手冊，自行解決儀器操作的問題。**

❖2. 電阻元件及直流電路的量測

2-1 選用不同數值的電阻，在**麵包板上練習插件** (Part placement)。選取 510Ω, 1kΩ, 2.2kΩ 和6.8kΩ 各一個。由電阻上的彩色條碼判讀電阻值，1kΩ的條碼標示是：

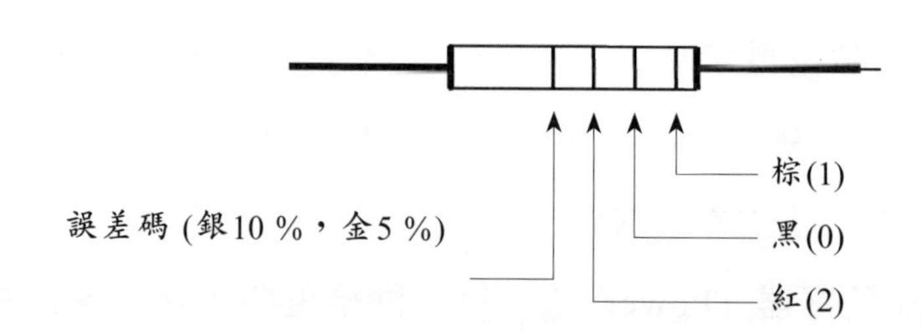

實驗之前，先參考資料，在實驗記錄簿製造作一個完整的色碼及電阻值的對照表。

使用類比三用電錶的**歐姆檔位**量取電阻，把讀值記錄在下列表格。注意色碼標示值和量測之間的誤差，檢驗此誤差是否在誤差碼所代表的誤差範圍之內。

電阻數值	色碼	測量值	誤差%
510 Ω	(5)綠(1)棕(1)棕		
1 kΩ	棕黑紅		
6.8 kΩ	藍灰紅		
2.2 kΩ	紅紅紅		

作電錶量測時，手持探棒，接觸量測點，既不穩定也不方便同時作記錄。為了準確量測，可以預先製作接線，使用長度20~30公分的單心導線，兩端分別焊接上鱷魚夾和香蕉插頭，替代電錶的探棒。量測時，用鱷魚夾來夾住電阻的量測端點，另外把香蕉插頭插入電錶的插孔。

2-2 下圖是實驗電路及在麵包板上面的插件，參考在麵包板上排列元件的方式完成接線。這個電路有四個連接點，分別以數字1至4標示，定義為電路的**節點** (Node)。每兩個節點之間連接一個元件，例如，節點1-2是接到直流電源V_s，實際上，**是連接到電源供應器的正負輸出端點，參考圖4電源的說明**。又例如，節點1-4之間跨接一個R_4電阻，兩點之間定義一個電壓V_4，其**正負極如圖的標示**。

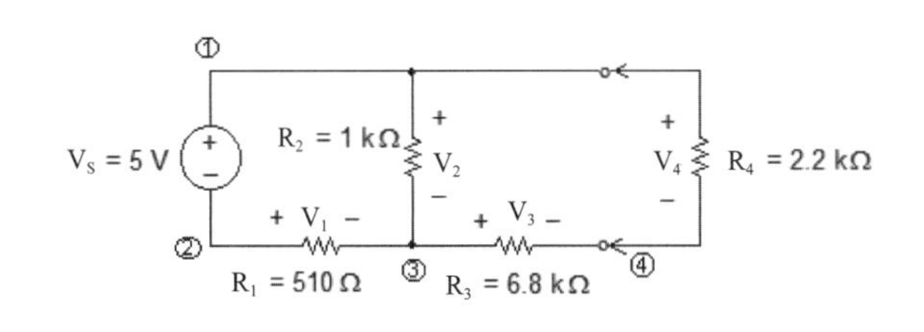

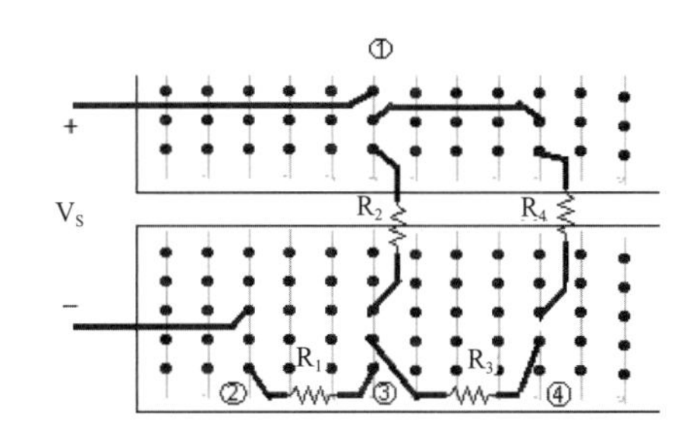

調整電源供應器輸出V_s = 5 V。用**類比電錶**的直流**電壓檔位**，量取跨

越各個電阻的電壓值，例如V_1、V_2、V_3及V_4。注意，用電錶判斷電壓**正負極**兩點之間**相對電位的高低，決定讀出電壓的正負符號**。例如，V_1的讀值是負號，V_2的讀值是正號。記錄量測電壓值 (單位：V) 於如下的表格。

V_1(V)	V_2	V_3	V_4

2-3 使用數位電錶重覆2-2節的量測。記錄電壓值 (單位：V)。從電壓V的正負極性標示，定義電流I之流向。電阻元件k之電流I_k可由Ohm定理求得，即$I_k = V_k/R_k$ (k = 1～4)。按電流大小及流向 (注意**正負符號**的差異)，把每個電阻之電流及電源供應器之電流I_s填入下面的表格。

V_1(V), I_1(mA)	V_2(V), I_2(mA)	V_3(V), I_3(mA)	V_4(V), I_4(mA)	V_s(V), I_s(mA)

與2-2節的**電壓量**測結果比較，數位電錶是否比類比電錶有較好的準確度？

在電路學有兩條基本定律，分別敘述如下，並且可以從上述的實驗數據作檢驗：

(1) **電壓定律** (Kirchhoff voltage law，KVL)，在一個密閉的環路內，遵循一個方向的元件電壓V_k其總和滿足$\Sigma V_k = 0$。例如：從數據檢驗是否$V_2 + V_3 - V_4 = 0$或者$V_4 - V_3 - V_1 - V_s = 0$？

(2) **電流定律** (Kirchhoff current law，KCL)，流入或流出一個節點的元件電流I_k總和滿足$\Sigma I_k = 0$。例如：從數據檢驗在節點3是否$I_1 + I_2 - I_3 = 0$？或者在節點4是否$I_3 + I_4 = 0$？

從上述之電壓及電流定律，可以證明Tellegen定理，即一個電路內全部元件之電壓V_k及電流I_k的乘積和，恆有$\Sigma V_k I_k = 0$。Tellegen定理亦稱為**功率定理** (Power law)。試由2-3節的實驗數據檢驗Tellegen定理，即是否$V_1I_1 + V_2I_2 + V_3I_3 + V_{4i}4 + V_sI_s = 0$？

2-4 組裝一個**分壓電路** (Voltage divider)。如下圖 (2-4)，電阻R_1和R_2把電源供應器的輸出V_s，分成V_1和V_2兩部分。依照KVL的定律，$V_s = V_1 + V_2$。若**固定**電源供應器的輸出為$V_s = 5V$，要得到$V_2 = 2V$，如何設計R_1及R_2的數值？寫下計算的結果：$R_1 =$ ____，$R_2 =$ ____。

按圖 (2-4) 完成接線，以數位電錶讀取V_2，記錄讀值 = ______ (至小數點第一位)。實驗值是否偏離設計值？ (數位電錶有內電阻R_L，其產生的**負載效應**，是否會造成量測誤差？)

使用電阻時，必須考慮**電功率損耗**。電功率P定義為V乘以I，單位是瓦特 (Watt，W)。電阻R的功率損耗寫成$P = RI^2 = V^2/R$，其數值須小於額定功率 (Rating)。電阻器的額定功率與其體積成比例，常見的額定功率有1/8W或1/4W。若電阻的功率損耗超過額定功率，會導致電阻器燒毀。因此，在1/8W的電阻器，安全的設計準則是$V_s^2/R < 1/8W$，即不論R_1或R_2須大於200Ω (8×25)。另外，注意**負載效應**，選用遠比電錶的內電阻 (R_L) 為小的R_2，其準則是$R_2 < R_L/100$。

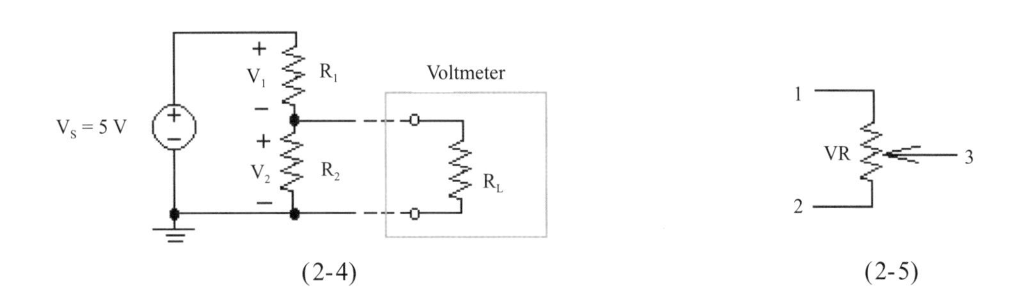

(2-4)　　(2-5)

2-5 認識**可變電阻器** (VR，Potentiometer)。取一個1 kΩ或10 kΩ的可變電阻器，觀察並且描繪其外觀。上面圖 (2-5) 是可變電阻的標示，有三隻接腳。接腳1及2之間是固定的電阻值，接腳3代表可以移動的接觸點。

使用一個可變電阻器，組裝分壓電路。同2-4節的實驗，設$V_s = 5V$，當轉動可變電阻時，輸出0至1.5V的電壓。**實作之前，先繪出此分壓電路的接線圖，並標示所用的電路元件之數值。**

按可變電阻的**接線圖**，完成接線，記錄實驗操作及結果。

可變電阻能夠負荷的**最大功率損耗約為**0.1W。製作分壓電路時，須先計算在可變電阻最大的電功率耗損，其值若超過0.1W，即易造成可變電阻器燒毀。從這裡的實驗，學習使用可變電阻組成分壓電路，可以微調輸出電壓。

❖3. Thevenin等效電路

在2-2節的電路，從節點1-4向左看入的**電阻電路是兩個端點的線性電路**，如下圖(a)。端點電壓V和電流I有線性關係$V = aI + b$。另外，該式等於下圖(b)的描述，其中a是電阻，b是電壓源。圖(b)稱為圖(a)電路的Thevenin**等效電路**，其中a是從端點1-4「看入」的等效電阻。如此，一個兩端點的線性電路(a)，無論其內部的聯結，恆可以用等效電路(b)代表，包含最多兩個元件。

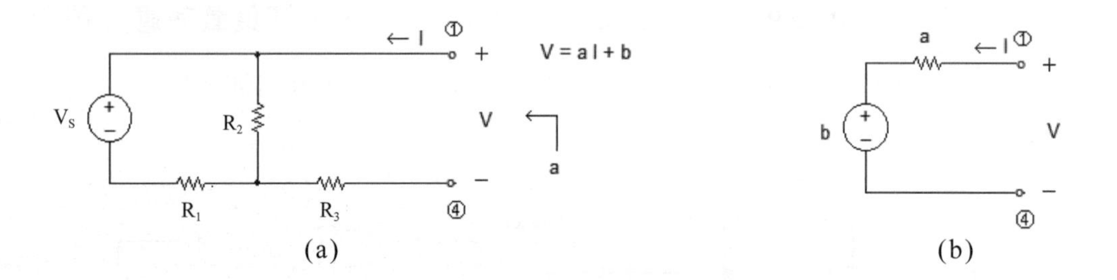

(a) (b)

以下的實驗，說明Thevenin等效電路的參數a及b，分別經由端點**開路**及端點**短路**的量測來求解。若使用**類比電錶**量測電壓或電流值時，須先將檔位撥轉到**最大的量測範圍**，再視指針的偏轉量，依序下降至合適的檔位，避免錶頭指針偏轉超越滿標度，發生衝擊而損壞。

3-1 下圖方塊N代表2-2節的電路，把節點1-4之間的R_4移開。用類比電錶讀取端點1-4的電壓。這電壓值是在端點電流$I \approx 0$時量取，稱為**開路電壓**V_{oc}。因此，上圖(b)的參數$b = V_{oc}$。記錄V_{oc} = ______ (單位)。

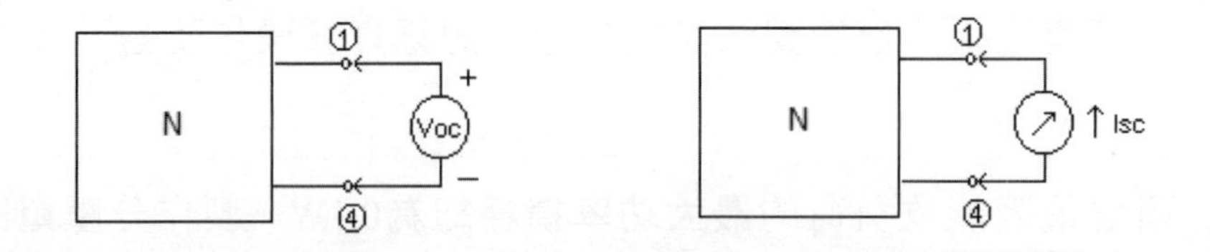

3-2 接續3-1節，同樣移開R_4。用類比電錶的電流檔位量取端點1-4的電流。**留意電錶的輸入極性，確定電流流動的方向**。這個電流值是在端點電壓$V \approx 0$時量取，稱為**短路電流**I_{sc}，記錄I_{sc} = ______ (單位)。上圖(b)的參數$a = V_{oc}/(-I_{sc})$ = ______ (單位)。

4. 電容的極性及漏電電流

類比三用電錶除了上述的電阻，電壓，和電流量測，還可以用來檢測電容器。

電容器 (Capacitor) 簡稱電容，是基本的電路元件，具有兩個端點，標示如下圖的C。電容由兩片金屬電極板構成，其間為絕緣的介質材料。因此，**理想的電容沒有直流電流通過兩片電極板**。兩片電極板經由電場的感應，分別累積正及負電荷±Q。電荷Q與電極之間的電壓V成正比關係，$Q = CV$，其中的常數C稱為電容 (Capacitance)。電容的單位是**法拉** (Farad，F)，或$F = [Q]/[V]$。電容值可以用式$C = \varepsilon A/d$表之，其中A是電極板的面積，d 是兩電極板的間距，ε是材料的介電係數 (Dielectric constant)。電容的種類依不同的介質材料有真空，空氣，紙，陶瓷，鉭質，電解質等形式。在一個臨界高電壓之下介質材料會失去電絕緣性質，這個臨界電壓稱為**崩潰電壓**。介電係數及崩潰電壓分別決定電容的電容值大小及最大能夠承受的工作電壓。

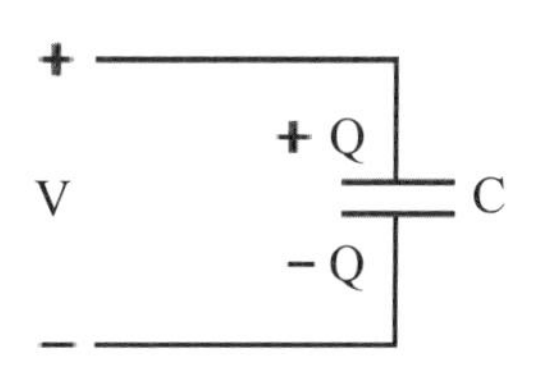

一般常見到電解質 (Electrolytic) 及陶瓷 (Ceramic) 電容。電解質電容在金屬電極板之間有電解質溶液。電解液的介電係數ε大，使得電解質電容有大的電容值，其範圍約從0.1μF 至1000μF。當正電壓加在適當的電極板時，在金屬與電解質的界面產生一層薄的氧化層，形成絕緣層。使用電解質電容時，須要注意兩片電極板有正負極性的區別。因此，在電容器的封裝上面以符號「+」或「–」標示兩條電極接線的正負極性。接線時，**正極必須連接到較高的直流電位**。極性反接時，兩片電極之間的絕緣性變得不佳，務必避免此情況的發生，因為漏電使得電容失去阻隔直流電流的功能，同時可能導致溫度上升，在電解液內產生氣泡而暴破電容器的封裝。

陶瓷電容是在一片陶瓷圓盤的兩個表面製作金屬電極所構成。陶瓷電容不像電解質電容，兩個電極板不具有正負的極性，漏電電流幾近為零，電容值由陶瓷的**介電係數**決定，其範圍約從0.1μF至幾個pF。陶瓷電容值一般以數字標示，如xxx，前二位數字是電容的數值，最後一位是乘pF的指數。例如，標示203的陶瓷電容代表電容20nF ($20 \cdot 10^3$ pF)。標示104的電容是0.1μF。

4-1 取一個1μF或更大值的電解質電容。設定**類比電錶**在×1K的電阻檔位，以連接電錶「P/+」插孔的探棒接觸電容器**標示負極**的一端，同時以連接「N/-COM」插孔的探棒接觸電容器的另一端。記錄電錶指針的偏轉現象。試依照電錶指針的最後停止的位置，判斷一個電容器功能是否正常 (若屬於正常，指針停止在開路或無限大歐姆位置，若有漏電，則否)。若連接「N/-COM」插孔的探棒接觸在電容器的負極端，電錶指針的最後停止的位置是否不同於前面的情形？

4-2 按下圖接線，直流電源供應器的輸出連接節點1-0。節點1-2之間跨接一個22μF的電解質電容，其中節點1接到電容的正極端。在節點2-0 跨接一個1kΩ 的電阻R。首先，以導線短暫跨接電容器C的兩端，藉由短路移除電容的電荷。接著調整電源供應器的輸出$V_{DC}=5V$。當按下電源供應器的POWER ON時，以三用電錶的**直流電壓檔位**，量測電阻R 的電壓V_L。若錶頭指針轉動，是有**電荷流動**，在R 產生電壓。藉由指針之偏轉，觀察電阻R 的電壓變化，並且記錄之。

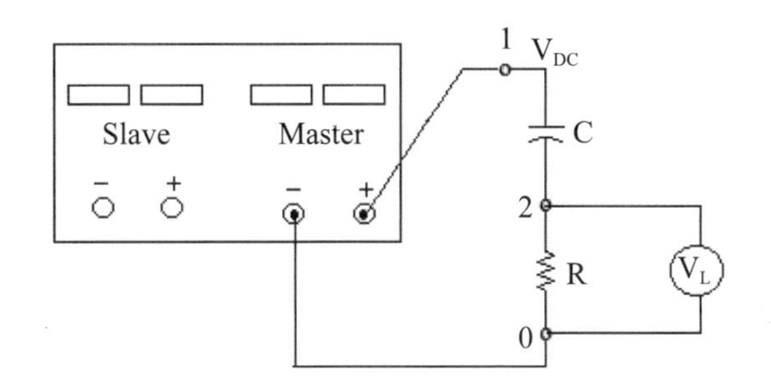

4-3 把電解質電容C的正負極性反接，即把節點1連接到電容器負極端，重覆4-2節的量測步驟，但是緩慢調整V_{DC}，在2V～10V範圍變動 (或>10V)。使用電錶讀取V_L，若指針漂移，取V_L平均值。計算V_L/R，其值是電容器的漏電電流I_L。記錄I_L在下列的表格：

V_{DC}(V)	2	4	6	8	10
I_L(mA)					

4-4 取一個0.1μF的陶瓷電容，重覆4-2或4-3節的觀察與量測 (陶瓷電容沒有極性的區別) 並且記錄陶瓷電容可能的漏電電流。

5. 要點整理

這個實驗單元是認識直流電路的基礎。從實驗得到的知識，有助於分析的工作。分析直流電路時，使用電路元件的I-V關係，例如，在電阻，V = RI，及電路學的兩條基本定律，

(1) **電壓定律** (Kirchhoff voltage law, KVL)，$\Sigma V_k = 0$；

(2) **電流定律** (Kirchhoff current law, KCL)，$\Sigma I_k = 0$。

練習1

下圖電路是2-2節的電路，試求V_4。

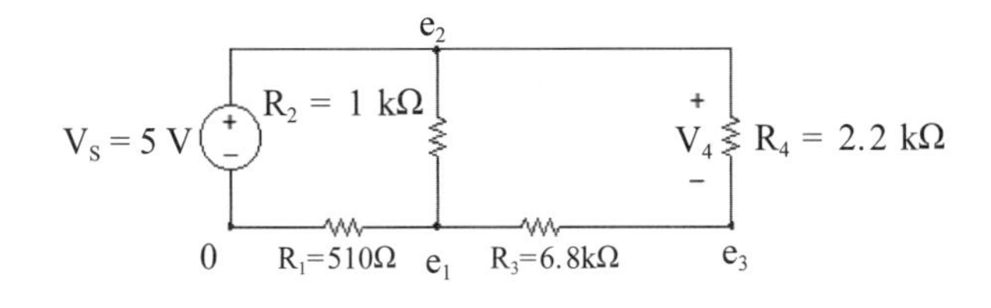

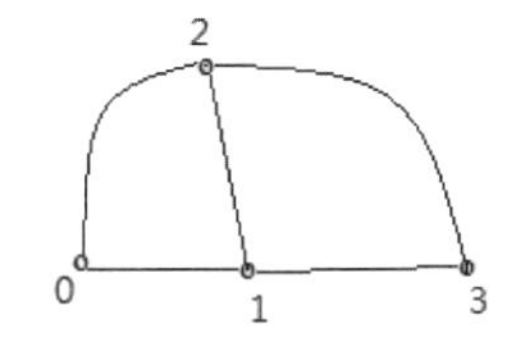

求解

先定義節點0～3，如上面的右邊小圖。以節點0為電位0點，定義節點電壓e_1，e_2及e_3，分別為相對於節點0在節點1～3的電位。因此，$e_2=V_s$及$e_2-e_3=V_4$。三個節點電壓只剩e_1及e_3為未知。根據KCL，利用電阻的V=RI關係，寫下分別從節點1及3流出的電流方程式：

$$e_1/R_1+(e_1-e_2)/R_2+(e_1-e_3)/R_3=0$$

$$(e_3-e_1)/R_3+(e_3-e_2)/R_4=0$$

代入電阻及V_s的數值，整理得到

$$3.10e_1-0.15e_3=5$$

$$-0.15e_1+0.60e_3=2.27$$

以下自行計算出e_3及$V_4=5-e_3$。〔答案：$V_4=0.77$V。2-2節的量測，$V_4=$ ______。〕

練習2

下圖電路，試求在1-1'端點的開路電壓V_{oc}及短路電流I_{sc}。

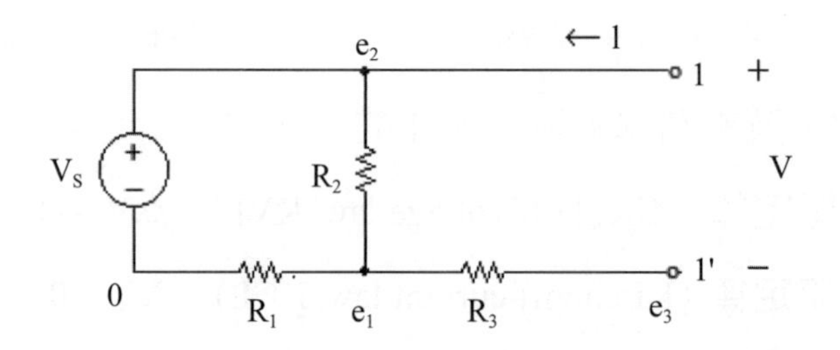

求解

先標示節點電壓e_1，e_2及e_3。分別在I=0 (開路，$e_1=e_3$) 及V=0 (短路，$e_2=e_3$) 的條件求解。

〔答案：$V_{oc}=V_sR_2/(R_1+R_2)$，$I_{sc}=-V_sR_2/(R_1R_2+R_2R_3+R_3R_1)$。〕

在電路學，Thevenin理論敘述一個兩端點**線性電路**，恆可以用一個等效電阻串聯一個電壓源替代，其端點電壓V及電流I寫成V=aI+b。

Thevenin電路的常數a及b分別由開路電壓V_{oc}及短路電流I_{sc}決定，例如，$b=V_{oc}$及$a=V_{oc}/(-I_{sc})$。常數a 除了由$V_{oc}/(-I_{sc})$ 計算得到，亦可以令電路的電源為零 (**電壓源短路，電流源開路**)，求解從1-1'端點看入的等效電阻。〔答案：$R_3+R_1//R_2$〕

以 練習1 電路為例，使用Thevenin理論求解V_4。從R_4的兩個端點看入的Thevenin等效電路，如下圖，其中$b=V_sR_2/(R_1+R_2)$及$a=R_3+R_1R_2/(R_1+R_2)$。因此，$V_4=b\cdot R_4/(a+R_4)$。

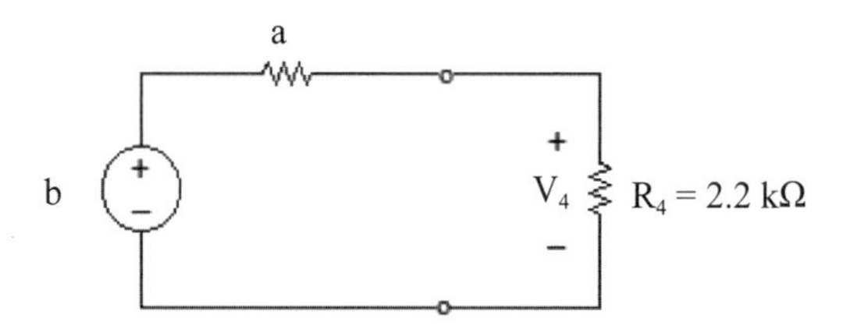

代入電阻及V_s的數值，得到$b=5/(1+0.51)=3.31V$及$a=6.8+0.51/(0.51+1)=7.14\ k\Omega$。

最後，$V_4=3.31\cdot 2.2/(7.14+2.2)=0.78V$。(與 練習1 的差異是由於計算的四捨五入造成。)

Thevenin**等效電路**由**電壓源**$V_s=b$**與串聯電阻**$R=a$**構成**。若把式$V=aI+b$改寫成$I=-(b/a)+V/a$，據此組構成一個Norton**等效電路**，如下圖，由**電流源**$I_s=(b/a)$**與並聯電阻**$R=a$**構成**。在電路學，Norton理論敘述一個兩端點的**線性電路**，恆可以用一個等效電阻並聯一個電流源表示。

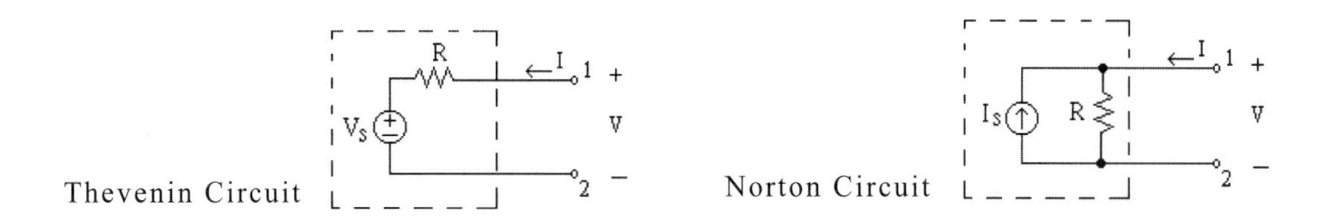

從電源技術的觀點，電壓源可以用Thevenin電路代表，理想的電壓源是$R=0$。電流源可以用Norton電路代表，理想的電流源是$R\rightarrow\infty$。**電壓源與電流源可以相互作等值轉換**。

❖6. 問題

6-1 在類比電錶，電阻讀值的刻度應如何設計？先推導公式(1)，並利用(2)式子繪製指針偏轉的刻度，用來顯示電阻值。假設$R_1 = 200\Omega$ (即×10的檔位)，則在滿標度的1/10，5/10及8/10 標度位置應是多少歐姆值的刻度。(這是關於電錶的設計原理，也是作為分析直流電路的問題。)

6-2 由三用電錶的電路圖，重新繪製直流 (DC) 10V 電壓檔位之電路連接，如下圖。

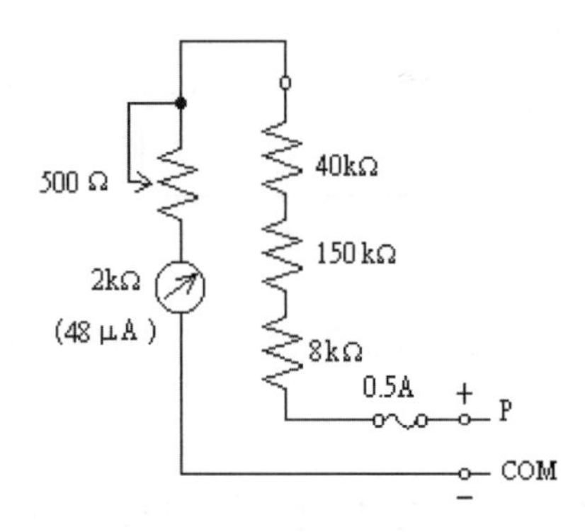

從P/-COM端看入之等效內電阻多大？作電壓量測時這個電錶之內電阻代表何種意義？

6-3 在4-1節以類比電錶的歐姆檔位測試電容，當探棒接觸電容的兩個端點時，電錶指針先朝向低歐姆擺動，再反向緩慢回到高歐姆位置。試從電容的物理性質解釋此現像。

6-4 這是關於4-2及4-3節量測電容漏電現象。試以圖表說明4-3節的結果，當電容極性反接時，漏電電流如何跟隨外加的直流電壓變化。〔這個問題可能出現於**實驗8　電晶體放大電路**。〕

❖7. 參考資料

7-1 D. Halliday, et al.: Fundamentals of Physics (在電子學實驗的學習過程，必要時參閱普通物理教科書)。

實驗2　示波器、信號產生器及電路響應

目的：認識(1)示波器和信號產生器；(2)電信號；(3)電纜線，BNC接頭；(4)信號傳輸（有限速度），阻抗；(5) RC電路，方波及正弦波的響應，相位移；(6) PSpice。

器材：示波器、信號產生器、電纜、BNC接頭、R、C。

❖1. 說明

示波器 (Oscilloscope) 可以分為類比 (Analog) 及數位 (Digital) 兩類型，使用陰極射線管 (CRT) 或液晶顯示器 (LCD) 顯示電信號。目前，較常使用**數位儲存示波器** (Digital storage oscilloscope，DSO)。

示波器主要為觀測**週期性變化**的信號，但也能觀測**非週期性或突發信號**。圖1說明DSO顯示**週期性**電信號的原理。在圖1(a)及(b)，輸入到示波器的**類比信號，沿時間軸由左向右變動**，當信號大小達到一個預設的**觸發準位** (Trigger level) 時，取樣電路 (Sample/hold circuit) 即以Δt間隔擷取對應時間點的信號值。擷取的類比信號值經由類此數位轉換電路 (ADC) 轉換成**二位元數值** (Binary bits)，並且儲存到擷取記憶體 (Acquisition memory)。圖1(c)說明經由一個微處理器 (Microprocessor)，把二位元數值轉換成信號波形，**同樣沿著時間軸，由左向右顯示在液晶螢幕**。觸發擷取的動作皆從**一個相同的信號值**及**變動斜率**開始，**由左向右連續掃瞄的波形因此重疊在一齊，呈現出單一軌跡的信號波形**，這稱為**同步觸發** (Trigger synchronization) **或觸發掃瞄**。「**觸發**」是操作示波器的基礎觀念。

從圖1可以歸納出DSO示波器的基本技術規格包括：(1)取樣頻率或最大頻寬，(2)振幅解析或二位元長度，(3)記憶體容量。另外，基於量測的需求，基本規格也包括(4)輸入頻道數目及(5)輸入電壓範圍。這裡，以固緯公司的GDS-2062示波器為例，說明DSO的功能配置。基本上，相關的敘述也適用於其他廠牌的示波器。圖2是GDS-2062前面板

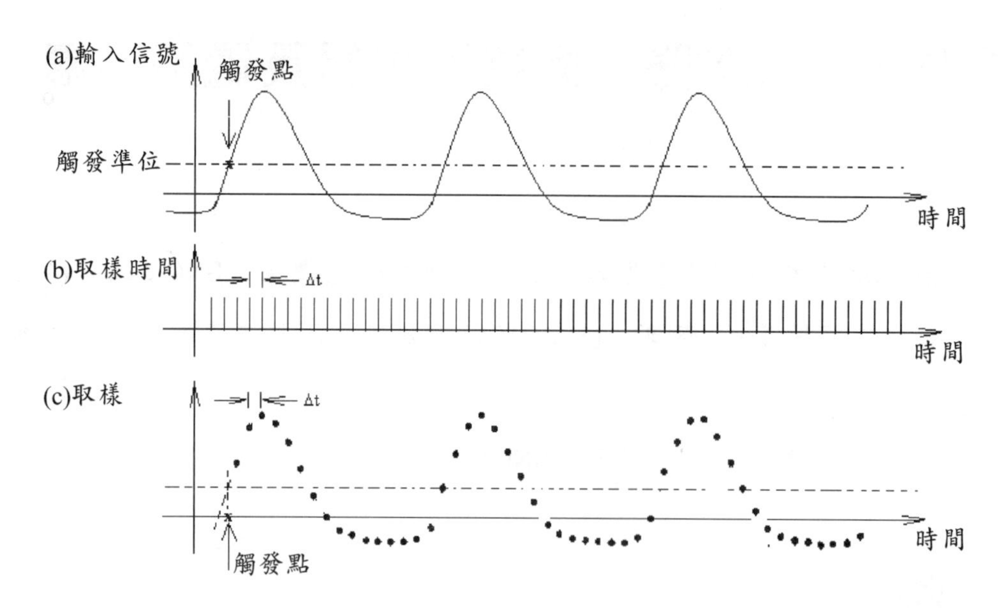

圖1　數位示波器的原理：(a)同步觸發，(b)取樣時間，及(c)從擷取的數據組構成輸入波形。

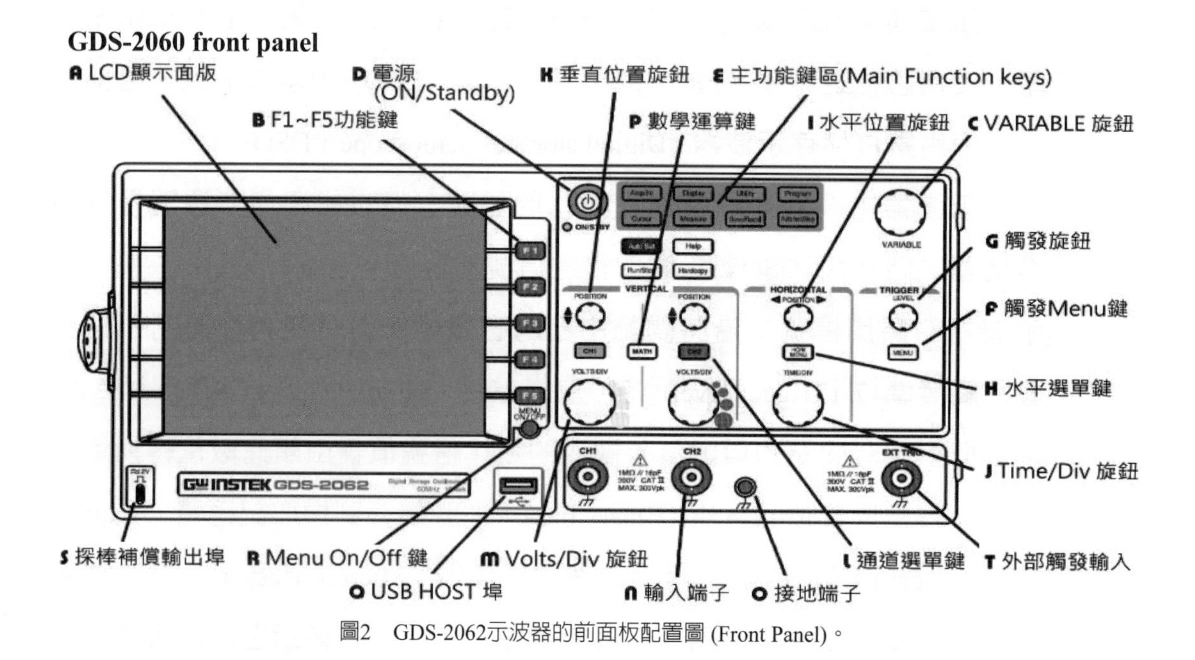

圖2　GDS-2062示波器的前面板配置圖 (Front Panel)。

(Front panel) 的配置。GDS-2062的頻寬是60 MHz。主要的功能元件如下：

A LCD顯示面版；**B** F1～F5功能鍵；**D**電源 (ON/Standby)；**E**主功能鍵區 (Main Function keys)；**N**輸入頻道 (Input terminal/CH1～CH2)；**K**垂直位置轉鈕 (Vertical position)；**M**輸入電壓轉鈕 (Volts/Div)；**L**垂直輸入選單 (CH1～CH2 menu)；**G**觸發準位轉鈕 (Trigger level)；**F**觸發選單 (Trigger menu)；**J**時基轉鈕 (Time/Div)；**I**水平位置轉鈕 (Horizontal position)；**H**水平選單 (Horizontal menu)；**R**選單關閉鍵 (Menu ON/OFF)；**Q** USB插孔

(USB Connector)。

在量測系統內，**信號產生器** (Function generator) 是信號源 (Signal source)，提供信號給待測電路。信號產生器設有**波型電路**，產生正弦波，方波及三角波等波型信號 (參考實驗10)。在電子或電路學實驗，各種波型信號有特定的用途。例如：**正弦波用在電路的穩態響應及頻率響應**的測試。**方波用來測試暫態行為**，也是數位電路的基本波型。三角波運用於圖像顯示的掃瞄。下面，圖3之(a)～(c)分別是三種常見的週期性信號，各種信號的波形以**特徵參數**來描述。

(a)**正弦波**$v(t)=V_m\sin(2\pi ft)$，**特徵參數**包括**頻率**f**及振幅**V_m，頻率之倒數是信號**週期**$T=1/f$。(b)**方波**，**特徵參數**包括週期T，一個高電位V2及一個低電位V1。**方波的寬度**是T1，定義比值$\delta=T1/T$為**週期負荷** (Duty cycle)，$\delta=50$ %是對稱方波，$\delta<20$ %稱之脈衝波 (Pulse)。(c)**三角波**，亦稱斜波 (Ramp)，其特徵參數包括週期T，一個高電位V2及一個低電位V1。三角波從V1變成V2的時間是T1，定義比值$\delta=T1/T$為週期負荷，$\delta=50$ %是對稱三角波，$\delta>50$ %是正斜波，$\delta<50$ %是負斜波。因此，**週期負荷**是描述信號形狀之**對稱性**的一個參數。

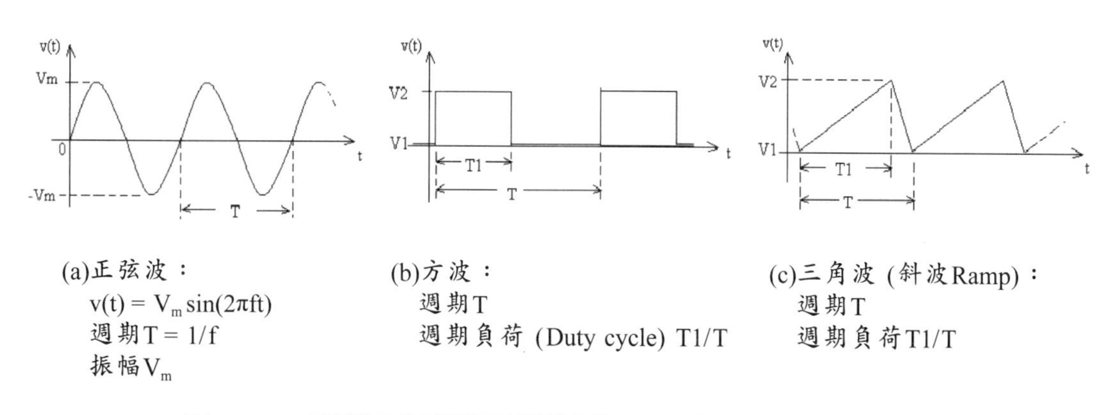

圖3 (a)～(c)列出常見的電信號及其特徵參數。(注意「Duty cycle」的定義)。

這裡，以固緯公司的合成信號產生器SFG-2104為例，說明信號產生器的功能配置。SFG-2104的頻寬是4 MHz。圖4是SFG-2104前面板的配置。主要的功能元件有：電源開關 (Power Switch)，波型選鍵 (Waveform selection Key)；輸入選鍵 (Entry Keys: SHIFT, DUTY, MHz, kHz, Hz)，頻率微調轉鈕 (Editing Knob)，游標鍵 (Cursor Keys)，振幅調整轉鈕 (Amplitude/Attenuation)，直流偏置轉鈕 (DC Offset Control)，類比輸出 (Waveform Output/50 Ω) 及數位輸出 (TTL/CMOS Output)。

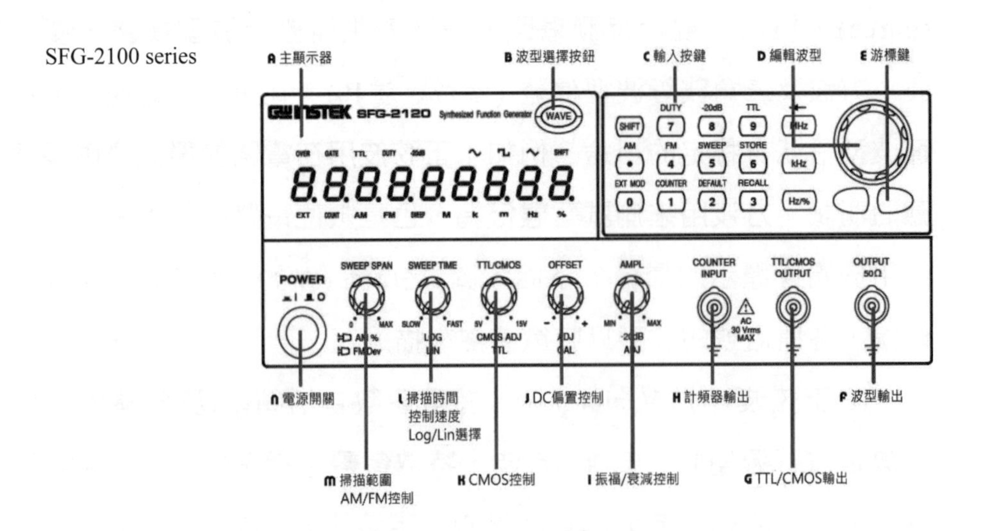

圖4　SFG-2104的前面板配置圖。

2. 示波器的基本操作

2-1 認識同軸電纜線：所謂的**電纜線** (Cable)，是信號的**傳輸線**。如下圖 (a)，**電纜線**連接**信號產生器** (SFG) 的輸出端及示波器 (DSO) 的一個輸入頻道 (CH1)。信號產生器是信號源，下圖(b)是信號產生器之Thevenin等效電路，50 Ω是輸出阻抗。**地端** (GND) 實際上是接頭的金屬外殼。

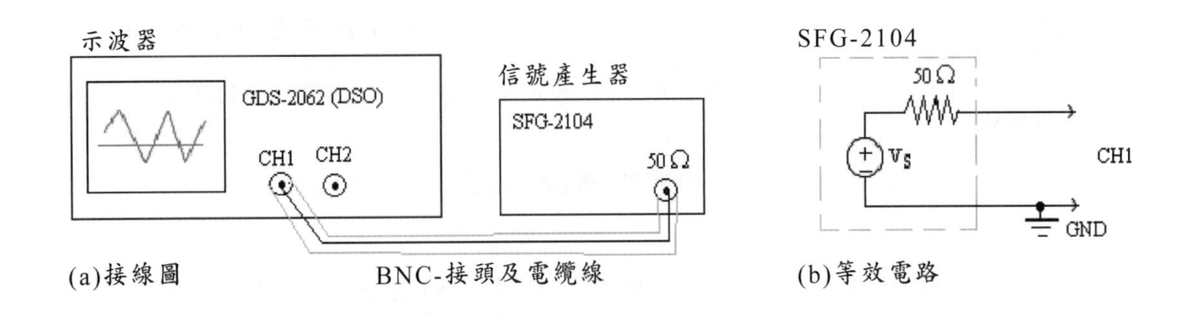

(a)接線圖　　BNC-接頭及電纜線　　(b)等效電路

電纜線是同軸結構 (Coaxial cable)，包括中心導線及外層網狀的銅絲線。一般，外層的金屬網線**接地**。電纜線的結構決定**特性阻抗** (Impedance)，是信號傳輸的參數。從電纜線的型號可以知道特性阻抗 (Z_o) 及適用的電壓範圍。例如，**電纜型號**RG 58A/U**的特性阻抗**Z_o是

50 Ω。

這裡提及**輸出阻抗**及**特性阻抗**的名詞。**阻抗**是電壓對電流的比值，單位是歐姆 (Ω)。

在電纜線兩端的**接頭型式**影響傳輸信號的頻寬。例如，BNC適用在DC～2 GHz，SMA是DC～24 GHz。一般，使用BNC接頭。下圖示意一種BNC接頭的組件，其接觸針焊接到電纜的心線。

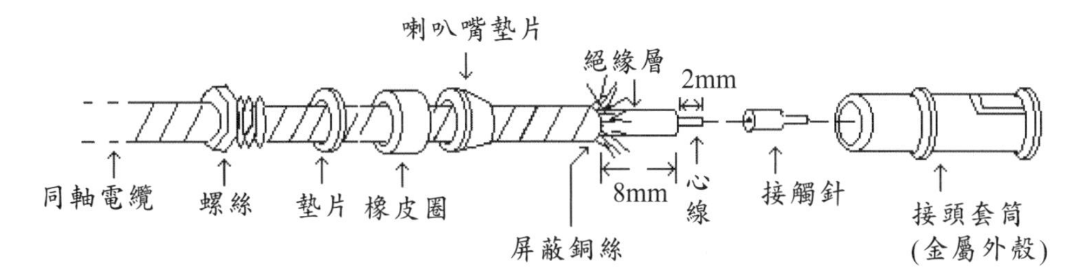

另外，有一種結構較簡單的BNC接頭，其接觸針以工具箝合到電纜的心線。一般，在電纜線的BNC接頭匹配到示波器或儀表上的BNC插座。無論接頭或插座，其金屬外殼皆屬於接地端。在量測信號時，常要注意接地是否確實。**若示波器的信號出現雜亂或模糊時，宜使用三用電錶的歐姆檔位，檢查電纜線與示波器兩者的BNC接頭之外殼是否短路連接在一起。**

2-2 利用在2-1節的接線，練習示波器 (DSO) 和信號產生器 (SFG) 上的各個功能鍵的操作：

(1) 按下信號產生器上的**波型選鍵**，選取**正弦波**。參閱圖2，按下示波器的CH1**選單鍵** [CH1] (L CH1 menu)，從液晶螢幕 (A LCD Display) 觀看正弦波。轉動**觸發準位轉鈕** (G Trigger level)，得到單一穩定的正弦波顯示。調整信號產生器上的**頻率選鍵**及**振幅調整轉鈕**，得到**正弦波**的頻率10 kHz，振幅2 V。在方格紙上**描繪**一個正弦波信號 (什麼是振幅？參考圖3)。這裡亦可以使用DSO的信號儲存功能，替代**手繪**信號波形。按下GDS-2062主功能的 [SAVE/RECALL] 鍵。按下 [F4] 鍵，儲存波形資訊。接著按下 [F3]

鍵，把波形存入可攜式USB記憶體。使用電腦，從USB記憶體列印出波形。

(2) 按下示波器的CH1輸入選單 [CH1]，出現功能鍵的選單 (B F1～F5)。按下 [F1]，選**耦合模式** (Coupling mode)：AC/DC/GND。首先，選GND模式，**在**液晶螢幕**上**顯示一水平線，用來確認**接地電位的垂直位置。選**DC**耦合**，信號**直接輸入**示波器頻道，顯示信號的交流及直流分量。選AC**耦合**，信號**經由一個電容器**進入示波器頻道。這樣，直流分量被阻擋，只顯示信號的交流分量。

拉起信號產生器上的直流偏置 (DC Offset) 轉鈕，調整振幅2V之正弦波的直流電位，得到1.0 V的直流偏壓。當切換**耦合模式**，交互變動DC及AC耦合，可以觀察到掃瞄的信號**以**1.0 V的間距在**垂直方向移動**。使用方格紙描繪信號，標示出正弦波**相對於接地電位移動**的情形。

(3) 按下信號產生器上的**波型選鍵**，選取**方波**，從示波器觀察信號。設定信號產生器上的輸入選鍵及振幅轉鈕，送出10 kHz及高度2 V的方波信號。另外，按下信號產生器的輸入選鍵SHIFT及DUTY，接著按下 [2] [0] 及 [Hz %] 鍵，調整出DUTY數值為20 %的**非對稱**方波。按下示波器的 [CH1] 鍵，進入輸入選單，更動AC/DC/GND的耦合模式。下面的圖分別為示波器在DC及AC耦合的顯示。(a-1)顯示的方波信號是10 kHz，高度2 V及DUTY數值20 %，並且同時標示出耦合的狀態 (DC) 及橫軸的格度是50 μs。另外，「GND」指出接地電位的位置。(a-2)是同一信號顯示，但耦合切換到AC的情形。相對於(a-1)，**非對稱**方波信號明顯往上移動。

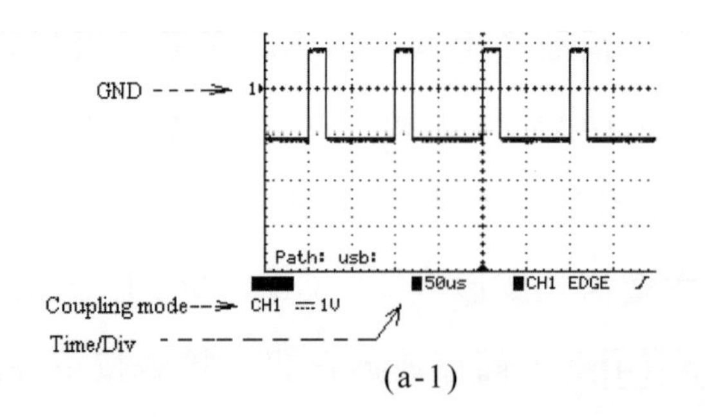

(a-1)

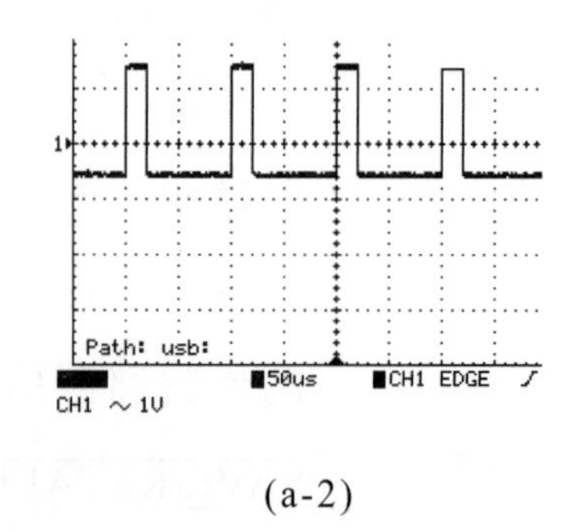

(a-2)

如上面的描述，試練習操作信號產生器及示波器，觀察並且記錄信號的特徵。這裡，不同於上面(2)的操作，沒有**拉起**信號產生器的直流偏置鈕，把一個直流偏壓加到**非對稱**方波。試解釋，為何從DC耦合切換到AC耦合時，**非對稱**方波信號作垂直方向的移動？**(答案寫在實驗報告！)**

(4) 如以上(3)的操作，但調整信號產生器的輸入選鍵，輸出20 Hz的**非對稱**方波信號。下面的示波器圖分別是：(b-1)在DC耦合的信號波形，(b-2)在AC耦合的信號波形。橫軸的格度是25 ms，表示這裡的方波週期遠大於在上述之圖(a-1)及(a-2)的方波週期。

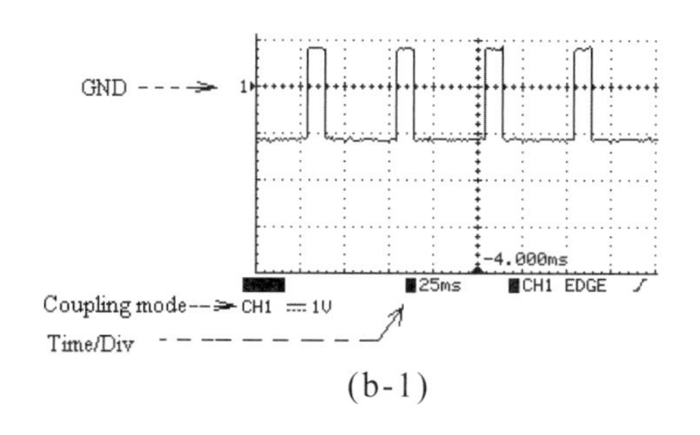

(b-1)

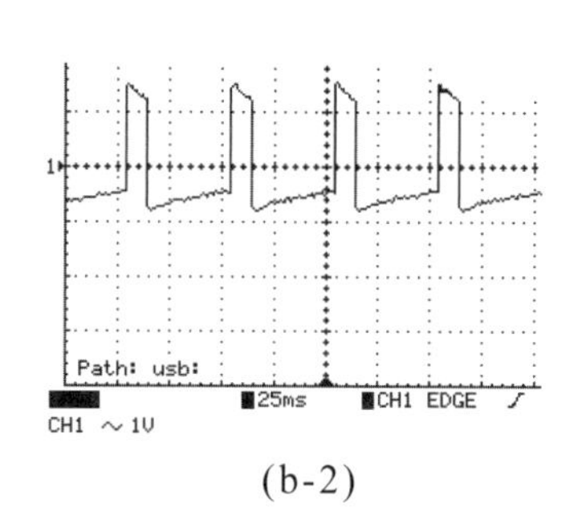

(b-2)

如敘述，操作儀器，觀察並且記錄示波器顯示的信號特徵。在(b-2)的**非對稱**方波信號，為何從DC耦合切換到AC耦合，除了相對於(b-1)的信號作垂直向上移動，方波的形狀也改變？這個現象可以留待下面的實驗，「3. RC電路的方波嚮應」，再作探討。

2-3 信號傳輸延遲：一般，連接到示波器的電纜線之**長度**大於電路的接線。在**信號源的輸出阻抗與電纜線的特性阻抗**同為50 Ω的條件，可以視電纜線為一條導線，但是考慮長度，以一個方塊t_D代表電纜線的效應，如下圖的示意。在(a)～(c)的時間座標t，負載端的信號$V_o(t)$之出現，比信號源$V_s(t)$慢了一個時間$t_D = L/v$，其中L是電纜線的長度，v是信號在電纜線行進的速度。

在**負載端**，信號$V_o(t)$的**大小**與負載的**阻抗**R_L有關。這裡，(b)是**高負載阻抗**$R_L \gg 50\ \Omega$的情形，從KVL的關係，負載的電壓值$V_o = V_sR_L/(R_L + 50) \approx V_s$。對照(a)，從時間的順序來看，方波$V_o(t)$的前緣比方波$V_s(t)$的前緣慢一個時間$t_D$，但由於負載是高阻抗，兩個方波的高度同為$V_s$。一般，示波器的頻道輸入阻抗為1 MΩ。因此，(b)的信號可以套用到示波器的信號量測。基本上，若能夠擷取$V_s(t)$，比較(a)及(b)之方波的前緣，可以量測到電纜線之信號傳輸的**延遲時間**t_D。

另外，在(c)是**低負載阻抗**$R_L = 50\ \Omega$的情形，$V_o = V_s R_L/(R_L + 50) \approx V_s/2$。對照(a)，就時間的順序，$V_o(t)$比$V_s(t)$同樣慢了一個$t_D$，但由於負載阻抗是50 Ω，方波$V_o(t)$的高度變成$V_s/2$。

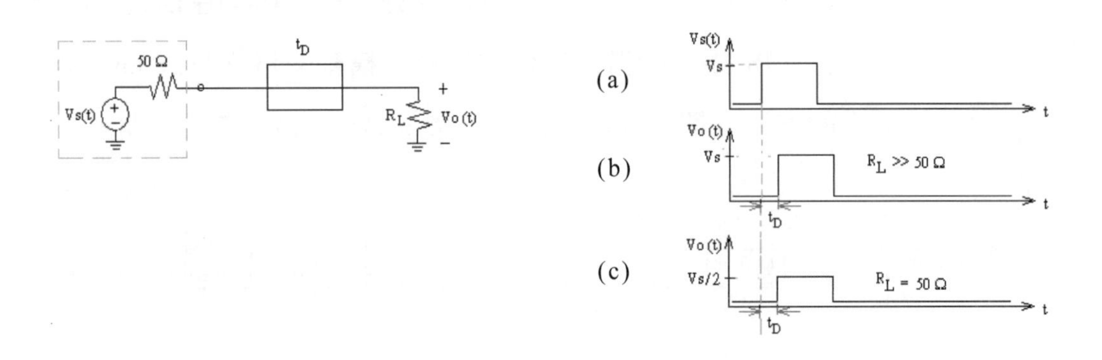

傳輸延遲的量測：從上述電纜線傳送信號的描述，可以構想一個實驗，量測電纜線造成的時間延遲t_D。方法是利用一個T型接頭，將信號產生器的輸出分叉，經由兩條不同長度的電纜線，分別連接到示波器的頻道CH1及CH2。在較短的電纜線，量測點可以視為非常靠近信號產生器的輸出端，若以示波器觀察，顯示的信號可以視為近似上述(a)的信號$V_s(t)$。

如下圖示意，使用一個T型接頭及兩條不同長度的同軸電纜線，一條長度約0.4 m及另一條長度3 m～10 m，完成信號產生器及示波器之間的接線。示波器的CH1連接到較短的電纜線。從CH1的信號顯示，調整信號產生器的方波DUTY數值 (例如，按下 [2] [0] [Hz %] 選鍵，產生20 %的**數值**)，輸出不對稱的方波，其週期5～10 μs，高度1 V，寬度約1.0 μs。

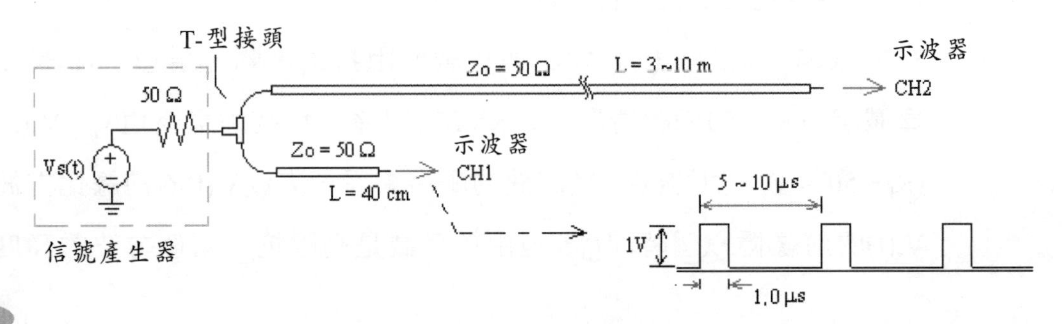

按下示波器的觸發選單 MENU (F Trigger menu) 及功能鍵 F2，設定觸發源 (Source) 來自CH1的信號。觀察在CH1及CH2顯示的波形，記錄並且描繪方波信號。在頻道CH1及CH2之方波，**其前緣有不同的時間起始點**，**是由於**在不同長度的電纜線，產生不同的信號傳輸延遲t_D所造成。在時間軸上，標示出兩者**方波之前緣**的時間差距Δt，並且記錄其數值。這個時間差Δt是由兩條電纜線的長度差ΔL造成的。信號在電纜線傳輸的速度v因此可以由$v = \Delta L/\Delta t$計算得到。從這個實驗量測到的信號傳輸速度v，其數量級是否與真空的光速c相同？在上述的實驗，CH1顯示之方波信號的前後兩個邊緣發生扭曲，這是與示波器頻道的輸入阻抗 (1 MΩ) 有關。問題6-2是延續這個實驗觀察，探討電纜線 (或傳輸線) 的**負載型式**對信號的影響。

3. RC電路的方波響應

3-1 下面電路包括電阻R及電容C。信號產生器輸出高度1 V的方波$v_i(t)$，其寬度分別為1 ms及10 μs，週期自定。使用示波器的CH1觀測信號產生器的信號$v_i(t)$，CH2觀測輸出信號$v_o(t)$。

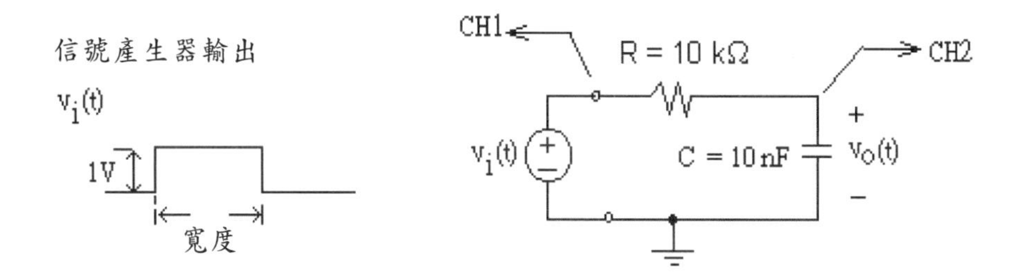

從示波器，觀察到$v_o(t)$相對於方波$v_i(t)$的變動，這個現象稱為RC電路的**方波響應**。在**方波響應**，$v_o(t)$的前緣由10 %上升到90 %的高度，定義為上升時間T_r (Rise time)；其後緣由90 %下降到10 %高度，定義為下降時間T_f (Fall time)。以$v_i(t)$之寬度1 ms為例，練習量測T_r及T_f。按下示波器GDS-2062在E主功能的 Cursor 鍵，選**橫軸的游標**。轉動C微調轉鈕，移動游標，量測及記錄$v_o(t)$的T_r及T_f。T_r及T_f的數值約等於RC的**乘積**，試從量測值檢驗之。

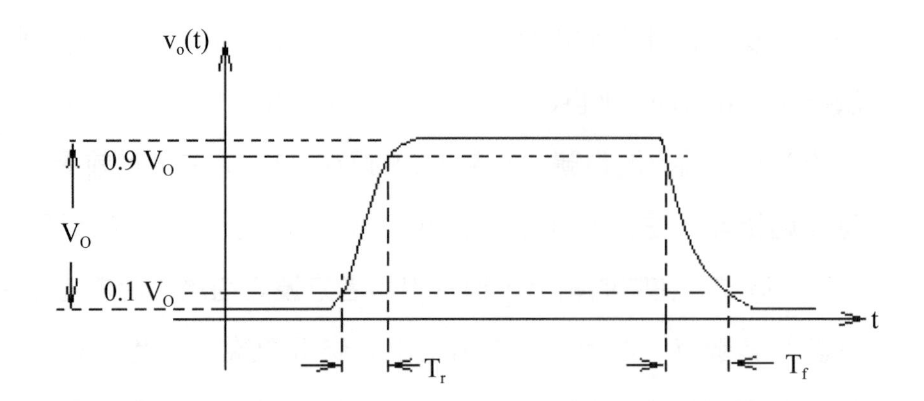

描繪$v_o(t)$的形狀。在$v_i(t)$的方波寬度分別為1 ms及10 μs時，試說明$v_o(t)$形狀的意義。另外，分別以CH1或CH2的信號為觸發源，觀察及記錄$v_i(t)$及$v_o(t)$之波形在時間軸的先後關係。

3-2 電路的RC位置互換。同3-1節的量測，信號產生器輸出方波$v_i(t)$，高度1 V，寬度分別為1 ms及10 μs，週期自定。記錄及描繪$v_o(t)$，觀察$v_o(t)$相對於不同寬度的$v_i(t)$之響應特徵。

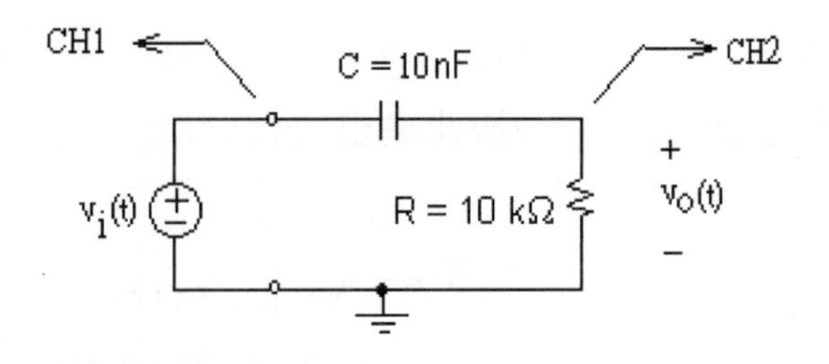

❖4. RC電路的的正弦波響應

從3-1節的量測，觀察到$v_o(t)$相對於$v_i(t)$的變化較緩慢，是由於電容在充電或放電時，電流的大小受限於電阻R，以有限的速率輸送電荷。電容C的端點電壓$v_o(t)$正比於兩片電極板上的電荷量q(t)，可以用式子$v_o(t) = q(t)/C$表示。在充電過程，電荷q(t)約等於時間t乘以電流i，端點電壓寫成$v_o(t) \approx (t \cdot i)/C \leq (t \cdot V_i/R)/C$。因此，$v_o(t)$約需要一段時間$\Delta t \approx RC$才會達到$v_i(t)$的最大值$V_i$，如下圖示。充電時間$\Delta t$約等於在3-1節所看到的方波上升時間$T_r$。

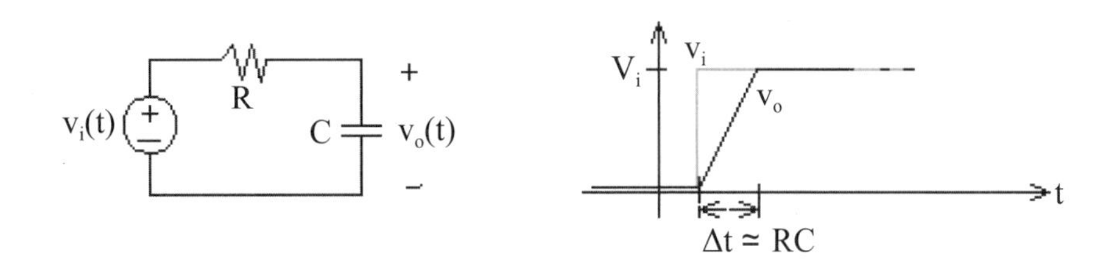

在3-2節的電路，電容C和電阻R調換位置。同3-1節，電容經由電阻R充電，電容電壓$v_c(t)$的變化如下圖的示意。當$v_i(t)$從0變成V_i時，對$v_c(t)$而言，同樣需要一個充電時間Δt，才能達到V_i的值。由KVL的關係，$v_o(t) = v_i(t) - v_c(t)$。從圖解，得到如下圖的$v_o(t)$，是近似三角波形。

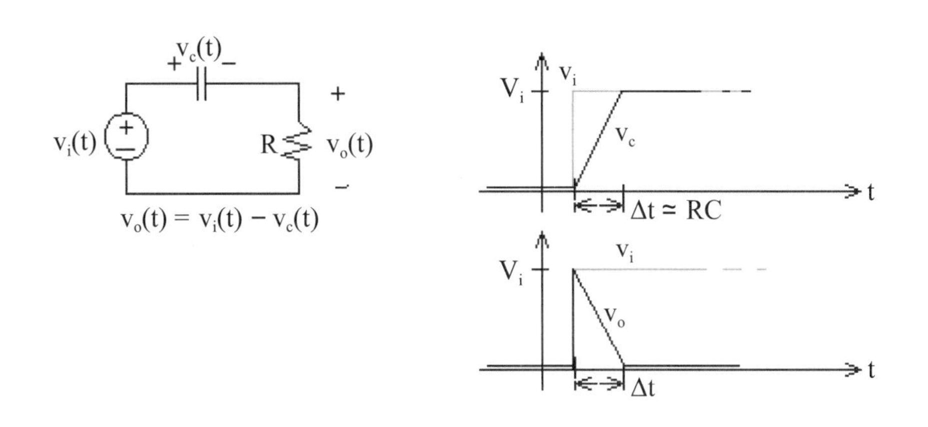

從RC電路之方波響應的充放電時間Δt，可以探討另外一個課題，即RC電路對正弦波響應的「相位移」。信號產生器產生正弦波信號，作為一個電路的輸入，寫成$v_i(t) = V_i\sin(2\pi ft + \theta_i)$，其中$V_i$是**振幅**，f是**頻率**，單位為 (次/秒)，θ_i是**相位角** (Phase)。**相位角**是以某個基準值定義的常數，標示事件發生時間的先後順序。定義角頻率$\omega = 2\pi f$，單位為 (弧度/秒)，則$v_i(t) = V_i\cos(\omega t + \theta_i)$。下面是電路的輸出$v_o(t)$對照於輸入$v_i(t)$的波形圖。當正弦波的$v_i(t)$的頻率更動時，$v_o(t)$跟隨變動，維持正弦波形，並且其頻率和$v_i(t)$相同，但是振幅及相位角有差異。這個現象稱為電路的**正弦波響應**。以示波器觀察，**示波器重覆掃瞄，所看到的信號是屬於電路的穩態響應** (Steady-state response)。設輸入信號是$v_i(t) = V_i\sin s(\omega t + \theta_i)$，穩態響應的輸出是$v_o(t) = V_o\sin(\omega t + \theta_o)$。定義$v_o(t)$相對於$v_i(t)$的相位移 (Phase shift) 為$\Delta\theta = \theta_o - \theta_i$。若$\Delta\theta > 0$，是$v_o(t)$在相位領先$v_i(t)$ (Phase lead)。反之，若$\Delta\theta < 0$，$v_o(t)$在相位落後$v_i(t)$ (Phase lag)。

如下圖，$v_o(t)$的過零點 (標示a) 比較$v_i(t)$的過零點 (標示b) 慢了一個時間Δt。因此，寫成$\Delta\theta = 2\pi(-\Delta t/T) < 0$，其中$T = 1/f$是正弦波的**週期**，代表$v_o(t)$**落後**$v_i(t)$一個相位角$2\pi(\Delta t/T)$。除了**過零點**，亦可以用正弦波的**峰值**檢驗相位。

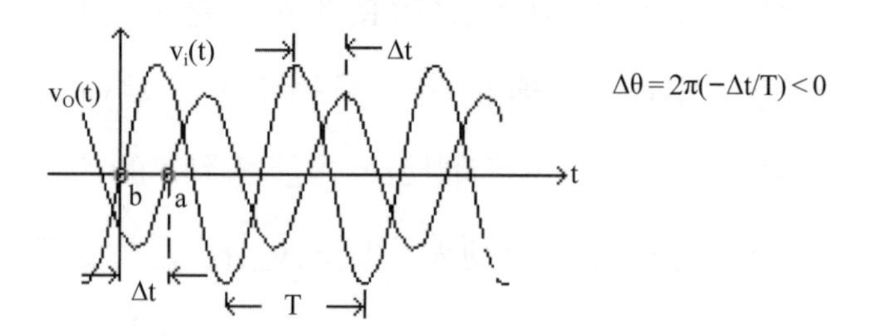

這裡單純從RC電路響應的時間$\Delta t = RC$，來解釋在正弦波穩態響應的相位移現象。利用Euler公式，$\exp(j\theta) = \cos(\theta) + j\sin(\theta)$，把3-1節的電路的輸入$v_i(t) = V_i\sin(\omega t)$寫成$v_i(t) = \mathrm{Im}[V_i\exp(j\omega t)]$，$V_i$稱為**複振幅或相量** (Phasor)，視為在**複數平面**的一個矢量 (Vector)，如下圖的示意。考慮$V_i\exp(j\omega t)$是一個逆時針旋轉的轉動相量，$v_i(t)$等於轉動相量$V_i\exp(j\omega t)$在**虛數軸**上的投影值。比照$v_i(t)$，把在穩態響應的輸出寫成$v_o(t) = \mathrm{Im}[V_o\exp(j\omega t)]$。下面右圖以$V_i$為參考基準，標示出相量$V_o$的位置。由於電容充放電，$v_o(t)$的變化落後$v_i(t)$的時間是$\Delta t = RC$，則$V_o$落後$V_i$一個相位角度$|\Delta\theta| = \omega \cdot (\Delta t) = \omega RC$。(從理論可以得到$\Delta\theta = -\tan^{-1}\omega RC$。若$\omega$很小，$\Delta\theta \approx -\omega RC$。)

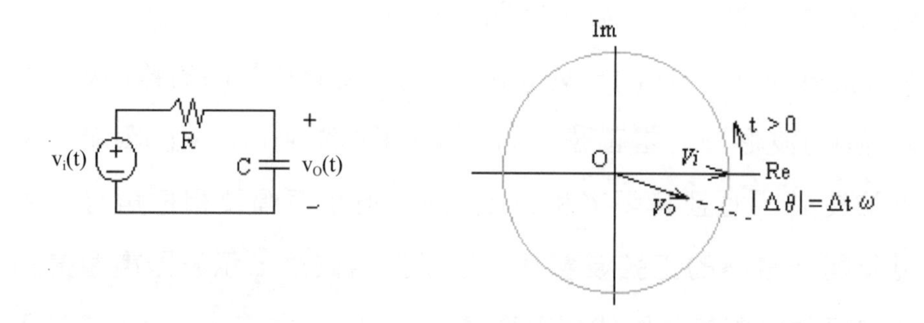

比照上述，在3-2節的電路，以V_i為基準，各個電壓相量的排列如下圖。電容$v_c(t)$落後$v_i(t)$的時間是$\Delta t = RC$，即V_c落後V_i一個角度$|\Delta\theta_c| = (\Delta t)\omega \approx \tan^{-1}\omega RC$。另外，$V_o = V_i - V_c$，可由矢量合成得到$V_o$。從矢量的圖解，$V_o$領先$V_i$一個角度$\Delta\theta$。若$\Delta t$很小，$V_o$約略垂直$V_c$。因此，$\Delta\theta \approx (\pi/2 -$

$|\Delta\theta_c|) \approx \tan^{-1}(1/\omega RC)$。據此，可以瞭解在3-2節的正弦波信號$v_o(t)$超前$v_i(t)$一個相位$\tan^{-1}(1/\omega RC)$。

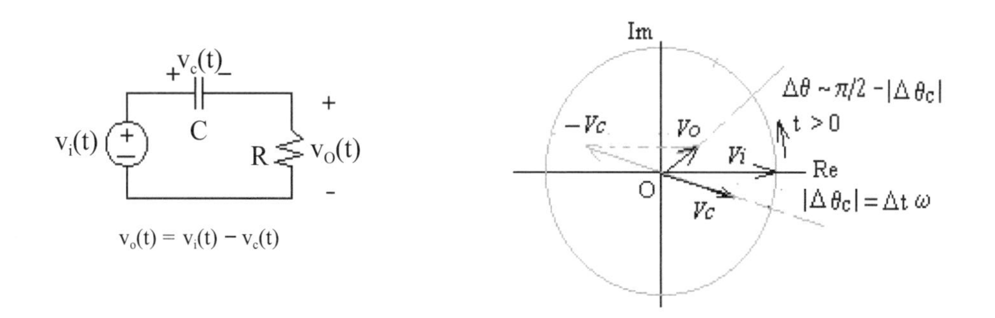

4-1 根據前面的敘述，觀測**正弦波響應**。按照3-2節的RC電路接線。信號產生器送出正弦波$v_i(t) = V_i\sin(2\pi\ ft)$，振幅$V_i = 1$ V，頻率f以適當間距從100 Hz變動至約100 kHz。使用示波器觀看信號$v_i(t)$及$v_o(t)$。先判別$v_o(t)$的相位是領先或者落後$v_i(t)$的相位，並且使用游標量測相位時差Δt。記錄振幅V_o及相位移$\Delta\theta = 360°(\pm\Delta t/T)$相對於頻率f的變化。以$\Delta\theta$的正負值代表相位超前或落後。

f (kHz)									
V_o(V)									
θ (deg)									

若$f < 1$ kHz時，V_o變小，可把CH2的「Volts/Div」旋鈕轉到10 mV的範圍，使V_o的振幅約與V_i相當，方便比較兩個信號的相位。在低頻範圍，相位移可能大於45°。當頻率增大時，相位的差異逐漸縮小，$v_o(t)$的振幅V_o亦漸接近$v_i(t)$的振幅V_i。

從3-2節的RC電路的觀察，簡要解釋，在高頻時，為何$v_o(t) \approx v_i(t)$？**(把答案寫到實驗結報)**

4-2 交流電路的180°相位移。在4-1節的正弦波量測，低頻時看到$v_o(t)$超前$v_i(t)$，相位移動大於45°。若把三段相同的RC電路串聯，則在低頻時的相位移增大，並且超過100°。完成下圖的電路接線，同樣設$V_i = 1$ V，頻率f從約100 Hz變動至10 kHz。重覆4-1節的量測，但只記錄相位移$\Delta\theta$對頻率f的變化。注意在100 Hz～600 Hz的範圍，$v_o(t)$的信號強度可能大幅衰減，宜把CH2的「Volts/Div」轉到5～10 mV的範圍，以觀察相對於$v_i(t)$的相位移。記錄發生180°相位移時的頻率f。(從理論得到$\omega = 1/(\sqrt{6}RC)$時有180°相位移。相關的分析，詳下一個實驗3的問題)

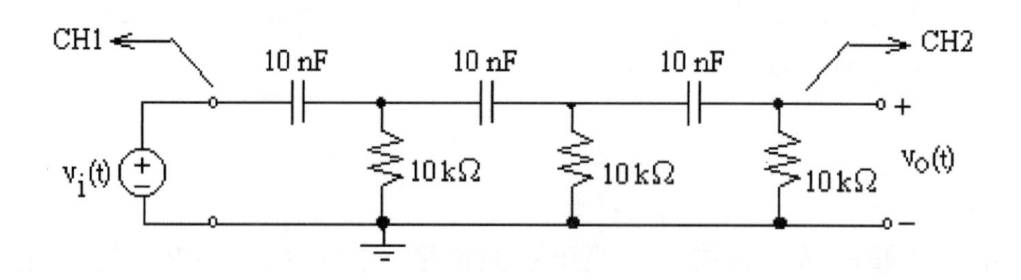

頻率 f (Hz)	100	200	500				10 k
$\Delta\theta$(deg)							

4-3 **電容值的量測**。電容C定義為$C = q/v$，其中q是電容器的電荷，v是電壓。電容C是與材料的介電性質及幾何構造有關的一個常數。這裡設計一個示波器的實驗，來量取電容C的數值。

實驗原理：電流i是由於電荷q的變動而產生，用$i \approx \Delta q/\Delta t$或微分式$i = dq/dt$表之。代入$q = Cv$，得到$i = Cdv/dt$。若$v = V\sin(\omega t)$，則$i = \omega CV\cos(\omega t)$。因此，電流振幅$I = \omega CV$。使用示波器，量取電流振幅I，電壓振幅V及頻率f的數值，代入$C = I/(2\pi fV)$，計算得到電容C (單位Farad，F)。

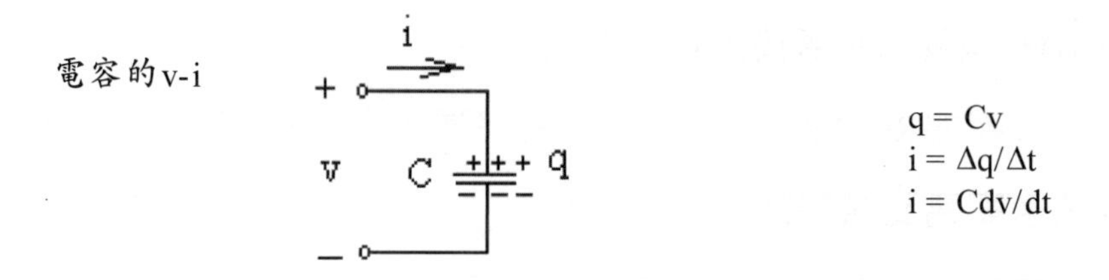

下面圖(a)為一個量測電容C_x的電路。信號產生器輸出$v_i(t) = V_i\sin(2\pi ft)$，$V_i = 1$ V，頻率f選1 kHz，10 kHz及50 kHz。圖(b)是示波器在CH1及CH2的信號，分別顯示$v_i(t)$及電容C_x的電壓$v_c(t)$。按下示波器的Math

鍵，**選**「CH1-CH2」**的操作**，產生$v_i(t) - v_c(t) = v_R(t)$。$v_R(t)$是電阻R的電壓。電容的電流$i_c(t) = v_R(t)/R$。圖(b)顯示$v_R(t)$超前$v_c(t)$一個相位90°，可以推論$i_c(t)$超前$v_c(t)$一個**相位**90°。圖(c)是相量圖。讀取R的**電壓振幅**V_R及待測電容C_x兩端的**電壓振幅**V_C，則$C_x = [V_R/R]/[(2\pi f)V_C]$。

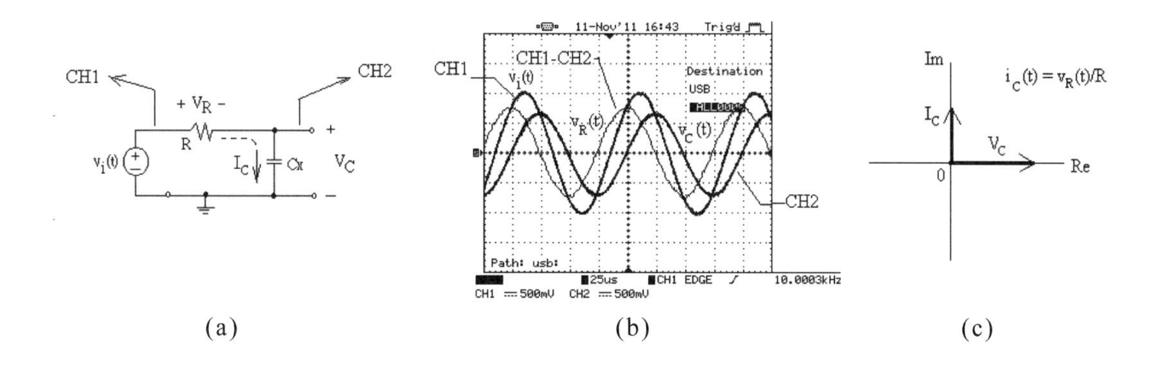

(a) (b) (c)

如上圖(a)接線，R = 1 kΩ，C_x是陶瓷電容，其電容值標示104。使用示波器，分別在f = 1 kHz，10 kHz及50 kHz量取振幅V_R及V_C，將之記錄在下面的表格。計算C_x，是否等於104的標示值？

f (kHz)	1	10	50
V_R(V)			
V_C(V)			
$C_x = [V_R/R]/[(2\pi f)V_C]$			

取一個電解質電容 (標示22 μF)，作為C_x。使用R = 10 Ω，重覆上述的量測步驟，並且如上面的表格記錄數據。在電解質電容的實驗，發現由量測數據所推算的C_x值是隨著頻率f增大而變小。使用這個方法，為何在高頻的量測值偏離標示值 (22 μF)？進一步的探討，詳實驗3頻率響應。

5. 要點整理

電路響應是指一個電路對輸入信號發生的狀態變化。視輸入信號的型態，有**方波響應**及**正弦波響應**。在RC電路，電路態的變化較輸入信號延遲一個時間，約等於RC的乘積，其物理單位是時間「秒」。因此，把「乘積RC」稱為RC電路的**時間常數**。

在示波器的量測，電信號藉由「同步觸發」，以掃瞄方式，從左向右顯示在示波器的螢幕。因此，出現在螢幕左邊的信號亮點比在右邊的亮點的時間為早。**從時間軸的排列，若輸出信號比輸入信號早發生，稱輸出的相位超前輸入。反之，若輸出比輸入晚發生，稱輸出的相位落後。**

練習1

下圖是3-1節的RC電路。輸入$v_i(t)$是階梯函數（Step function），定義為$t < 0$，$v_i(t) = 0$及$t > 0$，$v_i(t) = V_i$。求解$v_o(t)$。

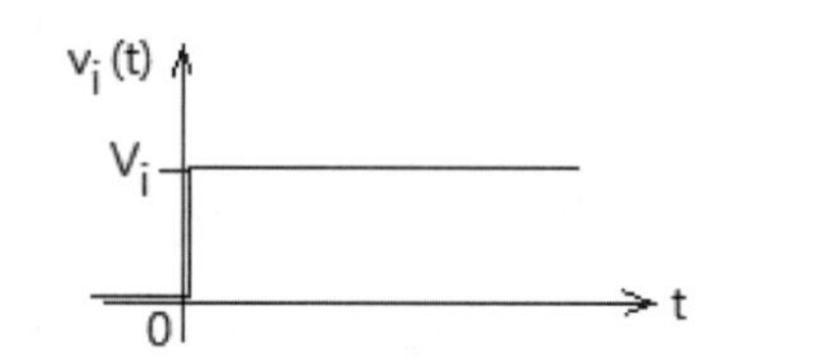

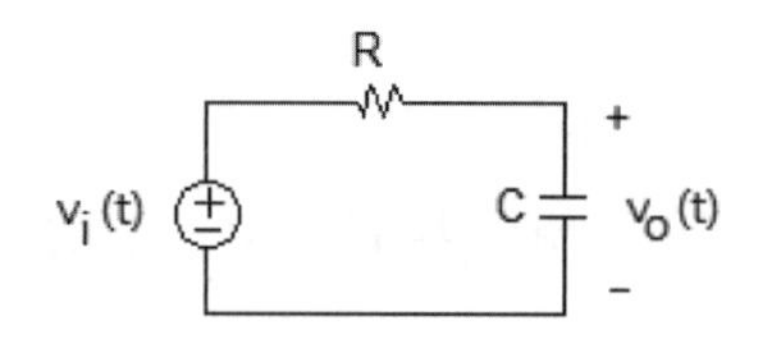

求解

電容的電流，$i(t) = [v_i(t) - v_o(t)]/R$。設電容的電荷是$q(t)$，則$v_o(t) = q(t)/C$。在極短的$\Delta t$時間，電荷變動$\Delta q(t) = (\Delta t \cdot i)$。因此，$\Delta v_o(t) = (\Delta t \cdot i)/C = \Delta t [v_i(t) - v_o(t)]/RC$，得到$\Delta v_o(t)/[v_o(t) - v_i(t)] = -\Delta t/RC$。求解$v_o(t)$時，分別考慮兩個時段，

$t < 0$，$v_o(t) = 0$；$t \geq 0$，因為Δt及$\Delta v_o(t)$是極小的量，可以把$\Delta v_o(t)/[v_o(t) - v_i(t)] = -\Delta t/RC$改寫成積分式，方式是把$\Delta v_o(t)$寫成$du_o(t)$，$v_o(t)$寫成$u_o(t)$及$\Delta t$寫成$dt$。另外，$v_i(t)$以$V_i$代入，得到下式

$$\int_0^{v_o(t)} du_o(t)/[u_o(t) - V_i] = \int_0^t -dt/RC \text{ 。}$$

把上式積分，$\ln\frac{v_o(t) - V_i}{-V_i} = -\frac{t}{RC}$，整理後得到$t \geq 0$，$v_o(t) = V_i(1 - e^{-\frac{t}{RC}})$。

從函數$v_o(t)$，根據定義自行推導出$v_o(t)$在方波響應的上升時間T_r。〔答案：$T_r = 2.2\ RC$。代入RC值，$T_r =$ ___。檢驗3-1節量測值，$T_r =$ ___。從這個練習得知，**RC電路的信號形式是**$v(t) = a\ \exp(-t/RC) + b$。〕

練習2

下圖電路，方波的寬度是T。若(a)$T=0.1\ \mu s$，(b)$T=5\ \mu s$及(c)$T=0.1\ ms$，圖解$v_o(t)$。

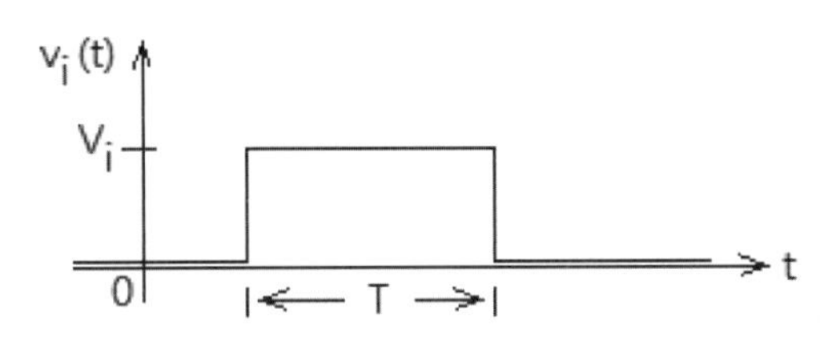

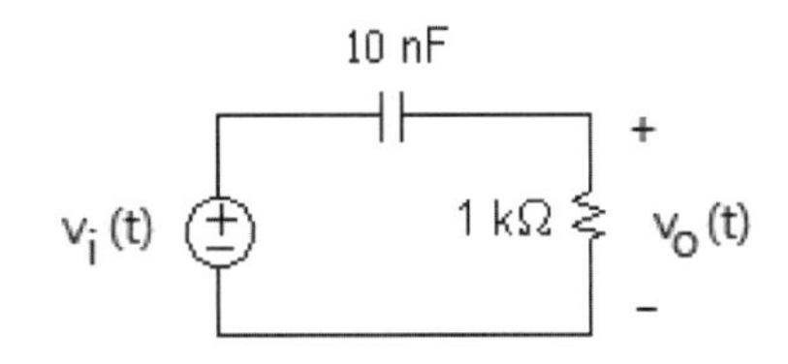

求解

設$\tau=RC$，則$\tau=10^3\cdot10^{-8}=10^{-5}s=10\ \mu s$。方波的寬度T用τ表示，分別為(a)$T=0.01\tau$，(b)$T=0.5\tau$及(c)$T=10\tau$。參考 練習1 ，電容在不同的時間T充電，電容的電壓v_c分別為，(a) $v_c\approx0$，(b) $v_c\approx0.5\ V_i$及(c) $v_c\approx V_i$。由$v_o=v_i-v_c$，並且考慮電容放電，以圖解得到$v_o(t)$：

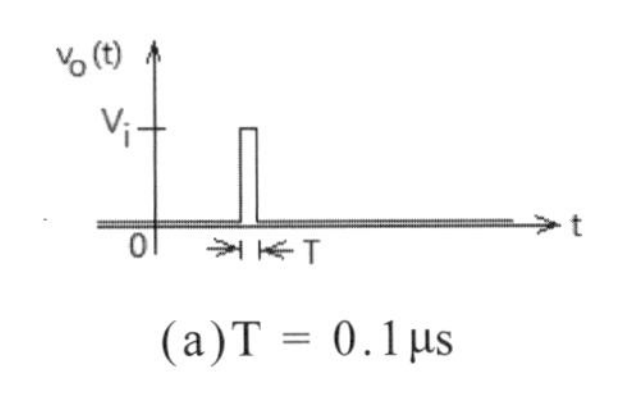

(a)T = 0.1μs

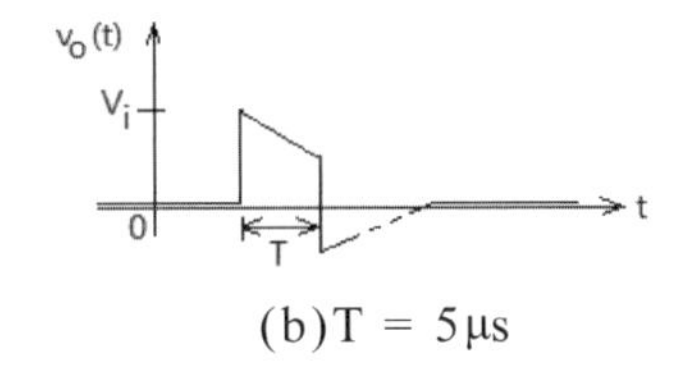

(b)T = 5μs

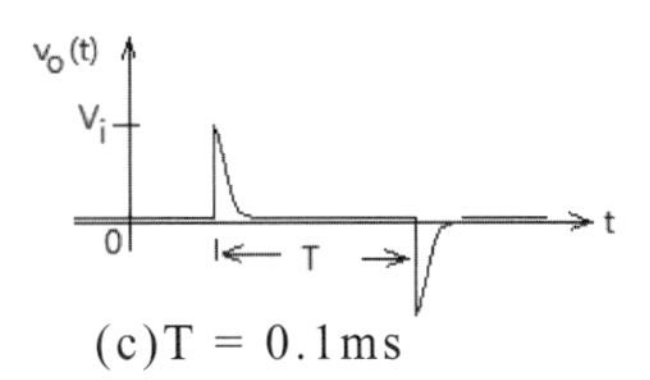

(c)T = 0.1ms

練習3

類似4-3節的電路，用一個電感L_x取代電容C_x，構成下圖(a)的電路，用來觀察在電感器內電流及電壓的相位關係，同時可以量測電感值L_x。下圖(b)是實驗的示波器圖。

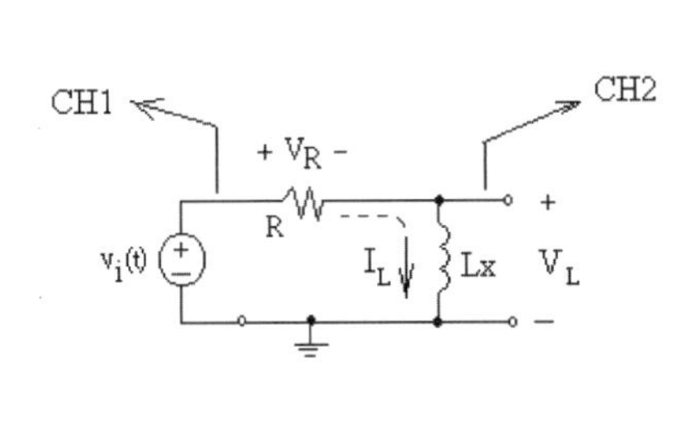

(a)

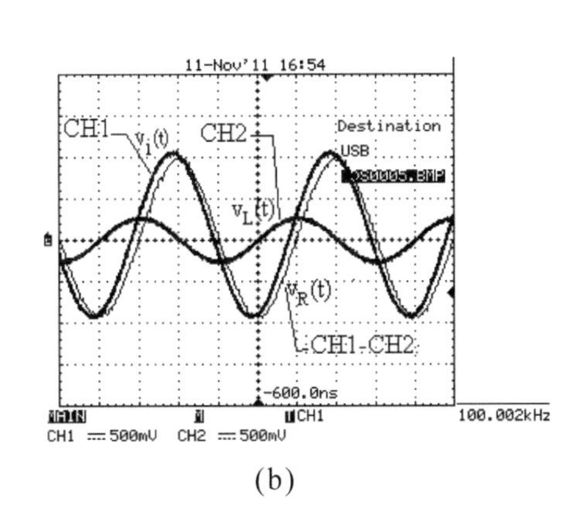

(b)

試由圖(b)判斷電感的電壓相對於電流之相位關係。另外，從公式 $v = L(di/dt)$及圖(a)的電路參數，推導出電感L_x值的計算式。

求解

在圖(b)，$v_L(t)$的過零點出現在$v_R(t)$過零點的左側，並且是$v_L(t)$領先$v_R(t)$一個相位角90°。(也可以敘述為，$v_L(t)$的過零點出現在$v_R(t)$的過零點的右側，並且是$v_L(t)$落後$v_R(t)$一個相位角270°。一般，以相位差小於90°為判斷標準。) 電阻R的電流也是電感L_x的電流。因此，電感L_x的電流$i_L(t) = v_R(t)/R$，亦即$i_L(t)$及$v_R(t)$是同相位。依此推論，$v_L(t)$領先$i_L(t)$一個相位角90°。從$L = V/(\omega I)$，電感值以公式$L_x = V_L/[2\pi f(V_R/R)]$計算，其中$V_L$及$V_R$是由示波器量測的振幅。

綜合示波器觀察到的正弦波響應，在電路元件，電壓及電流之振幅與相位的關係如下：

電阻　$V=RI$，根據$v(t)=Ri(t)$，電壓與電流同相位；

電容　$V=(1/\omega C)I$，電壓相位落後電流90°，參考4-3節；

電感　$V=(\omega L)I$，電壓相位超前電流90°，參考 **練習3** 。

因此，結合振幅及相位角，寫成電壓相量$\mathit{V}=V\cdot\exp(j\theta_V)$及電流相量$\mathit{I}=I\cdot\exp(j\theta_I)$，得到

電阻　$\mathit{V}=R\,\mathit{I}$；

電容　$\mathit{V}=(1/j\omega C)\mathit{I}$；

電感　$\mathit{V}=(j\omega L)\mathit{I}$。

在電路學，定義相量V與相量I的比值為阻抗 (Impedance) Z，即$Z=\mathit{V}/\mathit{I}$，下個單元再作探討。

❖6. 問題

6-1 一般示波器的頻道輸入阻抗很大，例如GDS-2062的CH1及CH2是1

MΩ。申論其理由。

*6-2 類似在2-3節的實驗，信號產生器輸出方波信號，經由一個T型接頭及一條短的同軸電纜 (傳輸線)，送到示波器的CH1頻道。下面圖(a-1)～(d-1)分別示意T型接頭與傳輸線不同的連接方式。在信號產生器相同的方波輸出之下，圖(a-2)～(d-2)是分別對應到圖(a-1)～(d-1)從示波器CH1看到的信號。在圖(a-1)，T型接頭只連接一條短的傳輸線，圖(a-2)顯示方波輸出。在(b-1)，T型接頭除了連接到示波器的短傳輸線，還連接一條長的傳輸線，其尾端接上51 Ω的電阻作為**匹配負載**；(b-2)顯示的信號波形高度是(a-2)波形高度的一半。在(c-1)，是把(b-1)的51 Ω負載拿掉，即長傳輸線的尾端開路，(c-2)顯示的信號波形高度同(a-2)，但波形的前邊緣及後邊緣有階梯變化。在(d-1)，不同於(c-1)是在長傳輸線的尾端短路，(d-2)顯示的信號包含正負脈衝信號。

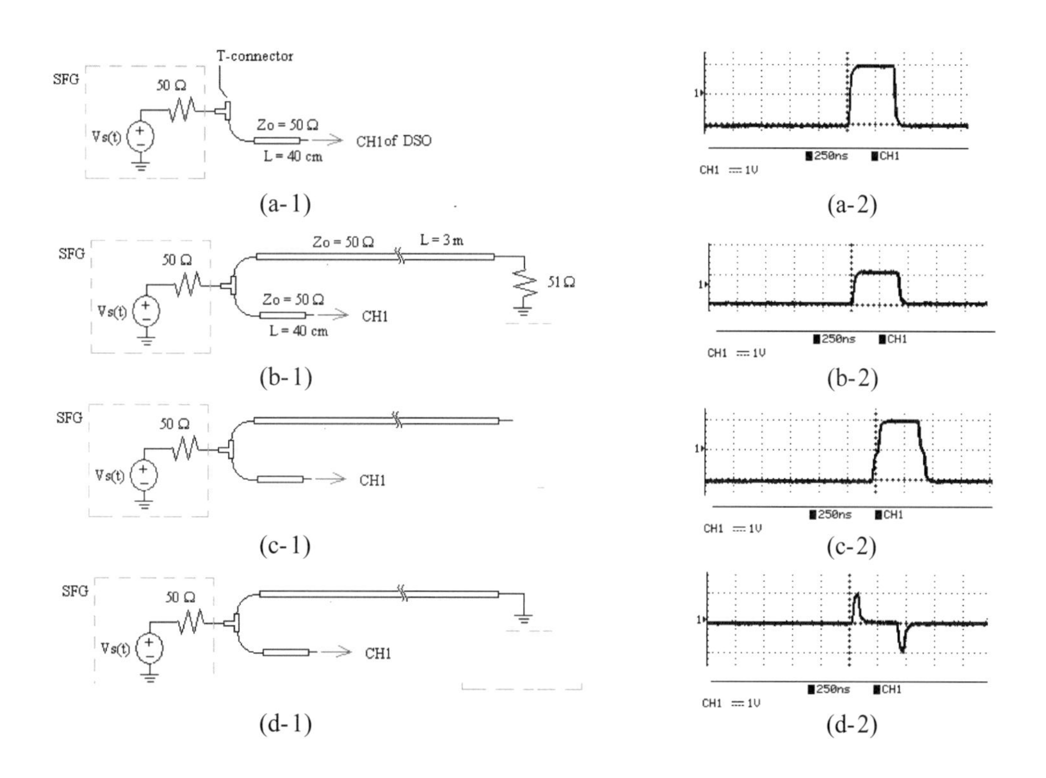

試由信號傳輸的特性，解釋信號(b-2)～(d-2)不同於(a-2)的原因。

6-3 使用Spice模擬4-2節的實驗。Spice是英文「Simulation Program with Integrated Circuit Emphasis」的縮寫。Spice模擬程式可區分HSpice及

PSpice兩種。HSpice適用在工作站 (Work station) 的作業系統。PSpice使用在**個人電腦**。在這裏使用的PSpice版本是OrCAD R16。PSpice的編輯方式有Text及Schematics兩種。在DOS的作業環境用Text編寫模擬的程式，而在視窗的作業系統運用Schematics的符號編輯。4-2節的電路可以用Schematics編輯成下面的模擬電路，包括「Place」Part/Wire，「Edit」Part及Simulation Profile等操作。「Edit Part」是設定電路元件的數值。「Edit Simulation Profile」是設定模擬的方式及Probe顯示。更多的細節，參考PSpice的手冊。記得「Place Ground」，在模擬的電路圖加上接地，才算完成編輯。

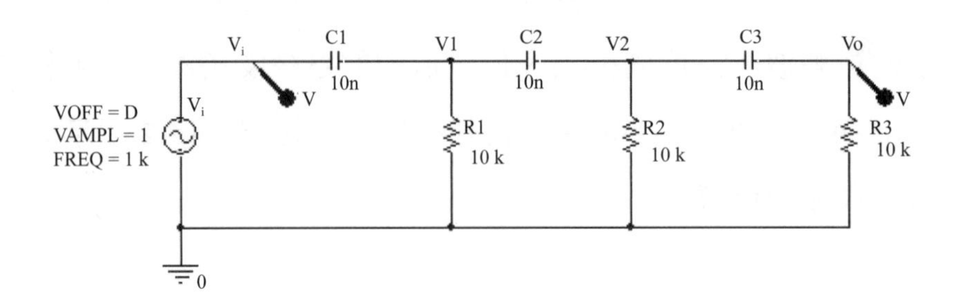

模擬的方式主要有「Transient」，「AC」及「DC」。「Transient」是在**時間值域**作計算，顯示出電路的時間動態行為，使用VSIN**信號源**。下圖是從Probe視窗看到「Transient」模擬的結果。

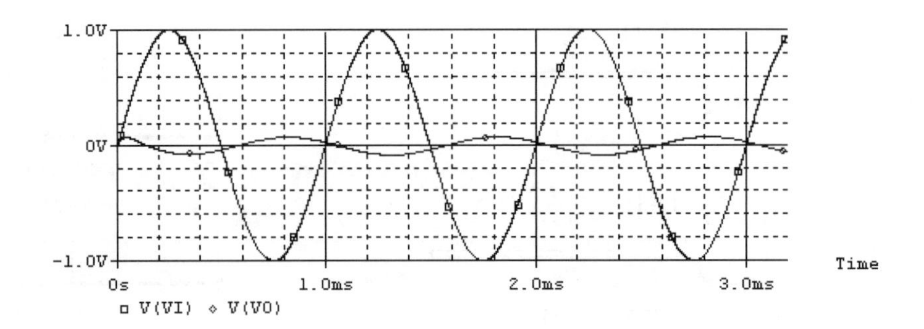

Probe如同示波器的功能。從Probe圖，看到正弦波v_i，其振幅1 V及頻率1 kHz。v_o之振幅明顯衰減 (≈ 0.1 V)。判斷v_o相對於v_i之相位前後的關係，可以從頻率100 kHz (近似同相位) 依序下降至10 kHz範圍，觀察二者相位移的變動。據此，在頻率1 kHz的情況是v_o的相位超前v_i，並且超過90°。自行練習Transient分析，其結果與4-2節的量測數據作比較，以判斷PSpice模擬的準確性。

另外，「AC」模擬是在頻率值域作計算，使用VSRC信號源。下圖是在Probe顯示的DB(v_o/v_i)及相位P(v_o/v_i)對頻率變化的曲線。DB(v_o/v_i)是電壓比值的分貝值，定義為$DB = 20\log(|v_o/v_i|)$。因為v_o與v_i的相位差可以大於180°，v_o相對於v_i的相位移用式子$P(v_o/v_i) = P(v_1/v_i) + P(v_2/v_1) + P(v_o/v_2)$求解。以ProbeCursor觀察，在$f = 648$ Hz時，$P(v_o/v_i) = 180°$；即在$f = 648$ Hz，v_o的相位相對於v_i超前180°。自行檢驗這數值$f = 648$ Hz，是否符合理論的$\omega = 1/(\sqrt{6}RC)$及4-2節的實驗值？

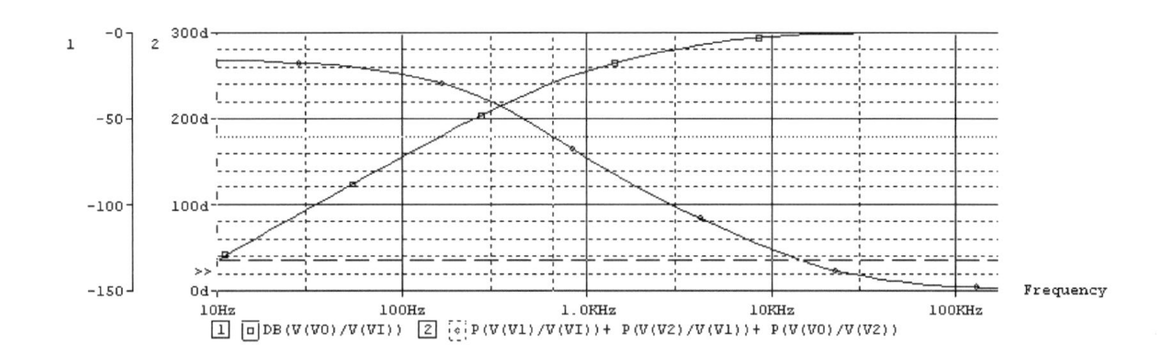

筆記欄

實驗3　頻率響應

目的：認識(1)電路態；(2)時域及頻域變量；(3)阻抗；(4)頻率響應之Bode圖，dB及三分貝頻。

器材：示波、信號產生器、RLC元件。

❖1. 說明

以示波器觀察時，示波器使用輸入信號作為觸發源作重覆掃瞄，所看到的電壓信號屬於電路的**穩態響應**。回顧實驗 2 的 RC 電路，當輸入正弦波的頻率變動時，電路穩態的輸出信號隨之發生兩個變化，一個是振幅，另外是相對於輸入信號的相位移動。換言之，若輸入是 $v_i(t) = V_i \cdot \sin(2\pi ft)$，則輸出信號 $v_o(t)$ 除了包括振幅 V_o 及頻率 f，須要再加一個對應輸入信號的相位角 θ，即 $v_o(t) = V_o\sin(2\pi ft + \theta)$，這是在**時間值域** (Time domain) 完整的描述。綜合示波器的觀察，振幅 V_o 及相位角 θ 是跟隨輸入信號的頻率 f 變化，用函數 $V_o = V_o(f)$ 及 $\theta = \theta(f)$ 表達。在電路學，稱這個函數關係為電路的**頻率響應**。對照時間函數 $v_o(t)$，$V_o(f)$ 及 $\theta(f)$ 是在頻率值域 (Frequency domain) 的變量 (Variables)。在這個實驗，以手動方式，逐點變動頻率，從示波器顯示的信號，讀取 $V_o(f)$ 及 $\theta(f)$ 的數值。接著，整理一組頻率的讀值，以座標橫軸代表頻率 f，縱軸分別代表 $V_o(f)$ 及 $\theta(f)$ 數值，繪製出頻率響應的曲線圖。

這裡復習Euler公式，$\exp(j\theta) = \cos(\theta) + j\sin(\theta)$。利用Euler公式，$v_o(t) = V_o\sin(2\pi ft + \theta)$寫成$v_o(t) = V_o\text{Im}[\exp(j\omega t + \theta)] = \text{Im}[(V_oe^{j\theta})\ e^{j\omega t}]$，其中定義角頻率$\omega = 2\pi f$。把振幅$V_o$及相角θ寫在一起，變成一個複振幅或相量 (Phasor) $V_o = V_oe^{j\theta}$。因此，描述電路的穩定態時，時間值域的電流i(t)及電壓v(t)可以分別用頻率值域的電流相量I及電壓相量V代表。另外，電流相量I及電壓相量V分別適用於電流定律KCL及電壓定律KVL。

在電路學，定義相量V與相量I的比值為阻抗 (Impedance) Z，即 $Z = V/I$。從實驗2，可以歸納出電路元件的端點電壓相量V與流入電流相量I的關係分別是：

電阻　$V = RI$；

電容　$V = (1/j\omega C)I$；

電感　$V = (j\omega L)I$。

使用阻抗及電壓與電流相量作**電路**分析，一般稱為**交流分析**（AC-analysis）。在下圖1，(a)是一個RC電路，(b)是把電路元件轉換成阻抗的電路，例如，電容C轉換成電容阻抗1/(sC)，電阻R轉換成電阻阻抗R。這裡為了簡便書寫，用s替代jω。另外，圖1(a)的$v_i(t)$在圖1(b)用V_i標示。同理，在圖1(b)分別標示出電流及電壓的相量，包括I_C，V_C，I_R及V_o。依據KVL，從圖1(b)得到$V_i = V_C + V_o$。依據KCL，$I_C = I_R$。從阻抗關係，$V_C = Z_C I_C = Z_C I_R = (1/sC)(V_o/R)$。整理後，$V_o = [s/(s + 1/RC)]V_i$。從交流分析的求解，看到相量$V_i$及$V_o$皆為頻率s的函數。

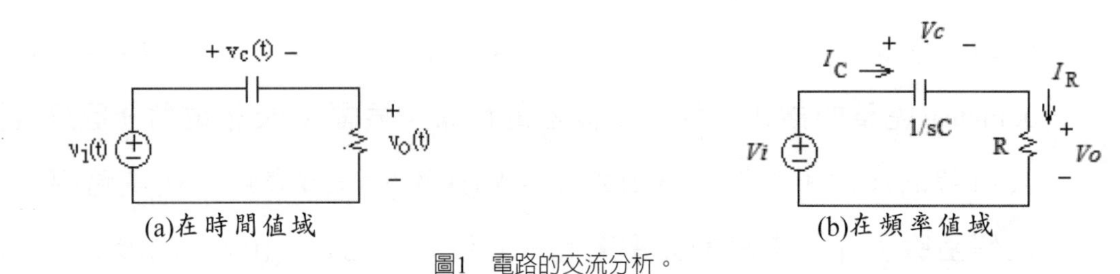

圖1　電路的交流分析。

在電路理論，把一個四個端點或雙埠（Two-port）電路的**輸出相量**V_o對**輸入相量**V_i的比值定義為電路的**傳輸函數**（Transfer function），寫作$H(s) = V_o/V_i$。則電路穩態響應的求解寫成

$$v_o(t) = \mathrm{Im}[V_o e^{st}] = \mathrm{Im}[H(s)V_i e^{st}]，$$

$$或V_o(s) = H(s)V_i(s)，其中s = j\omega。$$

依據$v_i(t)$的表式，$v_o(t)$可以取$[H(s)V_i e^{st}]$的**實部**或者**虛部**。下圖2是比圖1更加廣義的示意，以**時間值域**及**頻率值域**的變量來描述電路，其意義是相同。在時域，**實數變量**$v_o(t)$及$v_i(t)$是以複雜的數學結合在一起，這裡暫不探討。在頻域，變量$V_o(s)$及$V_i(s)$是**複數**，以**乘積運算**$V_o(s) = H(s)V_i(s)$連結。因此，無論是以理論或實驗方法得知**傳輸函數**

H(s)，把輸入 V_i(s)乘H(s)，即可獲得 V_o(s)。

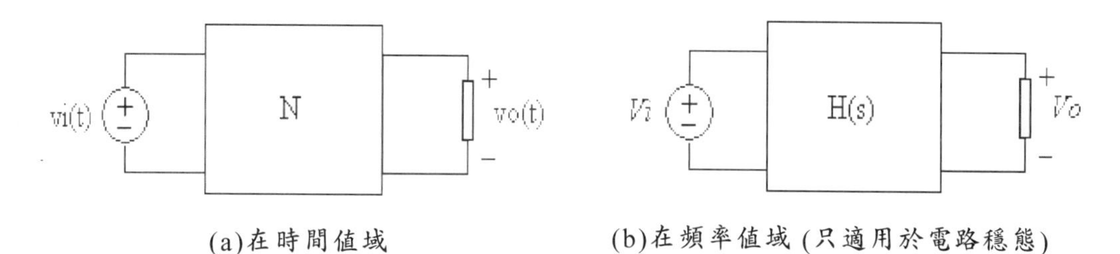

(a)在時間值域　　(b)在頻率值域（只適用於電路穩態）

圖2　電路變量的表達方式。

傳輸函數可以寫作H(s) = P(s)/Q(s)，其中P(s)及Q(s)分別是s的m及n次多項式。分解因素後分別是 $P(s) = K(s - z_1)(s - z_2)....(s - z_m)$ 及 $Q(s) = (s - p_1)(s - p_2)....(s - p_n)$，其中分子P(s) = 0之根，$z_1$、$z_2$、…、$z_m$ 稱為傳輸函數之零點 (Zero)，以及分母Q(s) = 0之根，p_1、p_2、…、p_n 為極點 (Pole)。

當頻率s = jω變動時，傳輸函數H(jω) = |H(jω)|exp(jθ)之**絕對值**|H(jω)|以大範圍變動。一般使用對數壓縮，定義dB = 20log(|H(jω)|)，**稱為**|H(jω)|的**十分貝** (Decibels) **值**。為了簡化運算，改寫：

$j\omega - z_k = M_{zk}\angle z_k$，其中 $M_{zk} = |j\omega - z_k|$ 代表絕對值及 $\angle z_k$ 代表 $j\omega - z_k$ 的相角；

$j\omega - p_k = M_{pk}\angle p_k$，其中 $M_{pk} = |j\omega - p_k|$ 代表絕對值及 $\angle p_k$ 代表 $j\omega - p_k$ 的相角。

逐項代入，整理得到：

$$\begin{aligned} dB &= 20\log(|H(j\omega)|) \\ &= 20\log(|K|) + 20\{\log(M_{z1}) + \log(M_{z2}) + ...\} - \\ &\quad 20\{\log(M_{p1}) + \log(M_{p2}) + ...\}, \end{aligned}$$

$$\theta(j\omega) = \{\angle z_1 + \angle z_2 + ...\} - \{\angle p_1 + \angle p_2 + ...\}。$$

在圖1(b)的電路，$H(s) = V_o/V_i = s/(s + 1/RC)$，有一個零點 $z_1 = 0$ 及一個極點 $p_1 = -1/RC$。因此：

$$\begin{aligned} dB &= 20\log(|H(j\omega)|) = 20\log(M_{z1}) - 20\log(M_{p1}) \\ &= 20\log\omega - 10\log(\omega^2 + p_1^2), \end{aligned}$$

$$\theta(j\omega) = \angle z_1 - \angle p_1 = 90° - \tan^{-1}\omega RC。$$

根據上述兩條式子，繪出圖1(b)的電路的頻率響應曲線，如下面的圖示。下圖的橫軸是以對數值表示頻率ω，縱軸分別是dB及θ(jω)的數值。基本上，從dB的表式看到，當頻率ω越過第一個零點z_1後，dB值以20 dB/decade (即頻率每增加10倍，多了20 dB) 的速率增加，越過第二個零點z_2後，以40 dB/decade的速率增加，其他的零點依此類推。反之，當ω碰到第一個極點p_1後，dB值以－20 dB/ decade的速率減少，超過第二個極點p_2變成－40 dB/ decade的速率減少，其他的極點依此類推。圖1(b)之電路有一個零點$z_1 = 0$及一個極點$p_1 = -1/RC$。因此，$|H(j\omega)|$之dB曲線從低頻ω開始，先以20 dB/decade斜率的直線變動(黑色線段)。當ω增大，越過第一個極點值$|p_1|$，由於極點產生的－20dB/decade抵消了零點產生的20 dB/decade，曲線轉折變成水平線。實際上，當$\omega = |p_1|$，$dB = -10\log 2 = -3.03$，因此，這個轉折點的頻率，$\omega = |p_1|$，稱為**三分貝頻** (3 dB-frequency)。

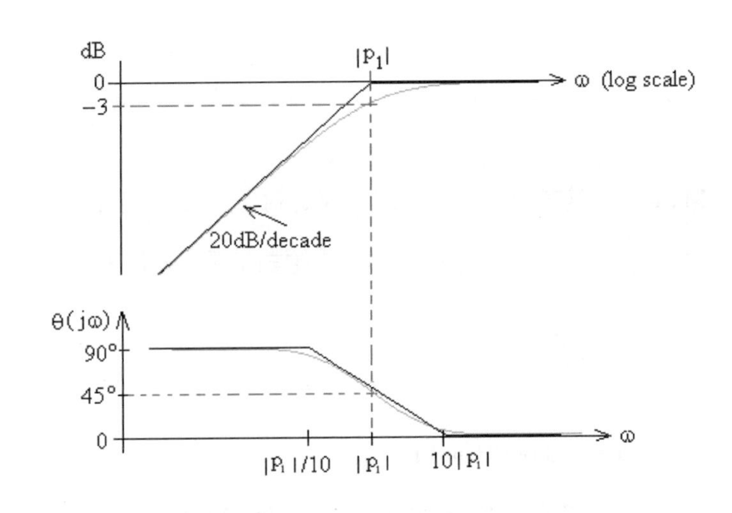

歸納上面圖形的特徵為：

當$\omega \ll |p_1| = 1/RC$，$dB = 20\log\omega - 10\log(p_1^2)$，$\theta(j\omega) = 90°$；

當$\omega = |p_1|$，$dB = -3.0$，$\theta(j\omega) = 45°$；

當$\omega \gg |p_1|$，$dB = 0$，$\theta(j\omega) = 0°$。

上述的圖形稱為Bode圖，顯示傳輸函數的dB值及相角(對頻率的變化趨勢。從Bode圖可以檢驗電路。例如，在圖1(b)的電路，其Bode

圖代表一個高頻通過電路，因為當頻率f大於$|p_1|/2\pi$，$V_o = V_i$，或者$v_o(t) = v_i(t)$。以實驗方法量取頻率響應，對於一個未知的電路尤其具有意義，因為可以從實驗的Bode圖判斷出電路之極點及零點的分佈，進而組構出等效電路。

2. RC電路的Bode圖

2-1 按下圖的電路接線。信號產生器輸出弦波$v_i(t) = V_i\sin(2(ft)$，振幅1 V。當頻率以手動掃瞄的方式變動時，在特定的頻率範圍，可以觀察到CH2輸出之$v_o(t)$的振幅及相對於CH1之$v_i(t)$的相位關係發生明顯變化。調整$v_i(t)$的頻率f，從100 Hz以適當之間距變動至約100 kHz，觀察示波器之CH1和CH2的波形。記錄在各點頻率之$v_o(t)$的振幅及相位移動。從量取的數據製作V_o/V_i之Bode圖。檢視電路的三分貝頻，是否符合理論值$f_C = |p_1|/2\pi$ (三分貝頻亦稱為截止頻f_C)？

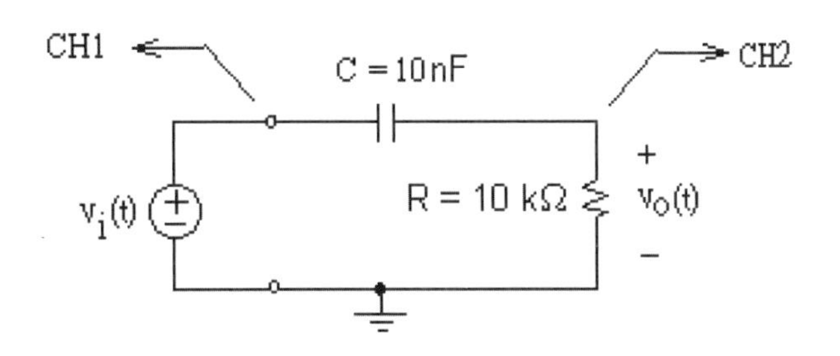

下圖是在同一電路，以PSpice作AC模擬的結果 (參考實驗2之問題6-3，關於「AC Sweep」)：

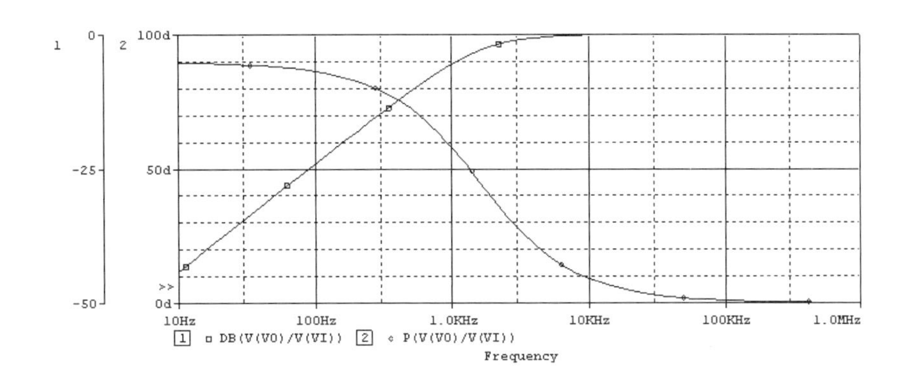

試比較實驗的Bode圖及PSpice分析的頻率響應圖。這樣的比較工作，目的在於驗證實驗方法，以確定這種從示波器逐點取得信號數據，是否為一種可靠方式，用來量測電路的頻率響應。

2-2 按下圖的電路接線，實驗方法同2-1節。首先，手動粗略掃瞄頻率，尋找合適的頻率範圍，以便作較微小頻率變動。從變動頻率，逐點讀取數據，製作V_o/V_i之Bode圖。試從實驗的Bode圖形研判該電路之極點與零點的分佈。這個電路與2-1節的電路有何異同？〔提示：考慮$R_1 \rightarrow \infty$。〕

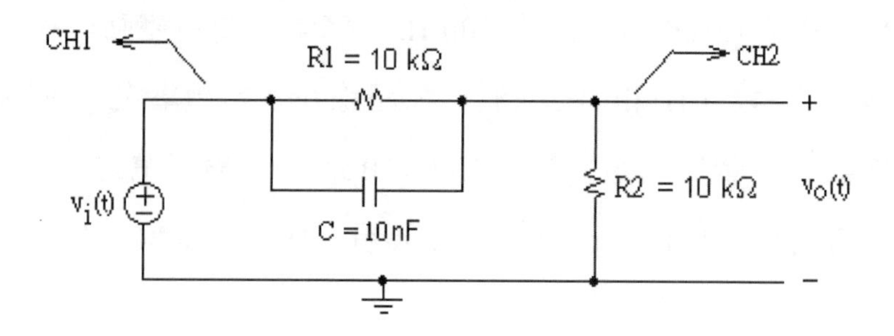

2-3 按下圖接線，實驗方法同2-2節。先粗略掃瞄頻率，找出作較微調動的頻率範圍。從變動頻率，逐點量取數據，製作V_o/V_i之Bode圖。試從實驗的Bode圖分析該電路之極點與零點的分佈。此電路的意義將在實驗10進一步探討。

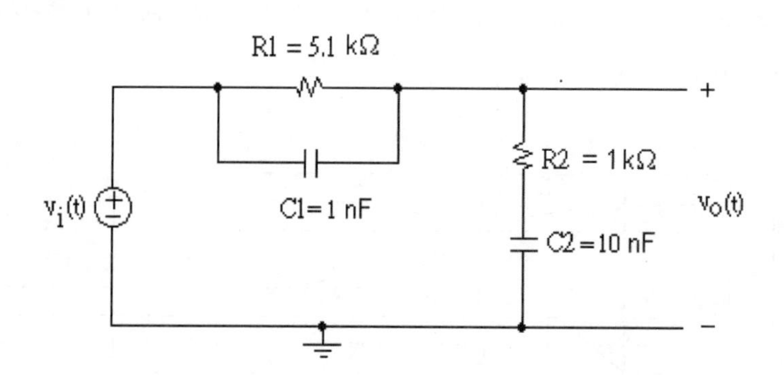

3. RLC電路的頻率響應

3-1 下圖的RLC電路使用一個100 μH的電感，與電容及電阻串聯。$v_i(t)$

是信號產生器輸出的弦波$V_i\sin(2\pi ft)$，振幅5 V。用示波器的CH1量測$v_i(t)$，同時以CH2觀察在電阻的電壓信號$v_o(t)$。當頻率以手動掃瞄的方式變動時，在特定的頻率範圍可以察覺到$v_o(t)$的振幅發生明顯的變化。調整$v_i(t)$之頻率f，從100 Hz以適當之間距變動至約500 kHz，觀察示波器的波形。記錄在各點頻率之$v_o(t)$的振幅及相位變化。從量取的數據製作V_o/V_i之Bode圖。

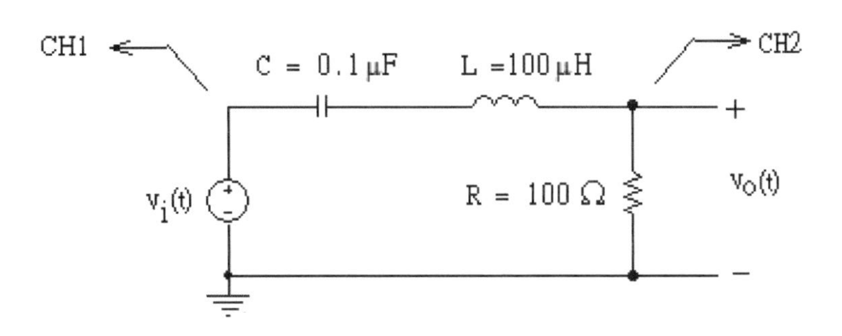

3-2 改變電阻R，分別選用R = 10 Ω及1 kΩ，並且重覆3-1節的實驗。在不同電阻值R的情形，$v_o(t)$的振幅跟隨頻率變化的趨勢有何不同？從示波器可以看到$v_o(t)$的振幅跟隨$v_i(t)$的頻率變化。當$v_i(t)$的頻率接近數值$f_o = 1/[2\pi(LC)^{1/2}]$時，$v_o(t)$的振幅最大，即$|V_o/V_i| = 1$，這個現象稱為共振 (Resonance)，f_o稱為共振頻率。記錄3-1及3-2節所量測到的共振頻率，是否符合理論值？

實驗之中，特別觀察：(1)在R = 10 Ω的實驗，當頻率接近共振頻率f_o時，從CH1觀察到$v_i(t)$的振幅V_i變小。試解釋這個現象。(2)在R = 1 kΩ的實驗，$v_i(t)$的頻率接近1 MHz時，觀察到$|V_o/V_i| > 1$。記錄並且探討這個現象。參考後面的問題6-2。

3-3 下圖的RLC電路，先以一個100 μH的電感和0.1 μF的電容並聯，再串聯電阻R = 100 Ω。從電阻R讀取信號$v_o(t)$。同3-1節的實驗，從信號產生器輸出弦波$v_i(t)$，振幅5 V。當頻率以手動掃瞄的方式變動時，在特定的頻率範圍可以察覺到$v_o(t)$的振幅發生明顯的變化。調整$v_i(t)$的頻率，從100 Hz以適當之間距變動至約500 kHz，觀察示波器的波形。從量取的數據製作V_o/V_i之Bode圖。比較3-1及3-2節的實驗結果，這個Bode圖有何特徵？

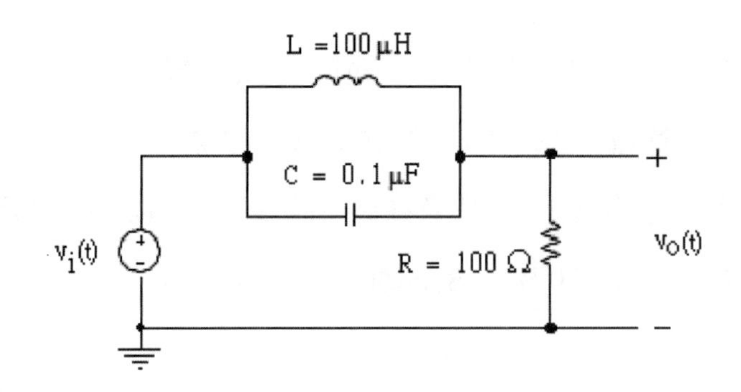

❖4. 電容C的阻抗

實驗2之4-3節，我們利用電容器i = Cdv/dt的電壓和電流關係，量取電容的大小。從數據，發現量測的電容值與頻率有密切關係，特別是在電解質電容的情形。例如，在高頻時，量測的電容值偏離22 μF的標示值。本節實驗，嘗試由阻抗的觀念，探討在這個電容實驗所看到的現象。

在電容的弦波穩態分析，電壓相量對電流相量之比值為電容的阻抗，即$V/I = Z_C = 1/j\omega C$。若視V為輸出以及I為輸入，根據定義，阻抗也是傳輸函數的一種形式。

從元件的結構，一個電容不是只由兩片金屬電極組成 (參考實驗1之第4節)。電容兩端是導線，具有電感，以等效串聯電感 (ESL) 代表。電容的導線亦有電阻，以等效串聯電阻 (ESR) 代表。因此，下面的圖(a)示意一個電容元件的**等效電路**，實際的阻抗$V/I = Z_C = 1/j\omega C + (ESR) + j\omega(ESL)$。圖(b)描述從電容兩端看進去的阻抗$|Z_C|$跟隨頻率變化的趨勢。

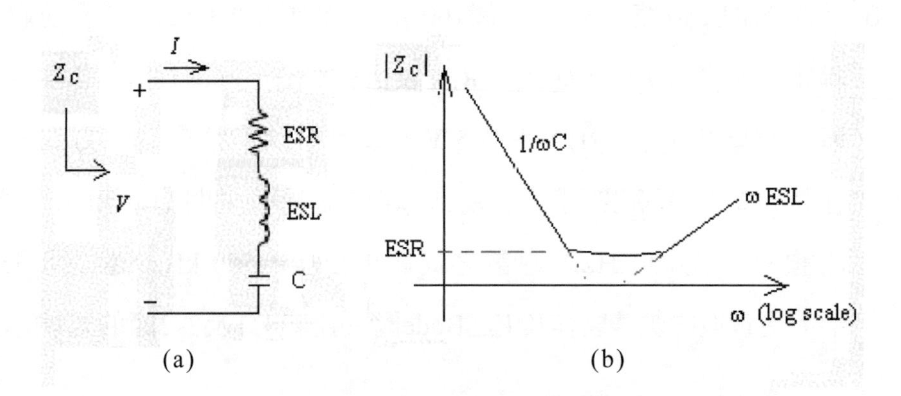

(a) (b)

從上述圖(a)及(b)，可以推論，實驗2之4-3節之量測電容值的方法，只適用在低於10 kHz的頻率範圍。電解質電容之ESR約為0.1 Ω～1 Ω。因此，頻率超過50 kHz時ESR主導$|Z_C|$的數值，即$|Z_C| \approx$ ESR；更高頻時，$|Z_C| \approx \omega$(ESL)。根據這樣的性質，**使用電容元件須要注意適用的頻率範圍**。

回到實驗2之4-3節的實驗。如下圖的接線，R = 100 Ω，C選用10 μF或22 μF的電解質電容。

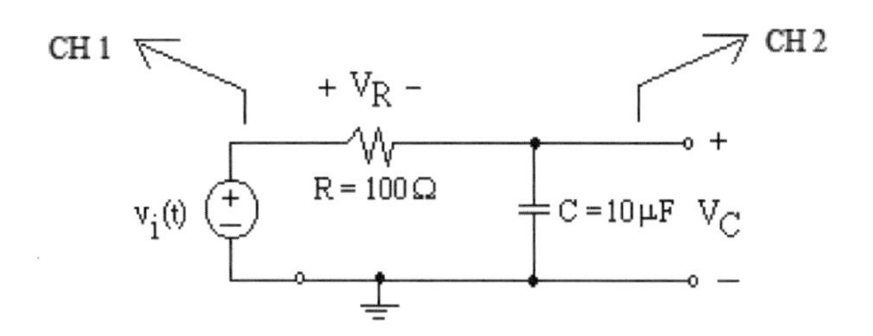

信號產生器輸出$v_i(t) = V_i\sin(2\pi ft)$，$V_i$ = 5 V，頻率f以合適的間距在1 kHz～3 MHz之間變動。用示波器之CH1量取$v_i(t)$，CH2量取電容的$v_C(t)$。按下示波器的Math鍵，選擇「CH1-CH2」操作，量取電阻的$v_R(t)$。從「CH1-CH2」及CH2的信號，分別讀取R兩端**電壓的振幅**V_R及C兩端**電壓的振幅**V_C。記錄f，V_R及V_C的讀值，如下面的表格。根據$Z_C = V_C/I_C$，由於$I_C = I_R$，並且**假設**$I_R = V_R/R$，得到$|Z_C| = V_C/(V_R/R)$，單位是Ω。

f(Hz)	1 k	2 k	5 k	10 k	20 k	50 k	100 k	200 k	500 k	1 M	2 M	3 M
V_R(V)												
V_C(mV)												
$\|Z_C\| = V_C/$ $[V_R/R]$												

檢驗實驗數據，是否符合圖(b)之預測？從圖(b)之阻抗$|Z_C(f)|$隨頻率變動的趨勢，試推導電容元件的ESR及ESL數值。

❖5. 要點整理

若一個電路的輸入是餘弦信號，$v_i(t) = V_i\cos(\omega t)$，從示波器量測到的穩態輸出是$v_o(t) = V_o\cos(\omega t + \theta)$的形式，θ是$v_o(t)$相對於$v_i(t)$的相位。利用Euler定理，$\exp(j\theta) = \cos(\theta) + j\sin(\theta)$，把$v_i(t)$及$v_o(t)$分別寫成$v_i(t) = \mathrm{Re}[V_i e^{j\omega t}]$及$v_o(t) = \mathrm{Re}[V_o e^{j\theta} e^{j\omega t}]$。定義**相量**(Phasor)$V = Ve^{j\theta}$，即**振幅V乘以相角因數**$e^{j\theta}$。使用相量，電路元件的電流i(t)及電壓v(t)分別寫成$i(t) = \mathrm{Re}[Ie^{j\omega t}]$及$v(t) = \mathrm{Re}[Ve^{j\omega t}]$。

由電壓定理 (KVL)，$\Sigma v_k(t) = 0$，得到$\Sigma V_k = 0$，即**電壓相量滿足電壓定理** (KVL)。由電流定理 (KCL)，$\Sigma i_k(t) = 0$，得到$\Sigma I_k = 0$，即**電流相量滿足電流定理**(KCL)。以相量運算時，元件的電流-電壓關係寫成$V = ZI$，其中Z是**阻抗**。據此，電阻阻抗$Z_R = R$，電容阻抗$Z_C = 1/j\omega C$，電感阻抗$Z_L = j\omega L$。這是交流電路的理論基礎。在交流電路的分析，使用相量作代數運算來求解。

練習1

使用相量運算，求解2-3節電路之V_o/V_i的數學式。

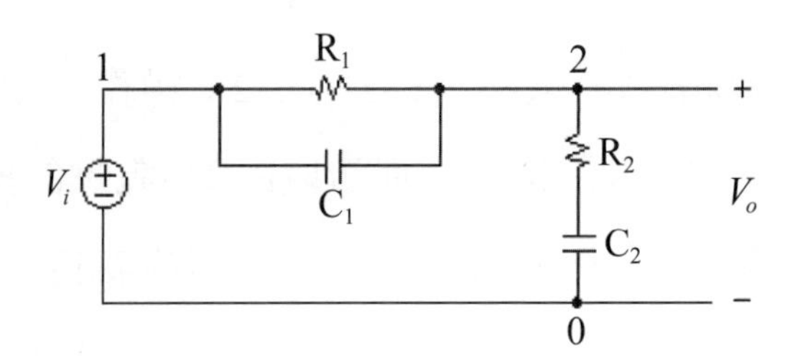

求解

檢視電路，標示0～2節點，其中只有節點2的電壓 (V_o) 為未知。使用電阻阻抗R及電容阻抗1/sC，寫下節點2的KCL代數方程式，用電壓相量表示，

$$(V_o - V_i)(1/R_1 + sC_1) + V_o/(R_2 + 1/sC_2) = 0。$$

整理得到，

$$V_o/V_i = [1 + s(R_1C_1 + R_2C_2) + s^2(R_1C_1R_2C_2)]/[1 + s(R_1C_1 + R_2C_2 + R_1C_2) + s^2(R_1C_1R_2C_2)]。$$

在正弦波的情形，$s = j\omega(= j2\pi f)$，

$$V_o/V_i = [1 - \omega^2(R_1C_1R_2C_2) + j\omega(R_1C_1 + R_2C_2)]/[1 - \omega^2(R_1C_1R_2C_2) + j\omega(R_1C_1 + R_2C_2 + R_1C_2)]$$ 。

檢視低頻$f \rightarrow 0$及高頻$f \rightarrow \infty$時，$V_o/V_i \approx 1$。介於低頻及高頻之間，$|V_o/V_i| < 1$，如下圖示。

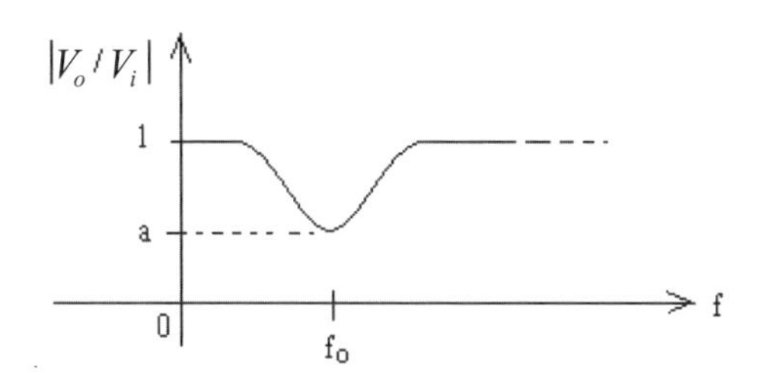

若$1 - (2\pi f)^2(R_1C_1R_2C_2) = 0$時，頻率為$f_o$，$|V_o/V_i|$有極小值a，並且$V_o/V_i$的相位角為零。以2-3節為例，代入電阻及電容的數值，自行計算f_o及a。[答案：$f_o \approx 22$ kHz，$a \approx 0.2$。2-3節的量測：$f_o =$ ____，$a =$ ____。]

6. 討論及問題 (有*標示者較難回答)

6-1 不使用數學分析，試從阻抗的性質，概略繪製下面(a)及(b)的電路之$|V_o|$對頻率變化的趨勢，並且分別申論電路(a)及(b)的意義。

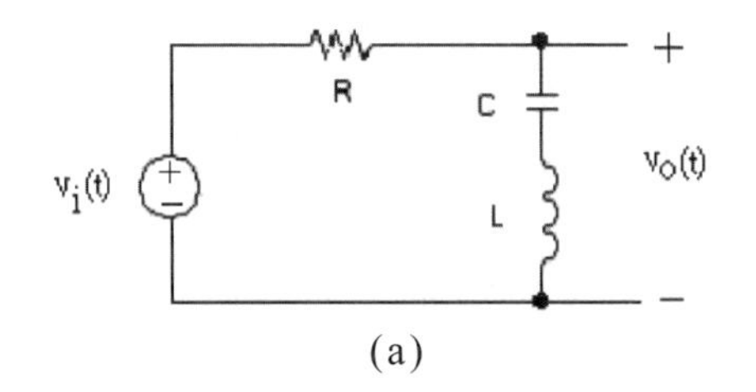

(a)

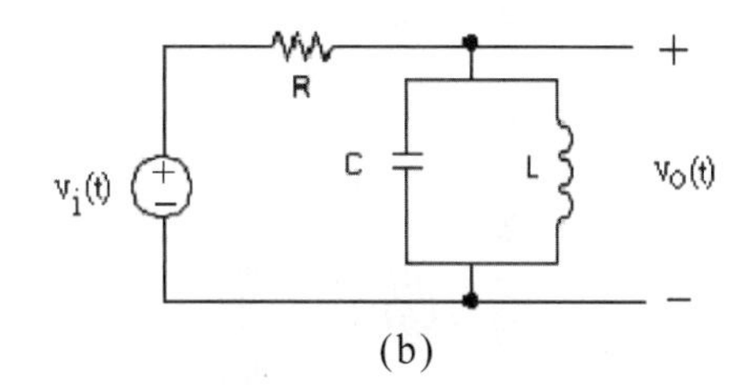

(b)

*6-2 回顧3-2節的實驗。在R = 1 kΩ的情形，$v_i(t)$的頻率接近1 MHz時，量測到$|V_o/V_i| > 1$，如下圖示意。這個現象在R > 1 kΩ的情況更顯著，試探討成因。〔提示：從第4節電容C的阻抗實驗，看到**電路元件的阻抗會跟隨頻率變動**。根據電阻阻抗的定義，檢驗**電阻元件之$R = V/I$有效的頻寬**。量測時，示波器頻道的輸入阻抗是1 MΩ//16 pF。〕

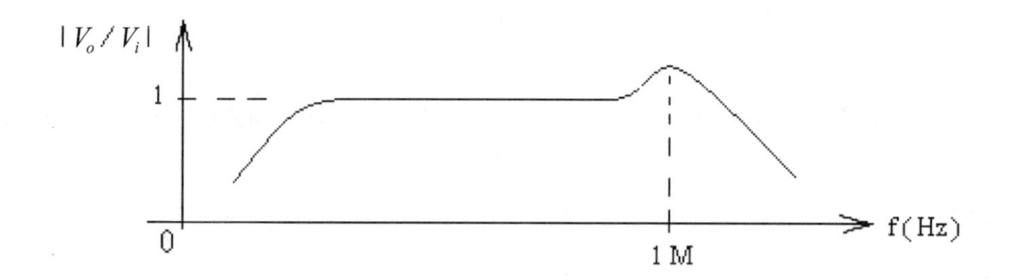

*6-3 回顧實驗2之第4-2節，當頻率變動到某個數值時，輸出信號相對於輸入的相位差異可以達到180°。證明發生相位移180°時的頻率是 $\omega = 1/(\sqrt{6}\,RC)$。

〔提示：使用節點電壓相量V_1，V_2，V_i及電容的阻抗關係$I = sCV$，寫下KCL方程式：

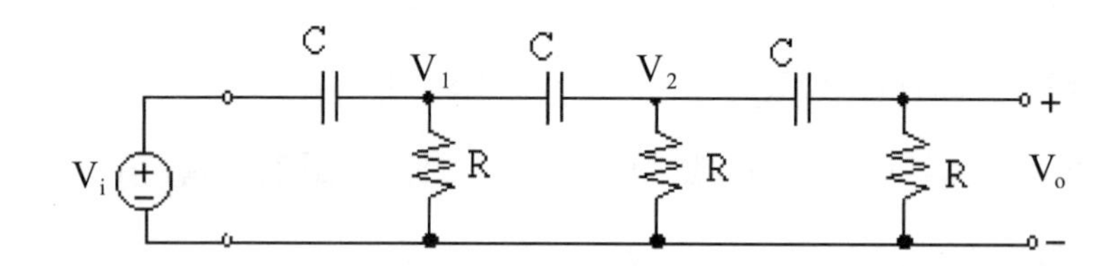

$$sC(V_1 - V_i) + V_1/R + sC(V_1 - V_2) = 0$$

$$sC(V_2 - V_1) + V_2/R + sC(V_2 - V_o) = 0$$

$$sC(V_o - V_2) + V_o/R = 0$$

由行列式求解，得到$V_o = (sC)^3 V_i/[(sC)^3 + 6(sC)^2/R + 5sC/R^2 + 1/R^3]$。對弦波輸入，把$s = j\omega$代入$V_o(s)$，證明當頻率是$\omega = 1/(\sqrt{6}\,RC)$時，$V_o = -V_i/29$，即相位移180°。理論是否可以正確預測實驗數據？這個180°相位移將應用到實驗10的電路。〕

❖7. 參考文獻

7-1 J.W. Nilsson, S.A. Riedel: Electric Circuits.

實驗4　運算放大器

目的：認識(1)運算放大器及其參數（A_{DM}、A_{CM}、CMRR、SR、ICMR）；(2)基本的應用電路。

器材：示波器，信號產生器，直流電源供應器，IC741、R、C。

❖1. 說明

傳輸函數描述一個電路變數之間的關係，基本上代表電路的功能。圖1繪出兩種電路。單埠 (One-port) 元件以阻抗$Z = V/I$描述兩個端點的電壓-電流關係。四個端點或雙埠 (Two-port) 元件的傳輸函數有四種形式，$A_v = V_o/V_i$，$R_m = V_o/I_i$，$G_m = I_o/V_i$及$A_i = I_o/I_i$，分別表示輸出端點及輸入端點的電壓 (V_o，V_i) 及電流 (I_o，I_i) 的關係。電壓放大器是常見的雙埠元件，其傳輸函數寫成$A_v = V_o/V_i$，因為其數值$|A_v| = |V_o/V_i| > 1$，亦稱A_v為電壓增益 (Voltage gain) 或放大倍率 (Amplification)。

單埠 (one-port) 元件

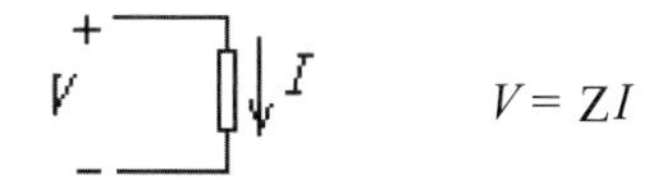

雙埠 (two-port) 元件

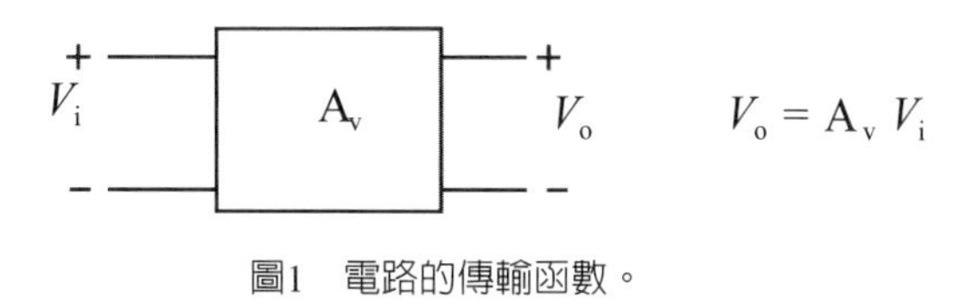

圖1　電路的傳輸函數。

放大器電路由電路及電子元件組成。**電子**元件具有非線性及變動電信號功能者，歸類為**主動元件** (Active elements)，例如：半導體二極體 (Diodes) 及電晶體 (Transistors)。另外，電阻，電感及電容是線性的電路元件，歸類為**被動元件** (Passive elements)。

隨著微電子 (Microelectronics) 技術的進步，集合多數個主動元件和被動元件在一塊晶片上，形成**積體電路**，簡稱IC (Integrated circuit)，並且依據所處理的信號形式，區分為類比 (Analog) 及數位 (Digital) IC。常見的**運算放大器** (Op-Amp) 屬於**類比**IC，可以用四端點電路代表。運算放大器除了作微小電信號放大，亦能實現數學運算的功能，使用時只須知道端點電壓或電流的關係。本實驗，使用量測方法，探討運算放大器的性質，包括傳輸函數及常用的參數。

運算放大器具有**兩個正、負輸入**端及一個輸出端。以編號741的運算放大器為例，741之外觀是雙排線封裝 (DIP，Dual-in-line package)，如下圖2，有八支接腳。以封裝上面的記號為參考點，逆時針排序，標號2和3分別是負和正輸入(V_2、V_1)接腳，標號6是信號輸出 (V_o) 接腳，標號4和7分別是電源($-V_{EE}$、$+V_{CC}$)接腳。認識**接腳的標示** (Pin assignment)，是使用IC第一步的工作。

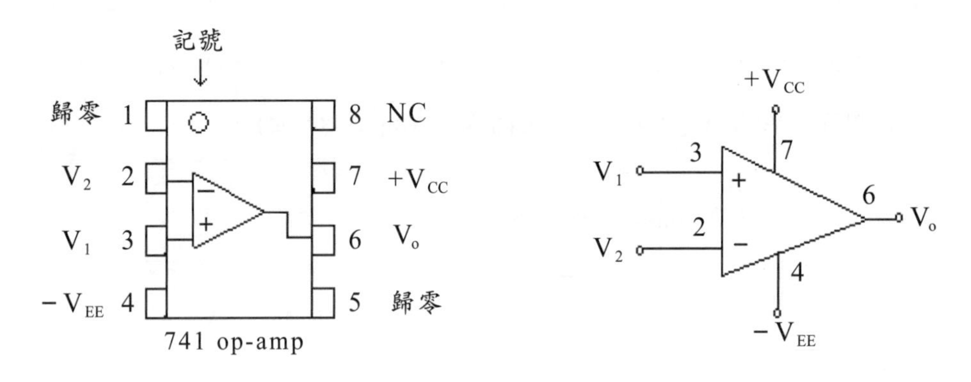

圖2　741運算放大器IC的DIP封裝，接腳標號及電路符號。

根據圖2的標示，輸出V_o分別正比於輸入V_1及V_2，依據定義，寫成$V_o = A_1V_1 - A_2V_2$，其中常數A_1和A_2分別是正及負輸入端的信號之相對於輸出端的信號比值。進一步，改寫V_o如下

$$
\begin{aligned}
V_o &= A_1[(V_1 - V_2)/2 + (V_1 + V_2)/2] + A_2[(V_1 - V_2)/2 - (V_1 + V_2)/2] \\
&= [(A_1+A_2)/2](V_1-V_2)+(A_1-A_2)[(V_1+V_2)/2] \\
&= A_{DM}V_{DM}+A_{CM}V_{CM}\text{。} \qquad (1)
\end{aligned}
$$

在式(1)，$A_{DM}=(A_1+A_1)/2$及$V_{DM}=V_1-V_2$分別代表**差動模** (Differential mode) **增益**及**差動模信號**。另外，$A_{CM} = A_1 - A_1$及$V_{CM} = (V_1 + V_2)/2$分別代表**同模** (Common mode) **增益**及**同模信號**。輸出V_o包含差動模和同模放大信號的組成。圖2放大器的正及負輸入端，若輸入大小相同，但相位差180°的兩個信號，則式(1)只有差動模的成分，即$V_o = A_{DM}V_{DM}$；若輸入大小相同，並且相同相位的兩個信號，由於$V_1 = V_2 = V_{CM}$，即$V_o = A_{CM}V_{CM}$。一般，把A_{DM}對A_{CM}的比值稱為**同模排斥比** (Common-mode rejection ratio，簡稱CMRR)，寫成：

$$CMRR = A_{DM}/A_{CM}，或分貝 (dB)\ CMRR = 20\log|A_{DM}/A_{CM}|。 \tag{2}$$

因此，式(1)可以寫成$V_o = A_{DM}[V_{DM} + (V_{CM}/CMRR)]$。若CMRR越大，代表放大器壓抑更多同質性 (同相位) 信號的放大倍率。在運算放大器的使用，常把其中一個輸入端接地，設$V_2 = 0$，則$V_{DM} = V_1$及$V_{CM} = V_1/2$，因此，在CMRR » 1之條件下，式(1)可以近似成$V_o = A_{DM}V_{DM}$，即與差動模信號比較之下，同模信號近似消失。下面進一步探討差動模增益A_{DM}的意義。

在**直流及低頻範圍** (如低於10 Hz)，運算放大器之輸出V_o對輸入V_{DM} (= $V_1 - V_2$) 的關係可以用傳輸函數$V_o = f(V_{DM})$表示，如圖3的示意，其中以V_a及V_b區隔出三個線段區域。在$V_{DM} < V_a$或$V_{DM} > V_b$的範圍，輸出分別為$V_o = V_{CC}$或$-V_{EE}$。在這兩個區域，V_o不跟隨V_{DM}變化，稱為運算放大器的**飽和區** (Saturation region)，不具有信號放大的功能。在$V_a < V_{DM} < V_b$的範圍，V_o對V_{DM}成線性變化，稱為運算放大器的**線性區**，是**信號放大的工作區**，直線斜率等於差動模增益A_{DM}。在線性區，有$A_{DM} = V_o/V_{DM}$的關係。線性區的範圍很窄，$|V_b - V_a| < 1$ mV，其間$-V_{EE} < V_o < V_{CC}$，V_{CC}及V_{EE}分別約為10~15 V。從圖3的線性區，可以估算出$A_{DM} \approx 10^4$。

實驗2及實驗3使用**相量**，描述交流電路的信號。完整的信號$v_o(t) = V_{DC} + V_o\cos(\omega t + \theta)$，包含**直流項**$V_{DC}$和**交流項**$V_o\cos(\omega t + \theta)$。若定義**相量**$V_o = V_o e^{j\theta}$，交流項可以用$\mathrm{Re}[V_o e^{j\omega t}]$表示。直流項和交流項不互相影響，可以分開來處理。因此，作電路分析時，把電子元件的**等效電路**區分成直流 (DC) 和交流 (AC) 兩種模式。在AC模式，電壓和電流皆用其複振幅或相量表示。在圖3，V_{DM}位於V_a～V_b的線性範圍內，用$V_d = V_1 - V_2$代

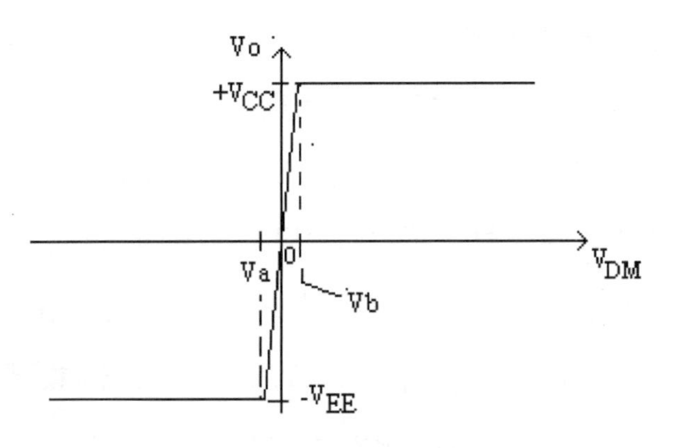

圖3　運算放大器在直流或低頻的傳輸函數，$V_o = f(V_{DM})$。

表差動模信號V_{DM}，用A_v代表A_{DM}，寫成$V_o = A_v V_d$。這樣，從圖3表達的傳輸函數，繪出運算放大器的AC模式，如圖4，是雙埠元件的形式。

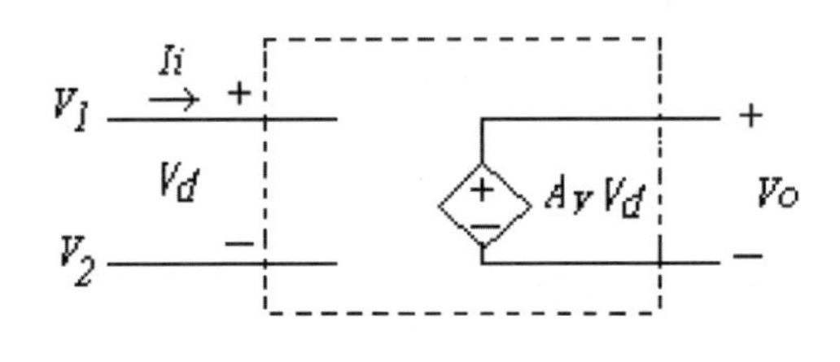

圖4　運算放大器的AC等效電路。

在圖4，基於V_o是有限值及A_v非常大（約10^4以上），因此，$V_d = V_o / A_v \approx 0$。另外，輸入端可視為開路，則在線性工作區域內可**近似**成為

$$V_1 = V_2$$
$$I_i = 0 \tag{3}$$

式(3)描述一個**虛短路狀態**，即兩個正負輸入端的**電位近似相同**，但非為真正的短路。若其中有一端點，例如正輸入端V_1接地，由式(3)知V_2的電位和V_1相近，負輸入端（V_2）就變成**虛接地**（Virtual ground）。**虛短路或虛接地只適用在運算放大器的線性工作區內**，電路分析時常使用這個性質。

以運算放大器組成信號放大電路有兩個基本結構，分別是反相電路（Inverting configuration）及非反相電路（Non-inverting）。反相電路如圖5的接線，信號源V_i經由一個電阻R_1連接到負輸入。

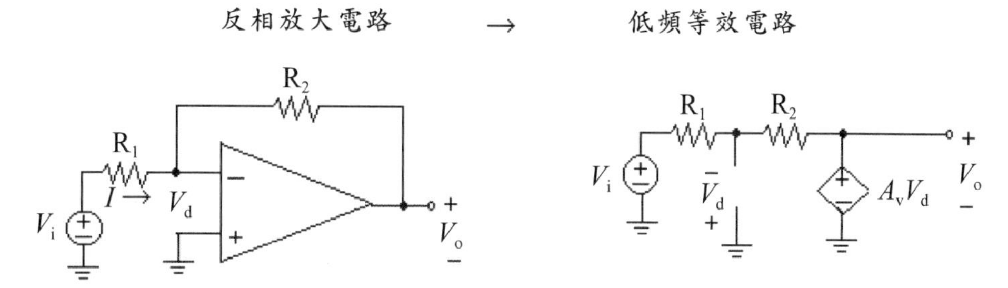

圖5　反相電路及AC等效電路。

圖5說明分析反相電路的步驟。先把運算放大器使用圖4的AC等效電路取代，得到圖5右邊的電路。依照Kirchhoff電流定律，寫下節點方程式，整理後得到

$$\frac{V_o}{V_i}=\frac{-\frac{1}{R_1}}{\frac{1}{R_2}+\frac{1}{A_v}\left[\frac{1}{R_1}+\frac{1}{R_2}\right]} \tag{4}$$

利用 $A_v \gg 1$，則式(4)近似為 $V_o/V_i \approx -R_2/R_1$。參考圖5，若使用式(3)虛短路的狀態，即考慮 $V_d=0$ 及電流 I 流過 R_1 及 R_2，可以直接寫下 $I=V_i/R_1=-V_o/R_2$。整理得到

$$V_o/V_i=-R_2/R_1 。 \tag{5}$$

當增益 $A_v \gg 1$時，式(4)的 V_o/V_i 比值與運算放大器的增益 A_v 較無關聯，而只和**外接電阻** R_2 及 R_1 的比值有關，這是回授 (Feedback) 電路的性質。關於回授電路在實驗9有更詳盡的討論。另外，式(4)和(5)內的**負號**代表 V_o 和 V_i 的相位差是180°，即 V_o 相對於 V_i 是反相關係。

在非反相電路，信號源 V_i 連接到運算放大器的正輸入端。圖6右側是分析用的等效電路。

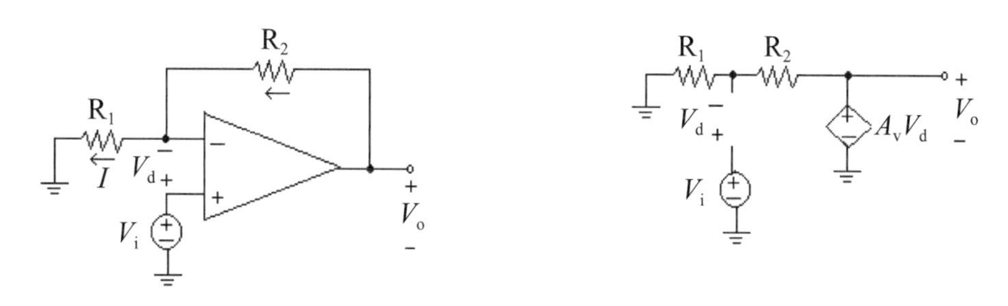

圖6　非反相電路及AC等效電路。

由圖6右邊的電路及Kirchhoff電流定律可以得到

$$\frac{V_o}{V_i}=\frac{\dfrac{1}{R_1}+\dfrac{1}{R_2}}{\dfrac{1}{R_2}+\dfrac{1}{A_v}\left[\dfrac{1}{R_1}+\dfrac{1}{R_2}\right]}\text{。} \tag{6}$$

利用$A_v \gg 1$，則式(6)近似為$V_o/V_i \approx 1 + R_2/R_1$。參考圖6，若使用式(3)虛短路的狀態分析，直接寫下$V_i = R_1 I$及$V_o = (R_2 + R_1)I$。整理得到

$$V_o/V_i = 1 + R_2/R_1\text{。} \tag{7}$$

式(7)之$V_o/V_i > 1$，代表**非反相電路的同相位**放大。同樣，V_o/V_i由外接電阻 (R_2/R_1) 決定。

❖2. 基本放大器電路

2-1 用運算放大器741組裝一個**反相放大電路**，如下圖，輸入$v_i(t)$及輸出$v_o(t)$。接線時，注意對稱的±10 V電源在麵包板上的接地，及此接地與其他接地點的正確連接。信號產生器產生正弦波$v_i(t)$，振幅$V_i = 0.1$ V。輸出及輸入之**電壓相量**有$V_o/V_i = -R_2/R_1$的關係。這個關係只適用於有限的頻率範圍，是實驗要觀察的項目。以示波器的CH1觀察輸入端A，CH2觀察輸出端B。

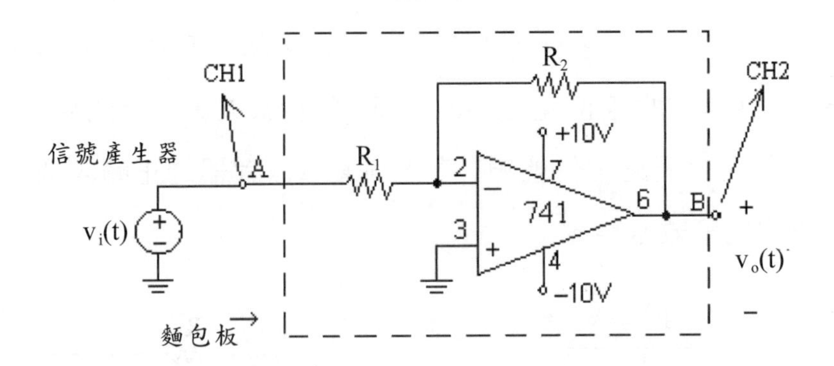

實驗時，選用$R_1 = 1$ kΩ及$R_2 = 10$ kΩ。調整正弦波的頻率，從100 Hz到約200 kHz以2～10倍的級距增加。當頻率超過10 kHz，可以觀察到振幅V_o隨頻率增加而衰減，並且$v_o(t)$相對$v_i(t)$有明顯的相位移 (參考實驗2及實驗3關於相位領先或落後的定義)。依序量測各個頻率的

振幅V_o及$v_o(t)$相對於$v_i(t)$的相位差，並將之記錄在下面的表格：

f(Hz)									
V_o/V_i									
$\triangle\theta$(deg)									

從量測的結果，檢驗信號的放大倍率是否符合$V_o/V_i = -R_2/R_1$？其有效的頻率範圍多大？

這裡說明PSpice模擬反相放大電路的方法。先以Schematics編輯2-1節的實驗電路，從模擬模式「Simulation Profile」選擇「AC分析」，計算$V_o/V_i = A(j\omega) = |A(j\omega)|e^{j\theta}$。

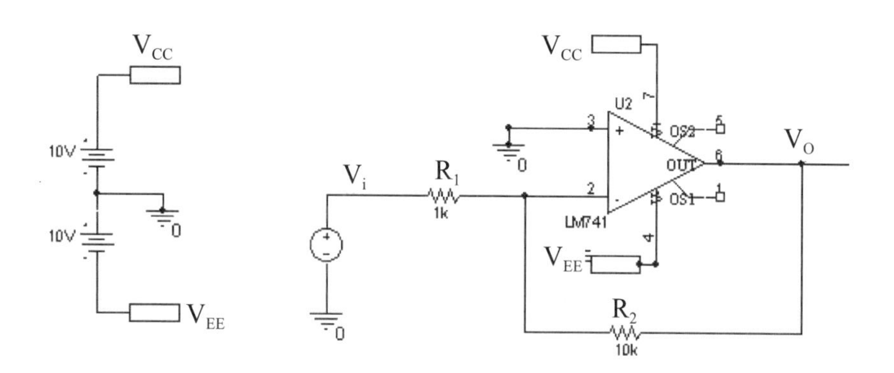

選擇函數功能，在Probe視窗分別顯示出$|V_o/V_i|$及相角θ，此即下圖的dB[$|V_o/V_i|$]及相位$\theta = P[V_o/V_i]$曲線。若執行「Probe Cursor」，可以讀到**三分貝頻率**$f_C \approx 95$ kHz。從dB[$|V_o/V_i|$]的數據與2-1節的實驗結果，可以檢驗PSpice的分析是否近似實際的量測？

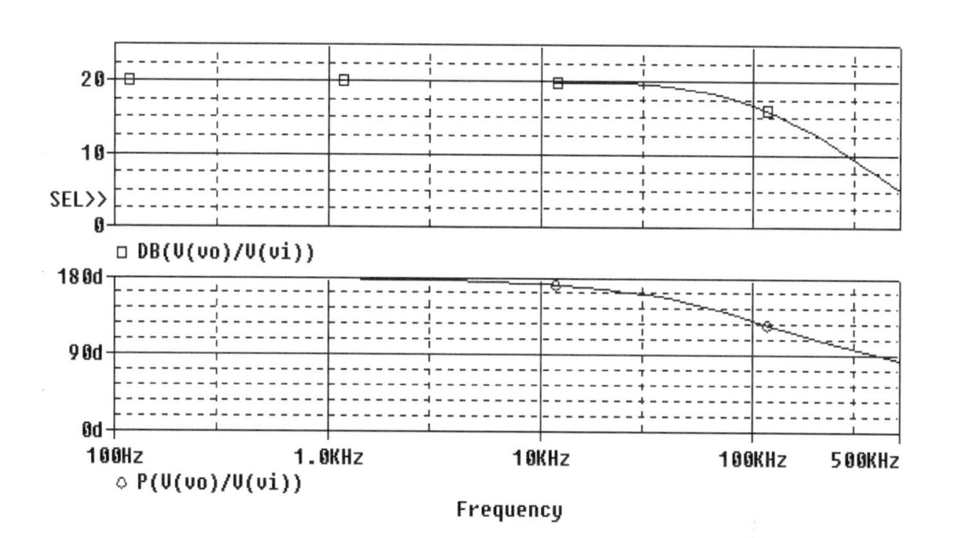

描述放大器的性能，除了**增益**，還有**頻寬** (Bandwidth，Δf)。從運算放大器電路的頻率響應曲線，把$|V_o/V_i|$近似平坦的頻率區段，約為0 Hz至三分貝頻率f_C，定義為頻寬，亦即頻寬$\Delta f = f_C$。

從上述的量測結果及PSpice的模擬，可以推論一個運算放大器的傳輸函數$A_v = V_o/V_d$，其跟隨頻率變動的趨勢，類似具有**一個極點**p_1的傳輸函數，如式(8)，其中**常數**A_{vo}是**低頻增益**：

$$A_v(s) = V_o/V_d = A_{vo}/\left(1+\frac{s}{p_1}\right)。 \tag{8}$$

式(8)是基礎式子，用來探討運算放大器電路的頻率響應。從式(8)，運算放大器之增益為A_{vo}的頻寬是$p_1/2\pi$。把式(8)代入式(4)，得到式(9)，描述反相電路的頻率響應，其中$\beta = R_1/(R_1 + R_2)$，

$$V_o/V_i \approx (-R_2/R_1)/\left(1+\frac{s}{p_1\beta A_{vo}}\right)。 \tag{9}$$

反相電路之增益為R_2/R_1的頻寬是$p_1\beta A_{vo}/2\pi$。把式(8)代入式(6)，得到式(10)，描述非反相電路的頻率響應，其中$\beta = R_1/(R_1 + R_2)$，

$$V_o/V_i \approx (1/\beta)/\left(1+\frac{s}{p_1\beta A_{vo}}\right)。 \tag{10}$$

非反相電路之增益為$1/\beta$的頻寬是$p_1\beta A_{vo}/2\pi$。綜合式(8)至式(10)，放大器的**頻寬與增益的乘積**分別為：

運算放大器　$A_{vo}p_1/2\pi$

反相電路　$R_2/(R_1+R_2)A_{vo}p_1/2\pi$

非反相電路　$A_{vo}p_1/2\pi$

以運算放大器組成的非反相電路，其**頻寬與增益的乘積約為定值**$A_{vo}p_1/2\pi$。然而，在反相電路則此乘積跟隨電阻R_1及R_2變動。詳2-2節的實驗，嘗試探討頻寬與增益的關係。

2-2 同2-1節的**反相放大電路**的接線。設$V_i = 0.1$ V，分別選用R_2/R_1之比值為0.5，1.0及50。逐點變動頻率，量取三組$|V_o/V_i|$的數據，分別以表格記錄，並且繪製$|V_o/V_i|$對頻率f變動的簡圖，如下示意。$|V_o/V_i|$下降到最大值的0.7倍時的頻率是為三分貝頻，即$|V_o/V_i| \approx 0.7(R_2/R_1)$時的頻率，亦稱截止 (Cut-off) 頻率，以$f_C$表之。如上述，**頻寬**$\Delta f$是從低頻 ($\approx 0$ Hz) 計算到f_C。

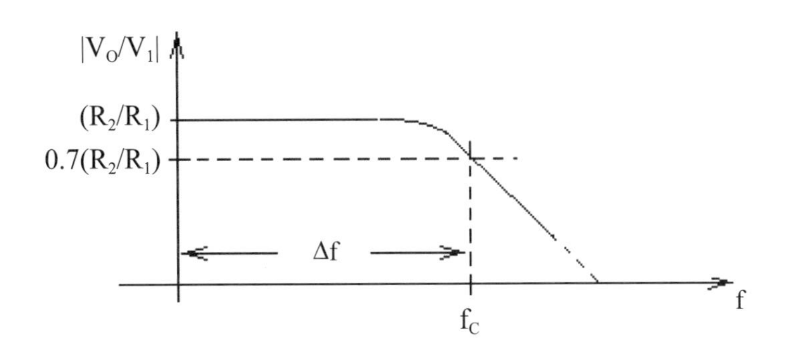

從各組$R_2/R_1 =$ ____之數據，研判三分貝頻f_C的位置，因此得到頻寬$\Delta f =$ ____Hz。

f(Hz)									
$\lvert V_o/V_i \rvert$									
θ(deg)									

整理數據，檢驗頻寬Δf與信號增益$|V_o/V_i|$的乘積。**參考問題4-1的討論**。

同2-1節的電路，把A點 (即正弦波信號) 接到示波器的CH1(X)，B點 (即輸出) 接到CH2(Y)。按下示波器的**水平選單鍵** HORI MENU 將時基TIME/DIV切換到**X-Y的顯示模式**，如此顯示的曲線稱為Lissajous圖樣 (參考問題5-3的討論)。觀察並記錄當從10 Hz到約為1 MHz**連續**變化頻率時，顯示在示波器上Lissajous圖樣的變化，記錄V_o/V_i的Lissajous圖樣開始偏離直線時的頻率 = ______。這個數值是否約等於三分貝頻f_C？

2-3 參考圖6的電路，把2-1節的電路更換成非反相電路。這裡，741的第3支接腳連接到信號產生器的輸出，第2支接腳接在R_2及R_1之間的節點，R_1的另一端接地。試自行設計一個放大10及25倍的非反相電路（記錄R_1及R_2數值）。繪製時域的信號圖，由圖估算信號的放大倍率，並比較是否如所設計的值。(建議量取各個放大倍率的頻寬Δf，以檢驗**頻寬與增益的乘積**。)

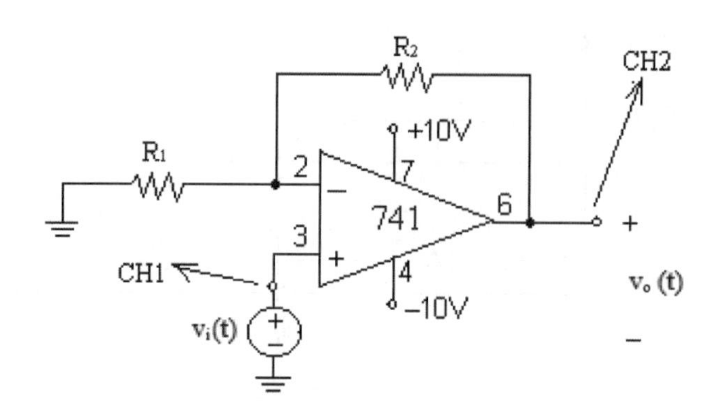

2-4 參考圖4，運算放大器的輸入阻抗極大 ($I_i \approx 0$)，輸出阻抗近似零。因此，運算放大器可以作為緩衝級 (Buffer)，連接在兩個不同阻抗的電路之間，作為**阻抗匹配**之用。下面的電路有$v_o(t) = v_i(t)$的關係，稱為**電壓跟隨器** (Voltage follower)，視同把一個高阻抗轉換成一個低阻抗，然而維持信號的波形及大小不變。

理想的電壓跟隨器恒有$v_o(t) = v_i(t)$，與信號的頻率及振幅無關。實際的運算放大器，有頻率的限制，如在2-1及2-2節的探討。另外，運算放大器的輸出信號受到變動速率的限制，造成波形失真。使用示波器可以觀察輸出信號對時間的變動，即$|\Delta v_o(t)/\Delta t|$，有一個最大值，此數值定義為「**時變率**」SR (Slew rate)，寫成$SR = \max[|\Delta v_o(t)/\Delta t|]$。因此，$v_o(t)$的變動速率不超過SR值。

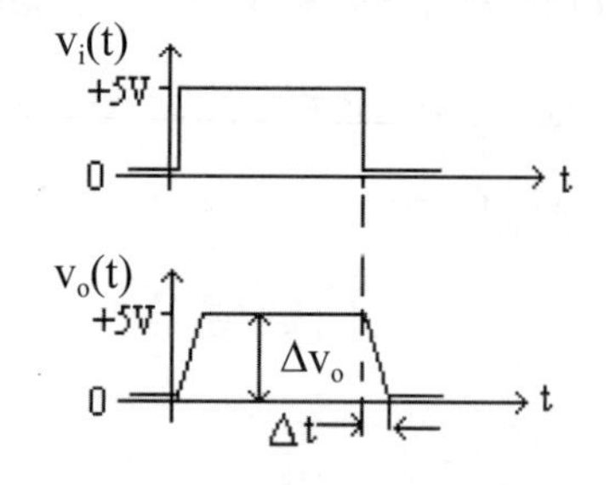

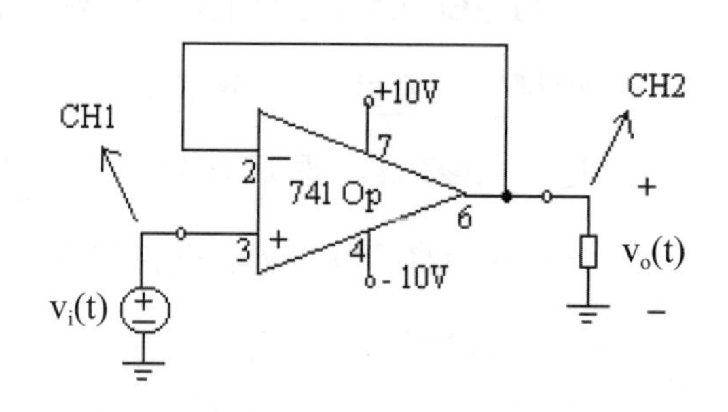

下面，從示波器實驗，觀察一個電壓跟隨器的輸出信號，藉以判斷頻率的效應或SR的限制。

2-4-1 $v_i(t)$ 是正弦波，先選擇振幅 $V_i = 0.1$ V，變動頻率 f = 10 ~ 50 kHz，觀察及記錄 $v_o(t)$。使用 Lissajous 圖形研判是否 $v_o(t) = v_i(t)$。接著，固定頻率 f = 30 kHz，調整振幅 V_i，從 0.1 V 變動到 5 V，觀察及記錄 $v_o(t)$ 的**波形變化，是否從正弦波變成三角波**？若是三角波，代表甚麼意義？

2-4-2 SR 的量測。設 $v_i(t)$ 為對稱之方波，頻率 f = 3 ~ 5 kHz，方波的高度 5 V。把時基 Time/Div 設在 20 μs，從示波器讀取 $v_o(t)$ 方波的前緣或後緣的變化率，由定義 SR = $\Delta v_o/\Delta t$，如上圖示。

記錄741運算放大器的SR = _______V/μs。**在電路應用**，SR是必須知道的**運算放大器特性參數**。實際量測SR，會發現在輸出方波$v_o(t)$的前緣及後緣之$\Delta v_o/\Delta t$值不相同 (參考741的規格表Data sheets)。

2-5 一般的運算放大器以差動模放大信號。在式(1)，$V_o = A_{DM}V_{DM} + A_{CM}V_{CM}$，若CMRR = A_{DM}/A_{CM}夠大，可以把$V_o = A_{DM}[V_{DM} + (V_{CM}/\text{CMRR})]$近似成$V_o = A_{DM}V_{DM}$，只與差動模增益有關。這裡有個疑問，是否同模輸入的電壓值可以任意的大小，而不會影響到運算放大器差動模的信號放大？實際上，同模輸入有一個有效範圍，稱為ICMR (Input common-mode range)，超出這個範圍，同模信號會影響電子元件的線性工作電壓。

下面的電路，使用運算放大器741組裝成10倍增益的反相放大器，由可變電阻VR調出變動的直流電壓，作為同模信號V_{CM}。V_{CM}經由1 kΩ的電阻及1 μF的耦合電容C_A，疊加到一個正弦信號$v_i(t)$。因此，節點A對地的電壓為$v_i(t) + V_{CM}$，作為741的負輸入端之輸入。節點B用1 μF的電容C_B接地，節點B的電壓為V_{CM}，經由1 kΩ的電阻輸入到741的正輸入端。因此，這個電路有一個同模信號V_{CM}同時加到運算放大器的兩個輸入端，可以藉由變動V_{CM}來量測741的ICMR。

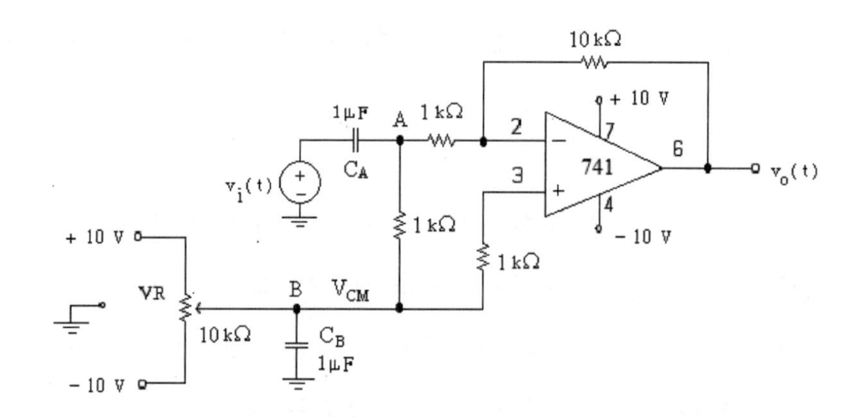

實作時，$v_i(t)$是信號產生器輸出的正弦波，頻率10 kHz，振幅100 mV。轉動可變電阻VR，使V_{CM}在±10 V的範圍內變動，同時用示波器觀察反相放大器的輸出$v_o(t)$之波形。當V_{CM}變動到一個上限$\max(V_{CM})$或下限$\min(V_{CM})$時，$v_o(t)$的振幅開始變小或者波形發生變化，是由於同模信號開始影響741的線性放大功能。使用三用電錶，讀值及記錄：$\max(V_{CM})$ = ______V；$\min(V_{CM})$ = ______V。

〔參考數據〕741在±10 V的工作電壓之ICMR：$\max(V_{CM}) = 8.7$ V；$\min(V_{CM}) = -6.7$ V

利用上述電路，進一步實驗，觀察電容C_B在放大電路的功能。把節點B及接地之間的電容C_B移開，如下面之圖(a)，量測及記錄V_o/V_i = ______。圖(a)的電路是否仍維持10倍增益？**如何解釋這樣的實驗觀察？**

下面圖(b)，是**分析**圖(a)的交流等效電路。在圖(b)，依序考慮直流電源的變動量是零，則把±10 V電源的位置短路接地。考慮$v_i(t)$的頻率，電容C_A之阻抗遠小於1 kΩ，電容C_A可以視同**交流短路** (AC Short-circuited)。另外，R_5是節點B與接地之間的等效電阻，條件是V_{CM}在ICMR範圍之內。

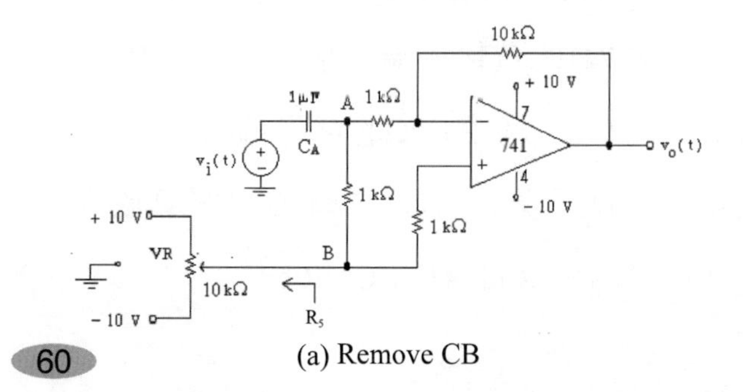

(a) Remove CB

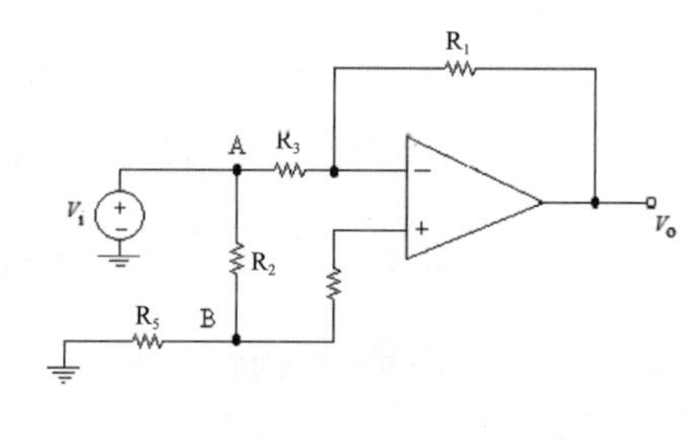

(b) AC-analysis circuit

試從圖(b)，證明 $V_o/V_i = -(R_1/R_2)[R_3/(R_3+R_5)] + R_5/(R_3+R_5)$。設 $R_5 = 2.5\ k\Omega$，$R_1 \sim R_3$的數值如圖(a)，代入$R_1 \sim R_3$及R_5的數值，計算 $V_o/V_i =$ ______。理論數值是否接近實驗數值？

回到節點B經由電容C_B接地，由於電容交流短路，節點B視為接地，同$R_5 = 0$的情形，得到$V_o/V_i = -R_1/R_2$。這樣的觀察，說明電容C_B之**交流接地** (AC GND)。使用電容C_A及C_B是必要的。

3. 應用電路

3-1 下圖以運算放大器組成Miller**積分器**。從電容的v-i關係式$C dv_o(t)/dt = -v_i(t)/R$，得到$v_o(t) = v_o(0) - \frac{1}{RC}\int_0^t v_i(t)dt$，其中$v_o(0)$是初始值。若輸入$v_i(t)$是方波：$t > 0$，$v_i(t) = V_i$及$t < 0$，$v_i(t) = -V_i$，則得到$v_o(t) = v_o(0) - (t/RC)V_i$。設$\tau = RC$，則$V_i/\tau$為時間變化率。

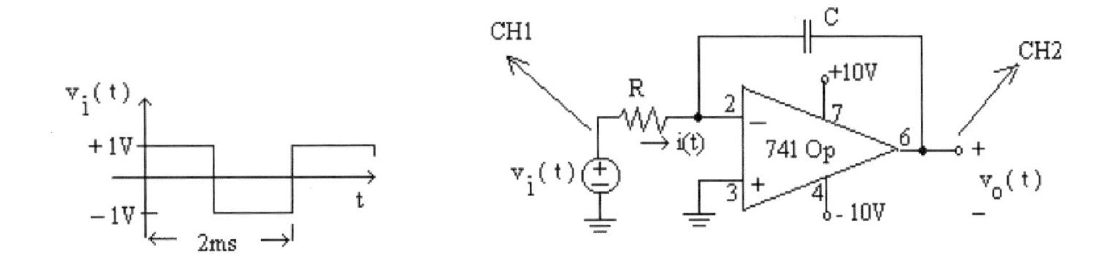

實作取$R = 10\ k\Omega$及$C = 10\ nF$。信號產生器輸出對稱方波$v_i(t)$，高度±1 V，周期2 ms。用示波器觀測並且繪製$v_i(t)$及$v_o(t)$的波形。注意$v_o(t)$是什麼波形？量取$v_o(t)$波形的時間變化率，是否為V_i/τ？自行更改兩組不同的τ和V_i，觀察輸出波形的變化，並記錄結果。

3-2 把3-1節電路的R及C位置互換，變成**微分電路**：$v_o(t) = -RC dv_i(t)/dt$。若輸入$v_i(t)$是對稱之三角波，高度$2V_i$，則輸出$v_o(t)$是方波。設T是周期，則方波的正負半週之高度差距為$8RCV_i/T$。

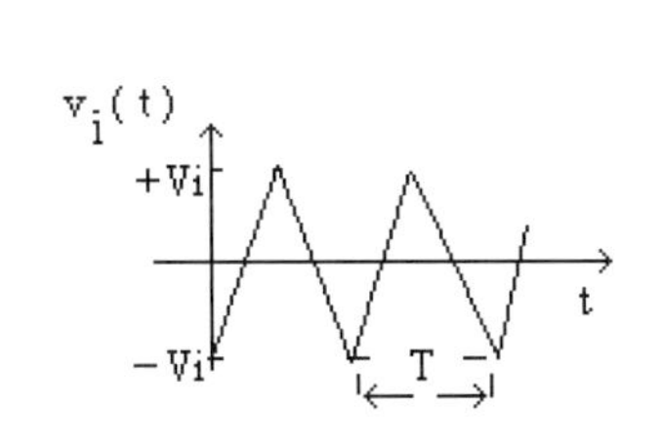

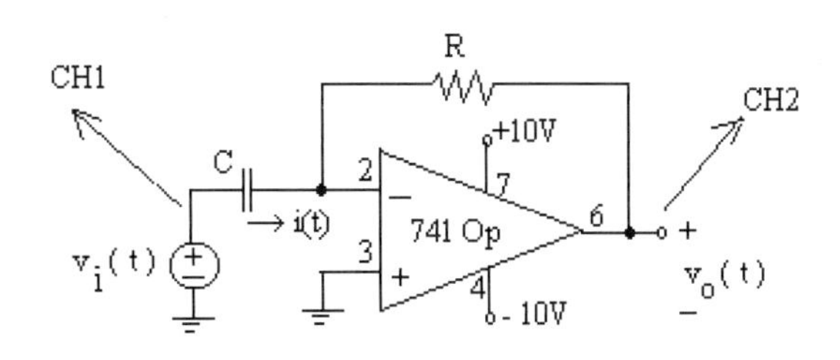

實作時，調整出三角波的高度$2V_i = 2$ V，先使用R = 10 kΩ及C = 10 nF，觀察$v_o(t)$的波形。

固定三角波的週期T = 0.5 ms及高度$V_i = 1$ V。假如現在要一個微分器能夠輸出一個方波其正負半週之高度差為2 V，如何選用R及C值？記錄選用的R及C之值，並以實驗證明結果。

如何用PSpice模擬這個實驗？參考問題5-4之討論。

3-3 參考實驗3關於阻抗的概念。下圖電路，以運算放大器組成一個**阻抗轉變器** (Impedance converter)，其中$Z_{in} = V_i/I_i$，是從電路的端點看入的等效阻抗。在**實驗記錄簿**，依據運算放大器的特性，寫下V_1，V_2及V_3的**節點電壓KCL方程式**，並且從KCL方程式證明$Z_{in} = (Z_1Z_3Z_5)/(Z_2Z_4)$。

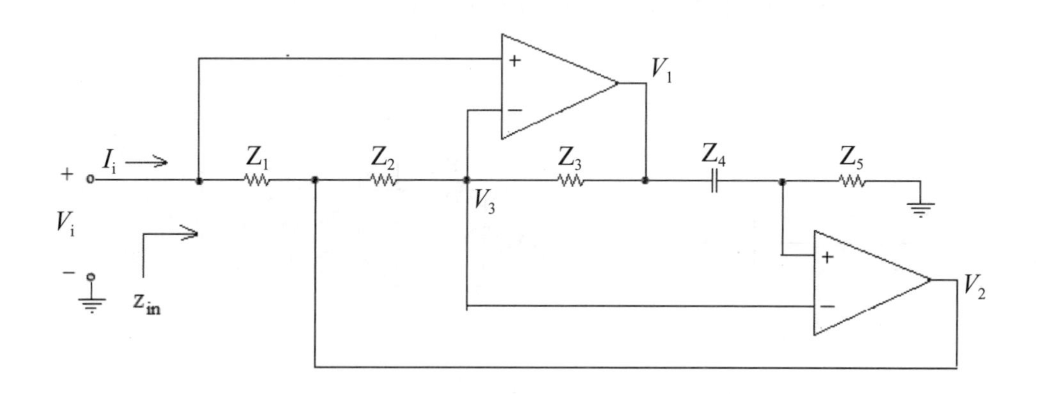

若以$Z_1 = R_1$，$Z_2 = R_2$，$Z_3 = R_3$，$Z_4 = 1/(j\omega C_4)$及$Z_5 = R_5$代入，得到$Z_{in} = (j\omega C_4)(R_1R_3R_5)/R_2$，簡化寫成$Z_{in} = j\omega L_{eq}$，其中$L_{eq} = (C_4R_1R_3R_5)/R_2$。因此，從電路的端點看入是一個接地電感$L_{eq}$。

下圖(a)，其中的RLC電路來自實驗3的問題6-1，試簡要描繪其$|V_o/V_i|$頻率函數圖。

下圖(b)，IC358內含兩個運算放大器，其接腳8及4分別連接到直流電源±10 V。如圖(b)，使用IC358組裝成**阻抗轉變器**，模擬一個**接地電感**，其電感值$L_{eq} = (C_4R_1R_3R_5)/R_2 =$ _______ (單位)。若以**繞線圈的方式**製作一個電感值同為L_{eq}的電感，試估計這個電感的**體積**。

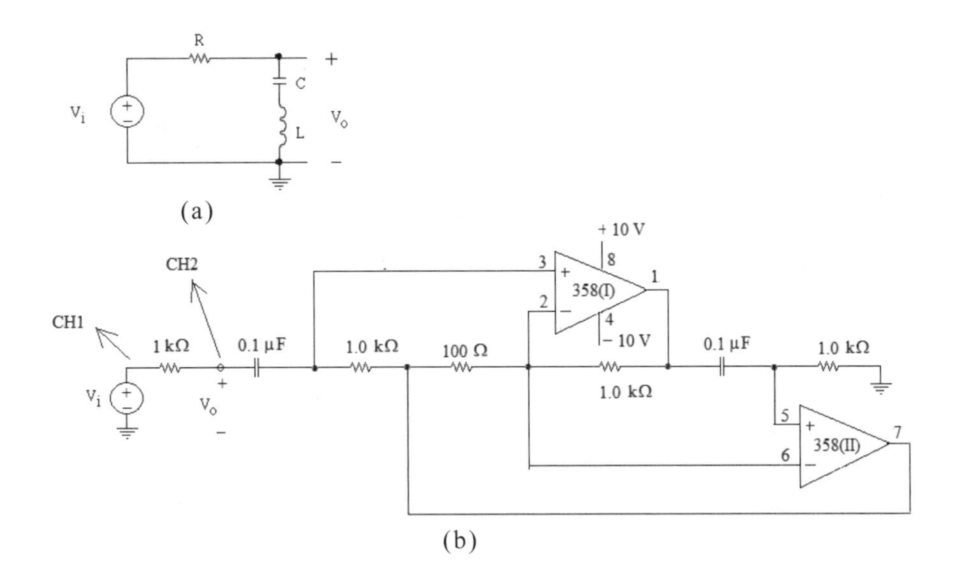

基本上，圖(b)的電路之$|V_o/V_i|$頻率趨勢與圖(a)的相同。這裡的實驗，嘗試使用運算放大器及電容實現一個接地電感，與串聯的0.1 μF電容共振。實作時，參考下圖，在麵包板上面放置元件。由信號產生器輸出正弦信號V_i，其振幅為1 V，其頻率從100 Hz變動至約30 kHz。以適當的間距變動頻率，由示波器的CH1及CH2分別讀取V_i及V_o的振幅，記錄並且繪製$|V_o/V_i|$對頻率的變化圖。

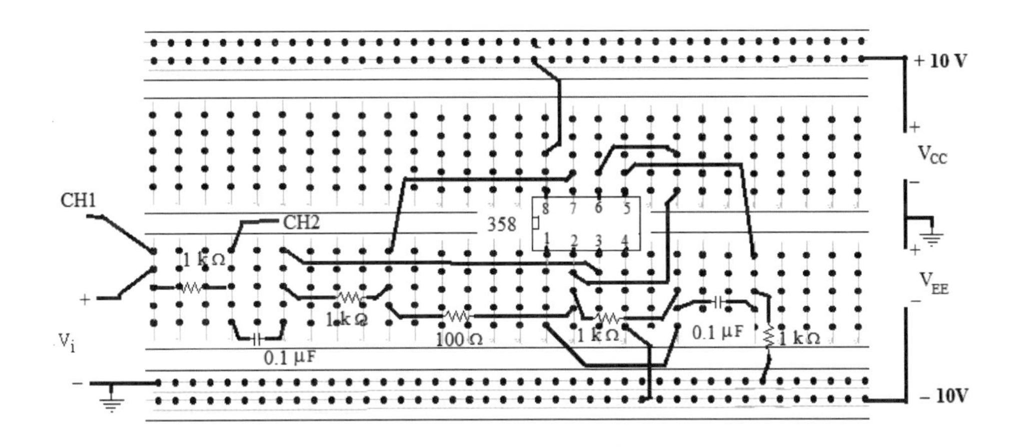

量測過程，特別在頻率500 Hz～1 kHz的範圍，V_o正弦波形會發生變型，可以取最大的V_o振幅，用來估算比值$|V_o/V_i|$。從$|V_o/V_i|$的實驗數據，檢驗圖(b)的電路的頻率響應，是否符合圖(a)所預測的頻率函數圖〔提示：檢驗$\omega_o = 1/\sqrt{L_{eq}C}$〕。試說明使用運算放大器模擬電感的可行性。

❖4. 要點整理

運算放大器(a)有兩個輸入V_1、V_2及一個輸出V_o。差動信號$V_d = V_1 - V_2$與輸出有$V_o = A_v V_d$的線性關係。信號頻率低時，運算放大器(a)可以用交流等效電路(b)表達。一般，傳輸函數$|A_v| \gg 1$，V_o及V_d有線性關係，$V_d = V_o/A_v \approx 0$，亦即$V_1 \approx V_2$，並且輸入端的電流約為零，$I_i \approx 0$。因此，運用為信號放大電路時，運算放大器的兩個輸入端可以視為**虛短路**。

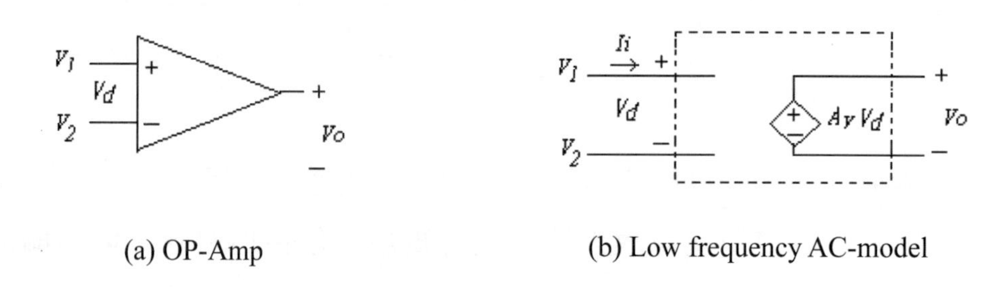

(a) OP-Amp　　(b) Low frequency AC-model

從示波器的實驗數據顯示，741運算放大器在**頻率值域**可以使用單一極點之傳輸函數來代表。因此，傳輸函數A_v的頻率響應可以近似寫成

$$V_o/V_d = A_v(s) = A_{vo}/(1 + s/p_1)，$$

其中p_1是極點，A_{vo}是低頻的增益，$A_{vo} > 0$。增益與頻寬的乘積$A_{vo}(p_1/2\pi)$約為一個常數。

練習1

求解電路之輸入阻抗$Z_i = V_i/I_i$。試以R_1，R_2及傳輸函數A_v表達Z_i。

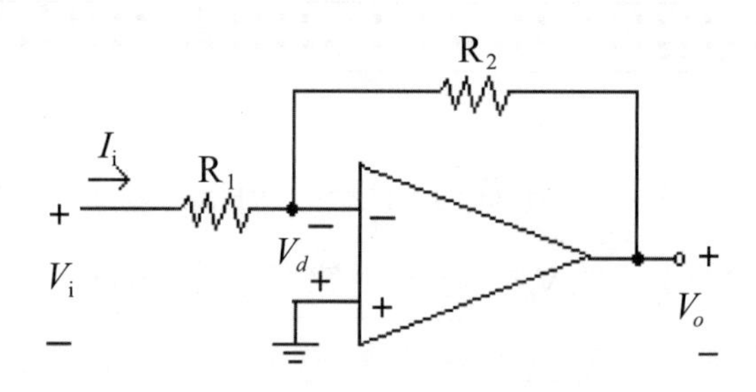

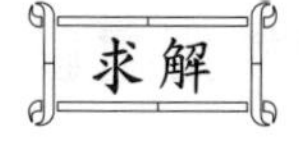
求解

寫下KVL方程式，

$$V_i = R_1 I_i - V_d\text{，} \qquad \text{(a-1)}$$

$$V_o = -R_2 I_i - V_d\text{。} \qquad \text{(a-2)}$$

以 $V_d = V_o/A_v$ 代入式(a-2)，得到 $V_o = -R_2 I_i - V_o/A_v = -R_2 I_i/(1+1/A_v)$。則 $V_d = -R_2 I_i/(1+A_v)$，代入式(a-1)，得到 $V_i = R_1 I_i + R_2 I_i/(1+A_v) = [R_1 + R_2/(1+A_v)]I_i$。因此，$Z_i = V_i/I_i = R_1 + R_2/(1+A_v)$。

5. 問題及討論

5-1 從2-2節實驗，得到如下表列關於運算放大器之反相電路的數據：

$A_v = R_2/R_1$	10 kΩ/20 kΩ = 0.5	10 kΩ/10 kΩ = 1.0	10 kΩ/200 Ω = 50
$\Delta f = f_C$(Hz)	$1.25 \cdot 10^6$	$0.96 \cdot 10^6$	$22.3 \cdot 10^3$
$A_v \cdot \Delta f$(Hz)	$0.62 \cdot 10^6$	$0.96 \cdot 10^6$	$1.11 \cdot 10^6$

從上面的表列，試說明增益與頻寬乘積 $A_V \cdot \Delta f$ 之數值所顯示的意義。

*5-2 下圖的接線為何不適宜作為電壓跟隨器？(提示：直接實驗觀察。)

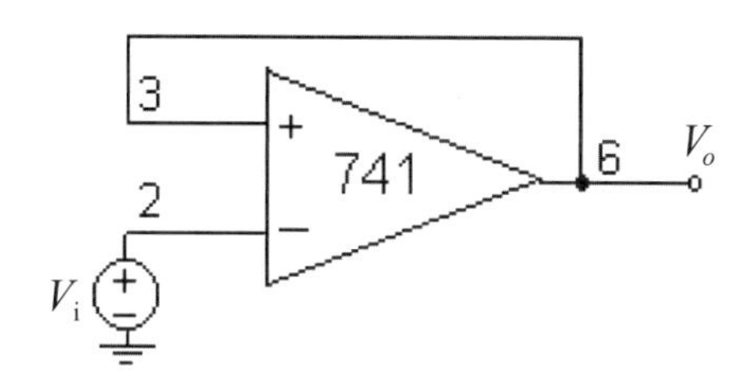

*5-3 在2-2節的實驗，將示波器的時基Time/Div切到X-Y模式所看到的圖形是由兩個正弦波信號所合成的，在X-軸上一個信號在水平軸線隨時間變動，在Y-軸另一信號垂直變動。當選X-Y顯示模式所看到的圖形稱為Lissajous圖形。用數學式子代表如下：

$$X = V_i \cos\omega t$$

$$Y = V_o \cos(\omega t + \phi)$$

這樣顯示出的Y-X圖形和相位ϕ有關，表示出輸出及輸入信號之間的相關性 (Correlation)。

進一步，消去$\cos(\omega t)$，並且設$\eta = V_o/V_i$，得到$\eta X^2 - 2\eta XY\cos\phi + Y^2 = V_o^2\sin^2\phi$。試由此關係式繪出$\phi = 0, \pi/4$，$\pi/2$，及$\pi$時的Lissajous圖形。若$V_i$及$V_o$分別為輸入及輸出信號的振幅，試由Y/X的圖形，說明在2-2節從示波器螢幕所觀察到的圖形之意義。

***5-4** 使用PSpice的Schematics編輯一個微分電路來模擬3-2節的實驗。如下面編輯完成的電路圖，R_s是實際上信號產生器的輸出電阻50 Ω，但是[R]是預設的串聯電阻，沒有出現在3-2節的實驗。

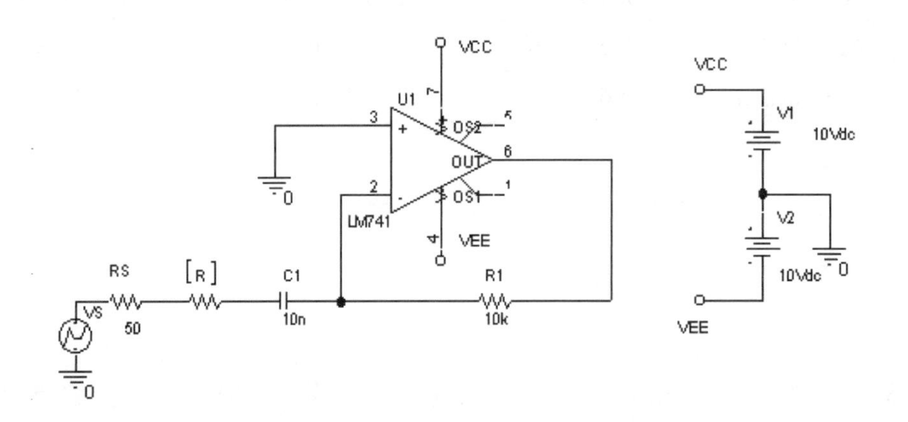

實驗時，從信號產生器輸出的三角波信號。在PSpice模擬，VS是輸入信號，為了符合實驗的波形，使用VPWL電壓源來編輯一個三角波信號。編輯方法是，從「Orcad Capture」工具選單的「Place」-Part...，進入「Source」的元件庫 (Part Library) 選取VPWL，以滑鼠在VS的圖案位置上面輕點兩下即顯示出[Property Editor]，從這裡設定(T1，T2，...，V1，V2，...)之數值，例如：T1 = 0.5 m，T2 = 1 m，T3 = 2 m...，V1 = 0，V2 = 1，V3 = –1....，以編輯成一個三角波信號。下圖是上述電路當R = 0 Ω時的模擬結果，即為3-2節的實驗情況。此處的V (RS：2) 即VS，是三角波信號。輸出信號V (V1：OUT) 是VS的微分值，形成方波波形，在輸出方波信號的前緣及後緣發生「衰減振盪」(Damped oscillations) 現象。試從實驗記錄，檢驗實驗觀察到的方波波形，及在方波邊緣發生的振盪週期及衰減速

率，是否與PSpice的模擬結果符合？

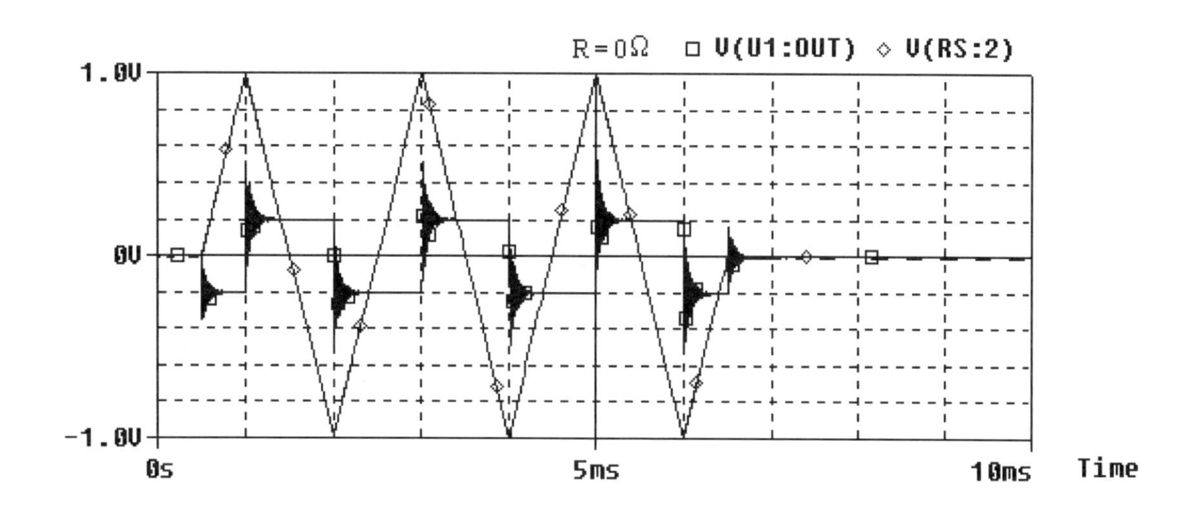

上述在方波邊緣的振盪可以經由一個串聯的電阻R加以衰減，下面是R = 200 Ω的模擬結果。

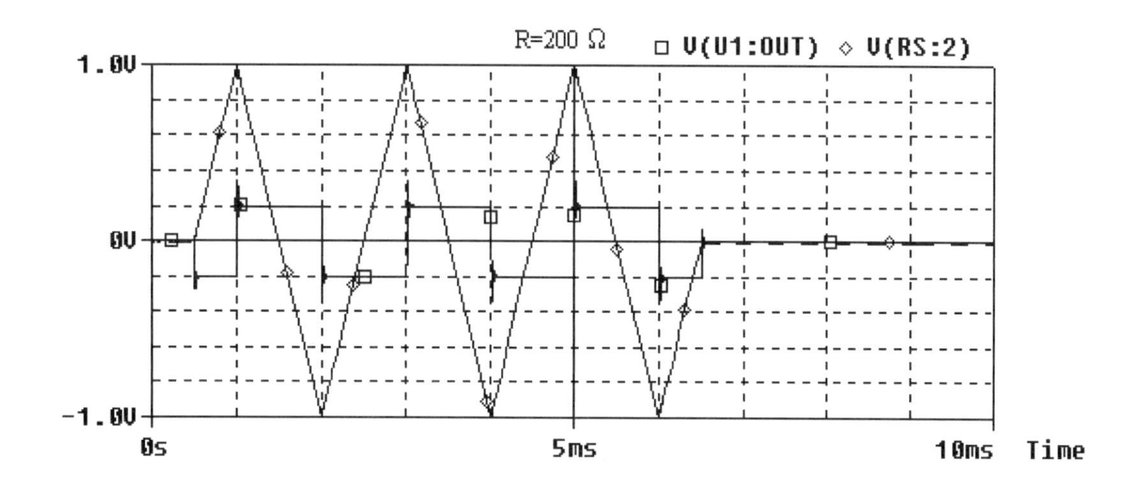

實作時串聯一個200 Ω的電阻到電容上，是否得到與模擬類似的結果？試解釋電阻R的作用。

6. 參考資料

6-1 Sedra/Smith：Microelectronic Circuits (分別參考關於運算放大器的解說)。

筆記欄

實驗5　半導體二極體

目的：認識(1) PN接面物理；(2)半導體二極體i-v特性；(3)基本電路；(4)光電二極體。

器材：示波器、信號產生器、直流電源供應器、1N4003、1N4148、R、C、LED、PD。

❖1. 說明

電荷或帶電質點在材料裡面移動，形成電流。圖1(a)描述電流的產生。考慮單位體積的電荷ρ，即電荷密度 (Charge density，concentration)，以平均速度u穿越過截面積A，則單位時間流過一個截面積A的電荷數量定義為電流i，寫成i = Aρu。

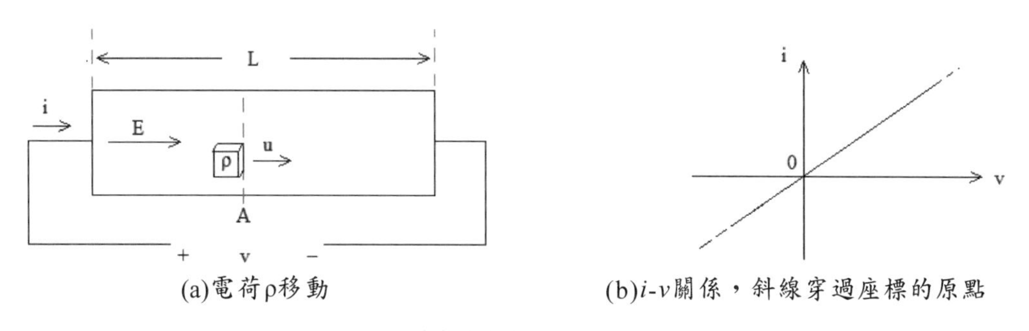

(a)電荷ρ移動　　(b)i-v關係，斜線穿過座標的原點

圖1　在均質材料內的電流現象。

考慮電荷受到電場E的作用力，以平均速度u在材料內漂移，用函數u = f(E)表達。弱電場情況，u與E成正比關係，寫作u = μE，常數μ稱為移動率 (Mobility)。若均質材料的長度L，其兩端加上電壓v，則材料內的電場可以用E = v/L表示。因此，電流i = Aρu = (Aρμ/L)v，其電流電壓的關係 (i-v關係) 用直線表達，如圖1(b)的描述，有兩個特徵，(1)直線經過座標的原點，(2)直線的斜率是一個定值，定義為**電導**G (Conductance)，寫成G = Aρμ/L，與材料的**物理性質**(ρ，μ)及**結構**(A，L)有關。綜合上述，**均質材料**的i-v關係寫成i = Gv，此即歐姆定律的另一種寫法。

一般，定義$\rho\mu$為**電導係數**σ (Conductivity)，即$\sigma = \rho\mu$。依據材料的電導係數σ之差異，可以把材料區分為絕緣體，半導體及導體。現代的電子元件是以**半導體**材料製作。這個實驗是半導體二極體，作實驗之前先簡介**半導體**及**二極體**的結構。

半導體材料的電導係數介於金屬與絕緣體之間，其電導係數與滲入到半導體內的雜質 (Impurity) 有關。以矽為例，純矽材料稱為**純質** (Intrinsic) **半導體**，若滲入少量其他原子到矽內部後即變成了**非純質** (Extrinsic) **半導體**。在純質半導體內，例如矽，四價的原子因熱擾動而釋放一個價電子變成殘缺的電子結構，稱為電洞 (Hole)，可視為帶正電的自由質點，同時被釋出的電子成為**自由電子** (Free electron)。此過程亦能反向進行，即電子和電洞結合而回復到中性矽原子。設n為單位體積電子的數目 (電子密度)，p為電洞密度，**在純質半導體內恆有**$n = p$，兩型帶電的自由質點通稱為載子 (Carrier)。

在非純質半導體，例如矽，若滲入純矽內的雜質是三價的元素，例如硼 (Boron) 原子，取代矽原子的位置，則硼原子為了與鄰近的矽原子形成四個共價鍵，須從其他的矽原子奪取一個電子，而被奪取電子的矽原子缺少一個電子變成電洞，可視為自由運動的帶正電質點。硼原子接收一電子形成一個負離子，是不會移動的。若在純矽材料內滲入少量的五價元素，例如磷 (Phosphorus)，取代了四價矽原子的位置而形成四個共價鍵，則多餘的一個價電子容易從磷原子游離，變成自由電子。磷原子釋出一電子形成一個正離子，是不會移動的。

上述滲入到純質半導體內的雜質，若是五價原子則稱之施子 (Donor)，釋出一個電子 (電子的電荷是-e) 而成為一個帶 + e電荷並且位置固定的正離子。若是三價的原子則稱之受子 (Acceptor)，接受其他原子所釋放出來的電子而成為一個帶-e電荷並且位置固定的負離子。

在半導體，載子的產生速率以G表示。兩型載子經由碰撞結合，發生的機率正比於電子密度n及電洞密度p的乘積，以γnp表示結合速率。產生及結合達到平衡時寫作$G = \gamma np$。G是溫度的函數，γ是常數，因此$np = G/\gamma$可視為溫度的函數，此式子適用於純質及非純質半導體。套用純質半導體的$n = p = n_i$的關係，載子密度的乘積寫成$np = n_i(T)^2$，稱為**集**

體作用法則 (Mass action law)，其中n_i(T)是**純質半導體**內電子或電洞在絕對溫度T的密度。從$np = n_i(T)^2$的關係，可以計算半導體內兩型載子的密度。

滲入的雜質影響非純質半導體的型態。例如，半導體內滲入受子原子，其密度是N_A。在常溫 (25 ℃或300 K) 熱平衡時，受子大部分變成負離子，相等數目的原子其電子結構隨之殘缺形成電洞，即電洞密度$p = N_A$。另外，電子密度n是由粒子集體作用法則來決定，寫成$n = n_i^2/p = n_i^2/N_A$。一般，$N_A \gg n_i$，則滲入受子的半導體有$n \ll p$的關係，電洞成為多數載子 (Majority carrier)，電子是少數載子 (Minority carrier)，這樣的非純質半導體稱為**P-型半導體**。同理，例如，半導體內滲入施子原子，其密度是N_D。在常溫熱平衡時，施子大部分變成正離子，則隨之釋放出電子密度是$n = N_D$。一般，$N_D \gg n_i$，即電洞的密度$p = n_i^2/N_D$遠小於n，這樣的非純質半導體稱為**N-型半導體**。

在半導體材料，電導係數$\sigma = \rho\mu$的表達須要分別考慮兩型載子的密度(n，p)及移動率μ(μ_n，μ_p)。因此，考慮載子在電場的漂移，可以推導出半導體的電導係數，寫成$\sigma = ep\mu_p + en\mu_n = e(p\mu_p + n\mu_n)$，其中電洞的移動率$\mu_p$低於電子的移動率$\mu_n$。從上述，P-型半導體主要的導電載子是電洞，其密度是$p = N_A$，則電導係數$\sigma \approx eN_A\mu_p$。同理，N-型半導體主要的導電載子是電子，則電導係數$\sigma \approx eN_D\mu_n$。

半導體的P型及N型可由滲入雜質的種類及數量來**更改**。例如，在N-型半導體內再滲入更多的受子時，使$N_A > N_D$，則此材料被從N-型更改為P-型。反之，在P-型半導體內再滲入施子時，使$N_A < N_D$，則材料會變成N-型。利用這種滲入雜質來改變P-或N-導電型的方式，可以在半導體材料內分別經由熱擴散 (Diffusion) 滲入三價及五價的雜質原子，而形成一個P-型區域及另一個N-型區域。兩個區域之中間即形成一個**PN接面** (PN-junction)。若在P-型及N-型的兩端各製作一個金屬接面，形成Ohm接觸，這樣就成為一個PN接面二極體。圖2(a)是PN接面結構的剖面，接腳A及K分別連接到P-型及N-型的金屬接面。標記A及K源自真空管的陽極 (Anode) 及陰極 (Cathode)。圖2(b)是PN接面二極體的簡圖。

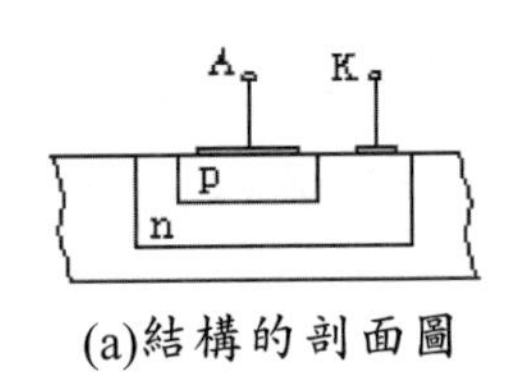

(a)結構的剖面圖

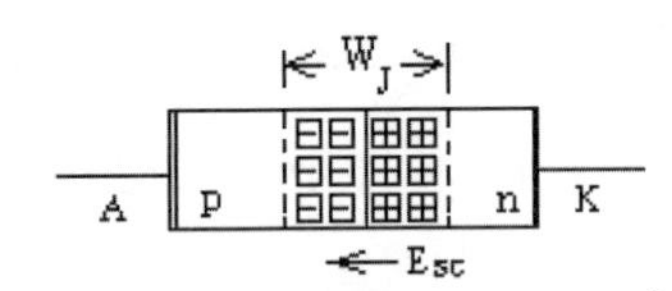

⊟ : negative ion
⊞ : positive ion

(b)二極體的PN接面及空乏區示意圖

圖2　PN接面二極體。

參考圖2(b)。在PN接面附近，電洞在P-型區的數量大於N-型區的數量，電子在N-型區的數量大於P-型區的數量，因而發生載子的擴散現象，以擴散電流的形式穿越PN接面。電洞從P-型區擴散到N-型區，電子從N-型區擴散到P-型區，在PN接面附近因而裸露出不會移動的正離子及負離子，形成一層**空間電荷區** (Space-charge region)。空間電荷，其密度分別是eN_D及$-eN_A$，產生**空間電場**E_{SC}，極性由N-型區朝向P-型區。基於整塊材料是**電中性**，即正離子及負離子在空間電荷區的數量相等，可以計算出空間電荷區的寬度W_J。E_{SC}對載子作用，產生載子的電場漂移，方向與擴散流動相反。熱平衡時，載子的電場漂移流量等於擴散流量。自由載子受到E_{SC}的作用力不會停留在空間電荷區內，該區亦稱為空乏區 (Depletion region)，以下概用空乏區的名稱。從圖2(b)的示意，若外加電壓在A端的電位高於K端的電位，把P-型區的電洞朝向K端推移以及把N-型區的電子朝向A端吸引，使PN接面附近的離子變少，則縮減空乏區的寬度W_J。反之，若外加到A端的電位低於K端的電位，把P型區的電洞朝向A端推移以及把N型區的電子朝向K端拉引，使PN接面附近的離子變多，從而擴大空乏區的寬度W_J。PN接面存在於各型的半導體電子元件，空乏區的寬度W_J跟隨外加電壓的大小及極性變動，影響電子元件的導電行為。這是瞭解電子元件i-v關係的基礎。

由於PN接面有**空乏區**，外加電壓v的極性改變空乏區的寬度，影響穿越PN接面的電流i的大小。在圖2的PN接面二極體使用下面圖3(a)的電子符號代表，**三角箭頭**是從P型區指向N型區，**箭頭尖端的**「一豎」表示PN接面。圖3(a)的電流i與端點A及K之間的電壓v具有式(1)的關係，

$$i = I_S\left(\exp\frac{v}{nV_T} - 1\right), \qquad (1)$$

其中$V_T = kT/e$是熱電壓 (Thermal voltage)，$k = 1.30 \times 10^{-23}$ J/K是Boltzmann

常數，T是絕對溫度，$e = 1.6 \times 10^{-19}$C是電子電荷量。T = 300 K時，$V_T = 25$ mV。I_S稱為**飽和電流**（Saturation current）。根據圖3(a)所定義的電流i流向，I_S是逆向流動。另外，n稱為理想因數（Ideality factor），n = 1代表理想二極體。一般，n = 1～2。

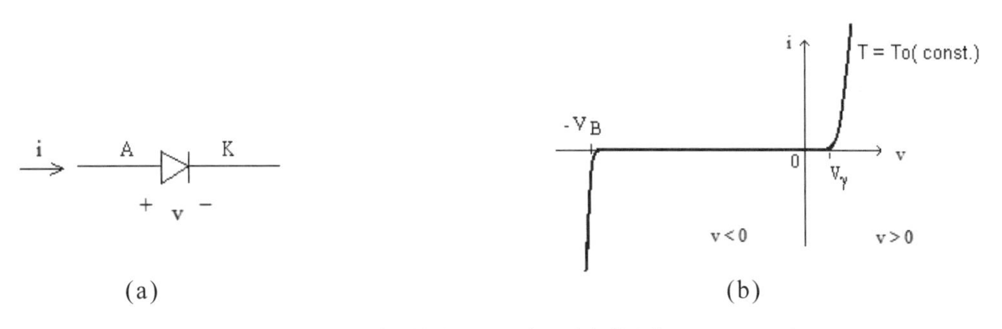

圖3　PN接面二極體(a)二極體的符號及電壓與電流極性的標示，(b)*i*-*v*關係。

式(1)描述PN接面二極體的*i*-*v*關係，是一個**非線性**函數，用圖3(b)的*i*-*v*曲線表示，經過座標的原點，但是不同於**均質材料**的*i*-*v*關係。參照圖1(b)，在**均質材料**以歐姆定律描述*i*-*v*關係，是一個**線性**函數。圖3(b)的*i*-*v*曲線是依據圖3(a)所標示的電壓*v*的極性變動。當$v > 0$時，稱為**順向偏壓**（Forward bias），外加的電壓*v*縮減空乏區，兩型的載子分別從P-型區及N-型區被外加的電壓*v*驅動，穿越PN接面，電流*i*跟電壓*v*以**指數函數**的形式增加。順向偏壓時，在圖3(b)的橫軸上標示一個參數V_γ，稱為**切入電壓**（Cut-in）。當*v*大於V_γ時，電流*i*顯著變大。當$v < 0$時，稱為**逆向偏壓**（Reverse bias），外加的電壓*v*擴大空乏區，分別阻擋電洞從P-型區以及電子從N-型區穿越PN接面。當逆向偏壓時，依據式(1)，電流$i = -I_S$稱之逆向**飽和電流**，來自**熱擾動在**P-**型區產生的電子及在**N-**型區產生的電洞**，數量低於純質半導體的載子數量。在室溫，$I_S = 10^{-9} \sim 10^{-14}$ A。因此，$v < 0$時二極體的狀態視同截止（$i = 0$）。實際上，在逆向偏壓的情形，電壓*v*達到一個數值$-V_B$時，電流逆向從N-型區流到P-型區快速增大，此現象稱為**接面崩潰**（Junction breakdown）。

接面崩潰視發生崩潰的物理機制，大致有兩類型：一型是夠大的電場，在**空乏區**產生更多的游離電荷，稱為雪崩崩潰（Avalanche breakdown），**崩潰電壓**$V_B \approx 100$ V。雪崩崩潰伴隨的**熱效應會**造成PN接面永遠損壞。另一型崩潰是發生在接面的**量子穿隧效應**（Tunneling effect），**崩潰**

電壓$V_B = 2 \sim 7$ V，PN接面不會損壞。基於量子穿隧效應的崩潰，V_B是一個定值，Zener二極體屬於這種類型。

避免繁複的**理論**推導，這裡使用**實驗方法**，從量測二極體的電流及電壓，獲得式(1)的函數形式。式(1)及圖3(b)描述PN接面二極體的i-v關係，是一個非線性函數，亦稱為**整流特性**，其特徵是當電壓極性反向時，電流有極大的差異。在順向偏壓$v > 0$時，電流i穿越PN接面；v大於**切入電壓**V_γ時，電流i顯著增大，其大小視外接的電路決定。在逆向偏壓$v < 0$時，電流$i \approx 0$，二極體的狀態視同截止。二極體的整流特性廣泛運用在電路，將在以下的實驗項目探討。從接面崩潰的觀點，若崩潰電壓V_B夠大，PN接面二極體可作為**整流元件** (Rectifier)。整流時，跨在二極體A-K兩端的逆向電壓必須小於**崩潰電壓**V_B。另外，基於**量子穿隧崩潰的**二極體**元件**，因為崩潰電壓V_B低，不宜使用在整流，但是由於V_B近似一個定值，可作為**電壓參考** (Voltage reference) 元件。

2. 量測PN接面二極體的i-v特性

2-1 用實驗方法探討式(1)之前，先學習如何找出二極體的P-型及N-型區或A及K的接腳 (Pin)。方式是使用**類比**三用電錶R×10的**電阻**檔位，檢查二極體的接腳。類比三用電錶的電阻**檔位**內建一個3 V電池，驅動量測電路，**此電池的正極接到電錶負極 (黑色) 的插孔**。若以電錶的**黑色** (負極) 接棒碰觸二極體的P-型區接腳，且**紅色** (正極) 接棒碰觸另外一隻接腳，則因順向偏壓使得二極體**導通**，電錶指針朝向低**歐姆值**顯著擺動。利用這個原理，可以辨識出二極體A及K的腳位。

二極體1N4003是黑色圓柱膠體的封裝。取一顆1N4003，檢測A及K的接腳。在二極體有標示記號的一端是代表P-或N-型區？記錄結果。試使用數位電錶同樣探測二極體的A及K的接腳。

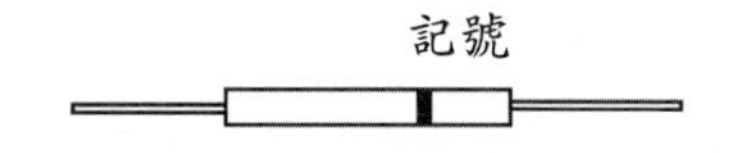

2-2 下面是量測式(1)之i-v特性的實驗電路，二極體是1N4003。直流電源供應器輸出±10 V。可變電阻VR的兩個固定端點1及2分別接到直流電源的正及負輸出端。VR的中央端點3與一個1 kΩ的電阻串聯，限制二極體的電流。二極體K端的**接地**與**電源的接地**屬於同一電位。二極體的i-v特性可經由微調VR讀取v及i的數值獲得。使用三用電錶，分別讀取二極體A-K端的電壓v及電流i。實作時，量取限流電阻1 kΩ兩端的電壓，由計算式i = (電壓)/1 kΩ得到二極體的電流i。

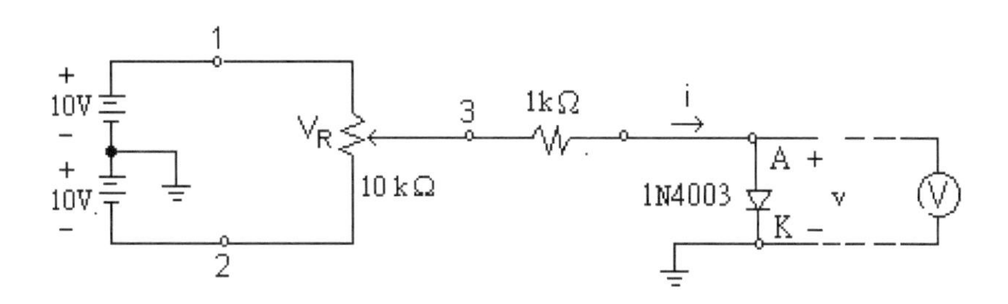

微調VR，讀取至少10組順向偏壓的數據，並記錄在如下面的表格，記錄室溫T = ______K。

v(V)								
i(mA)								

微調VR，讀取並記錄約5組逆向偏壓的數據。1N4003的崩潰電壓V_B超過100 V〔參考10.附錄〕，因此，使用-10 V的電源作逆向偏壓的量測時，是看不到1N4003的崩潰 (**但是，能否讀取到i？**)。

v(V)								
i(μA)								

整理數據，繪製i-v特性曲線圖。由特性曲線圖估計出1N4003的**切入電壓值**V_γ = ______V。從數據推導出式(1)之常數n及**飽和電流**I_S的數值。計算n的方法是取兩組數據(v_1，i_1)及(v_2，i_2)代入公式 $n=\dfrac{1}{V_T}\dfrac{v_2-v_2}{\ln(i_2/i_1)}$，計算n = ______。接著代入$n$及($v_1$，$i_1$)到

$I_S = i/(\exp\dfrac{v}{nV_T}-1)$，計算$I_S$ = ______。

❖3. 應用電路：整流

3-1 半波整流電路

下圖是二極體的**半波整流**電路。基於圖3(b)描述的二極體之**整流特性**，可以推論，$v_i > V_\gamma$時，$v_o \approx v_i$以及$-V_B < v_i < V_\gamma$時，$v_o = 0$。以下分別量測電路的傳輸函數v_o/v_i及觀測半波整流輸出v_o的波形。

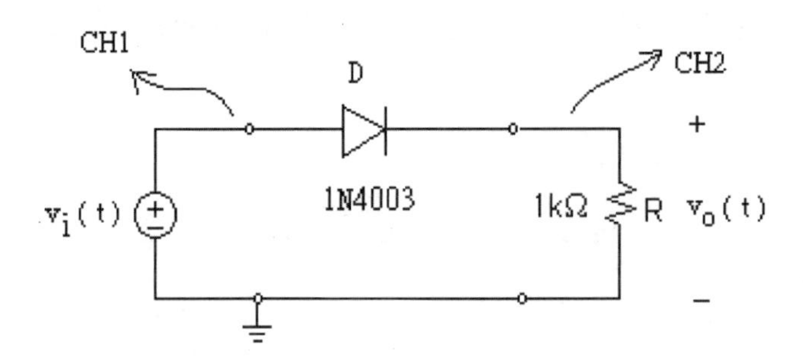

3-1-1 依據半波整流電路圖接線，其中二極體 D 是 1N4003，整流輸出端是電阻 R = 1 kΩ。量測時，電壓源 v_i 是由**直流電源供應器**送出。以合適的間距調整 v_i，從約 −5 V 變動至 +5 V，使用三用電表，讀取對應各個 v_i 值的 v_o 數值，記錄並且製作 v_o 相對於 v_i 變動的函數圖。

v_i(V)								
v_o(V)								

整理3-1-1節的數據，繪出半波整流電路的傳輸函數v_o/v_i，如下圖(b)。若v_i是正弦波，從傳輸函數v_o/v_i的曲線圖，可以預測v_o是一個半波波形，如下圖(c)，其中v_o(t)的零點與正弦波v_i(t)的零點有個時間延遲ΔT，v_o(t)波形的高度也小於正弦波的振幅。考慮二極體的**切入電壓**V_γ，當輸入正弦波$v_i(t) = V_i\sin(2\pi ft)$到半波整流電路，二極體開始導通的時間點是當$v_i \geq V_\gamma$時。因此，半波出現的時間點較正弦波慢一個時間延遲，寫作

$$\Delta T = (1/2\pi f)\sin^{-1}(V_\gamma/V_i)。$$

根據KVL電壓定律，從下圖(a)之半波整流電路看到二極體導通時，$v_i \approx V_\gamma + v_o$。因此，半波波形$v_o \approx v_i - V_\gamma$，亦即半波的高度小於正弦

波的振幅一個V_γ。

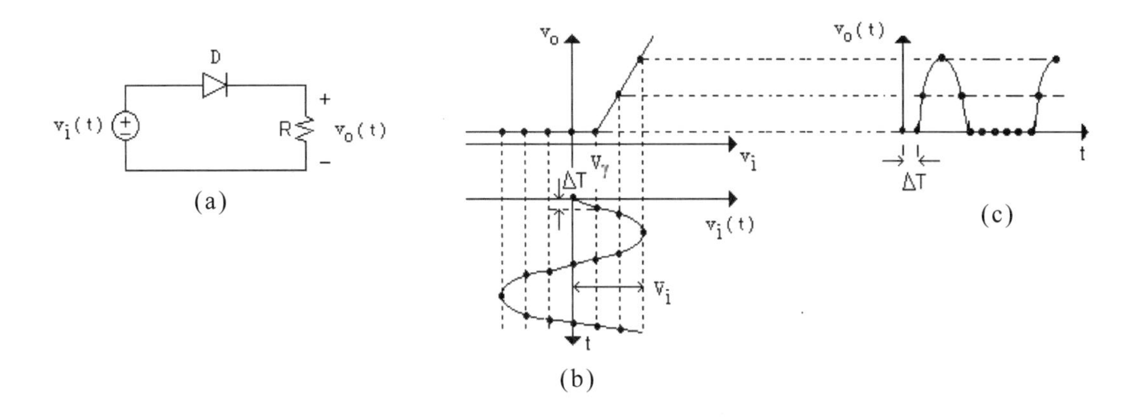

(a) (b) (c)

接續3-1-1節的實驗，在3-1-2節觀察更多關於半波整流電路的現象。

3-1-2 如 3-1-1 節接線，v_i 改由信號產生器送出正弦波，$v_i(t) = V_i\sin(2\pi ft)$，其振幅 $V_i = 3$ V，頻率分別是 f = 1 kHz，5 kHz 及 10 kHz。以示波器的 CH1 及 CH2 同時觀測 $v_i(t)$ 及 $v_o(t)$ 的波形。

記錄及**繪製半波整流的信號。以示波器的游標** (Cursor) **讀取**半波波形$v_o(t)$的零點與正弦波$v_i(t)$的過零點之間的時間延遲，記錄ΔT = ______。計算理論值，$\Delta T = (1/2\pi f)\sin^{-1}(V_\gamma/V_i)$ = ______。

隨頻率增高，大約$f \geq 5$ kHz，$v_o(t)$的波型偏離半波整流波型，試以文字描述$v_o(t)$的變化。這是PN接面二極體特有的**現象，將在後續的實驗項目尋求解釋。**

下圖的半波整流電路，其輸出端的負載R與一個電容C並聯。在二極體D導通的半週，電荷經由二極體D流入電容C，電容C充電直到半波的最大值V；在二極體D截止的半週，儲存在電容C的電荷經由電阻R放電，直到二極體D再度導通。電容C停止放電時半波的高度減少Δv_o。由於電容C的惰性，$v_o(t)$的半波波形變成平坦，但呈現起伏變動，以Δv_o表示，稱為漣波 (Ripple)。若正弦波v_i的頻率變大，電容C放電時間縮短，漣波Δv_o變小；更高頻時，比值$\Delta v_o/V \approx 0$，$v_o(t)$近似直流電壓。除了改變頻率，使用較大的電容C，也可以降低漣波Δv_o。這是從交流電壓轉變成直流電壓的原理。接續3-1-2節的實驗，在3-1-3節觀察二極體結合電容元件做半波整流的操作。

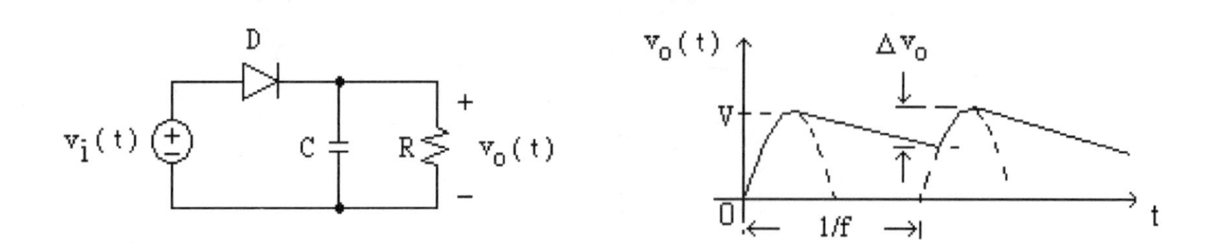

3-1-3 延續 3-1-2 節的實驗，在半波整流電路的電阻 R (1 kΩ) 並聯一個電容 C = 0.1 μF。記錄並繪製頻率 f = 500 Hz 時之 v_i(t) 及 v_o(t) 的**波形圖**(**描述信號波形的特徵**)。在 f = 500 Hz ～ 50 kHz 的範圍，以合適的級距變動 v_i(t) 的頻率，量取 v_o(t) 的**漣波** Δv_o。定義 V = max{v_o(t)}，為 v_o(t) 的最大值，記錄 Δv_o 及繪製 Δv_o/V 對頻率 f 的曲線圖。

f(Hz)	500	1 k	2 k	5 k	10 k		
Δv_o(Volts)							
Δv_o/V							

3-2 全波整流電路 (Full-wave rectifier)

全波整流電路由四顆二極體組成，其接線分別在弦波v_i(t)的正及負半週以交替方式引導兩顆二極體(D_1-D_4, D_3-D_2)導通，電流恆固定由負載R的一端流入並且由反向一端流出，產生同一極性的電壓v_o(t)。假設二極體順向導通的**切入電壓**$V_\gamma \approx 0$，全波整流電路的輸出可以寫作$v_o(t) = |v_i(t)|$。

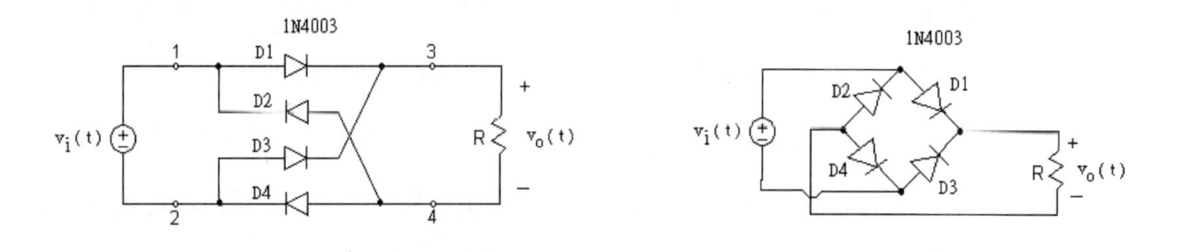

按照上圖之全波整流電路圖接線，選用R = 1 kΩ。重覆在3-1-1和3-1-2實驗的量測步驟及記錄，分別繪製v_o/v_i的傳輸函數之曲線並且用示波器觀看輸出波形v_o(t)。(**注意**：不能**同時**用示波器的兩隻探棒**接觸**節點1-2及3-4來觀看v_i及v_o的波形，為何？)

v_i(Volts)							
v_o(Volts)							

在全波整流電路的負載R並聯一個0.1 μF的電容。同3-1-3節的實驗步驟。記錄漣波Δv_o對頻率f的變化，並繪製Δv_o/V對頻率f變化的曲線圖，其中定義V = max{v_o(t)}。

f(Hz)	500						
Δv_o(Volts)							
Δv_o/V							

3-3 倍壓電路 (Voltage multiplier)

同樣是應用二極體整流特性的電路，在下圖(a)是由兩顆二極體組成的兩倍壓電路，設v_i(t)是弦波，其振幅為V_i，從電路可以推導出，當t→∞，$v_o(t) \approx -2V_i$。圖(b)是由圖(a)擴充的n倍壓電路。

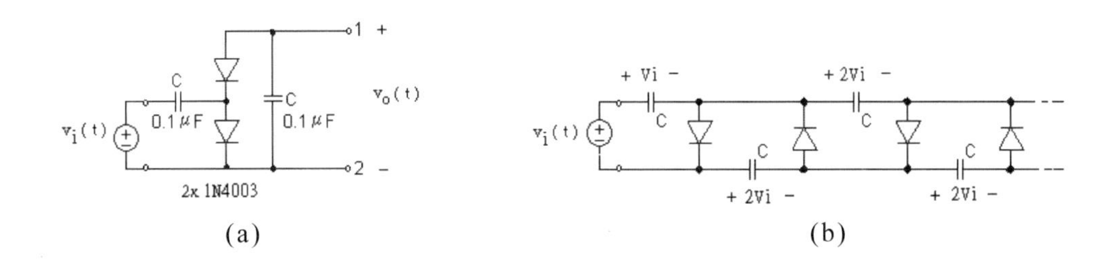

(a)　　(b)

按圖(a)的電路接線。由信號產生器供給$v_i(t) = V_i\sin(2\pi ft)$，其中$V_i$ = 5 V及f = 1 kHz。使用三用電錶讀取輸出電壓v_o(t)的數值，v_o = ______。讀取v_o(t)時，是選用電錶的DC或者AC電壓檔位？

3-4 檢波電路 (RF detector)

調幅 (Amplitude modulation: AM) 信號的形式是

$$v_i(t) = V_i[1 + m\cos(2\pi f_m t)]\cos(2\pi f_c t)，$$

其中f_c是**載波** (Carrier) 頻率，在100 kHz～1 MHz範圍；$v_i(t)$的振幅以較低的頻率f_m隨時間變化，m稱之調變率 (Modulation degree)，且$m < 1$。**無線電通訊**最簡單的方式是以AM信號傳送。調變信號若是聲音信息，則f_m在1～30 kHz範圍。一般運用**檢波電路**檢出頻率f_m的信息，其過程稱之AM信號的解調 (Demodulation)。下圖的**檢波電路**，也是應用二極體的整流特性。

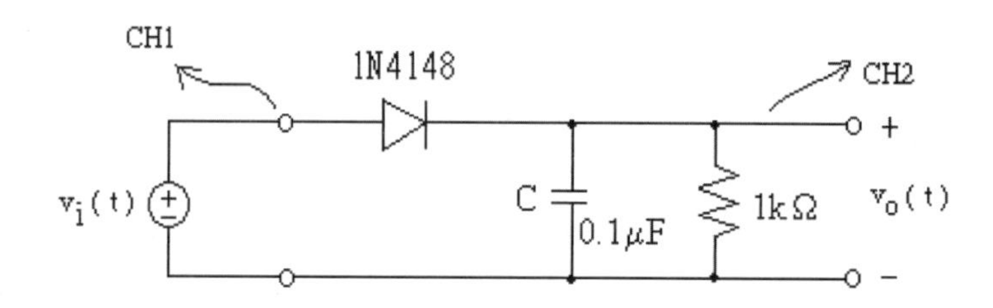

這個實驗是基於信號產生器具有輸出調幅信號的功能。以下的操作程序適用於SFG-2104，其他廠牌機型的操作則參閱其使用手冊。按照上圖接線。從信號產生器 (SFG-2104) 輸出弦波$v_i(t)$，設頻率 (即f_c) 500 kHz，振幅V_i選5 V。整流的二極體使用1N4148 (為何不使用1N4003?)。在信號產生器前面板的輸入鍵，先按下 Shift 鍵，接著按下標示AM的輸入鍵，完成輸出調幅信號的設定。**拉起**「SWEEP SPAN」的轉鈕，把功能切換到AM %，啟動調幅；轉動轉鈕時可以從示波器*的CH1看到$v_i(t)$的振幅以$V_i[1 + m\cos(2\pi f_m t)]$形式變化。轉動「SWEEP SPAN」轉鈕，調整出$m = 0.5$。從CH2觀測輸出$v_o(t)$，即還原調變$v_i(t)$的信號。記錄$v_i(t)$及$v_o(t)$的波形，標示出V_i，m，f_m及f_c的數值。

* 使用GDS-2062示波器觀看上述的調幅實驗，宜作幾個示波器參數的設定：(1)在E主功能鍵區按下 Acquire 鍵，按下 F5 選**記憶長度** (Mem length) 12500；(2)按下主功能鍵區的 Display 鍵，選Vector的顯示模式；(3)按下觸發 MENU 鍵，按下 F3 選『單一顯示』 (Single mode)。

❖4. 小信號電路

在二極體整流電路，弦波信號$v_i(t)$之振幅V_i大於二極體**切入電壓**V_γ。假設$V_\gamma = 0.5$ V，則可以預見$v_i(t)$之變動範圍跨越二極體順向導通及逆向截止的i-v特性區域，一般稱這型的$v_i(t)$信號為**大信號** (Large signal)。從圖3(b)的i-v曲線，二極體順向導通的區段可以視為線性，若$v_i(t)$的變動範圍不超出i-v的**線性**區域，稱這型的$v_i(t)$信號為**小信號** (Small signal)。

下圖的電路，$v_i(t)$是輸入，$v_O(t)$是輸出，直流電壓V_{DD}控制二極體D的導通狀態。在**小信號**電路的操作，$v_i(t)$**疊加電容C的直流電壓**，其變動範圍進入二極體D近似線性的順向導通區域。二極體的切入電壓是V_γ。若$V_{DD} > V_\gamma$，二極體順向導通，輸出寫成$v_O(t) = V_o + v_o(t)$，其中V_o是$v_O(t)$的直流分量，$v_o(t)$是$v_O(t)$的交流分量，並且基於i-v的**線性關係**，$v_o(t) \approx v_i(t)$，小信號$v_i(t)$經由二極體傳送到輸出端。若$V_{DD} < V_\gamma$，二極體截止，輸出寫成$v_O(t) = 0$，停止小信號$v_i(t)$的傳送。

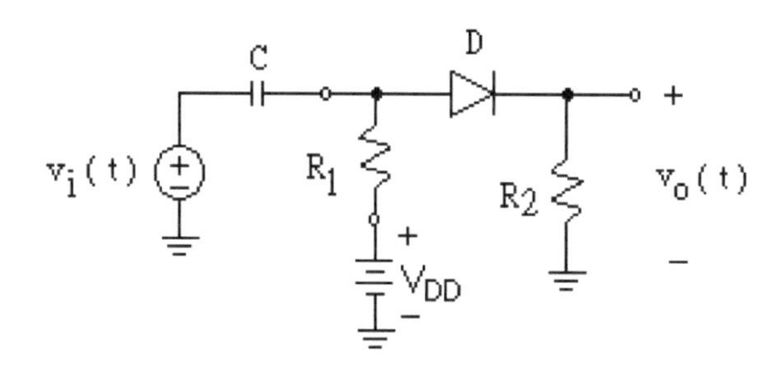

按照電路圖接線，二極體D是1N4003，C = 10 μF及$R_1 = R_2 = 1$ kΩ。從電阻R_2量取輸出$v_O(t)$。實作時，直流電源供應器供給V_{DD}，信號產生器送出$v_i(t) = V_i\sin(2\pi ft)$，其中f = 1 kHz及$V_i = 0.1$ V。從實驗，觀察**小信號**電路的工作原理，及瞭解不同V_{DD}對小信號操作的意義。

4-1 調整直流電源供應，送出$V_{DD} = 0.3$ V，0.5 V及1.5 V。使用示波器的CH1及CH2同時觀察$v_i(t)$及$v_O(t)$。分別記錄不同V_{DD}值時$v_i(t)$及$v_O(t)$的波形圖。$v_O(t)$含有直流分量V_o及交流分量$v_o(t)$，對應不同V_{DD}值，分別記錄直流分量的數值，V_o = ______及交流分量$v_o(t)$的振幅= ________。

4-2 重覆在4-1節部份的觀察，但把DSO示波器的TIME/DIV設定在X-Y模式，觀測Lissajous圖形。分別記錄V_{DD} = 0.3 V，0.5 V及1.5 V時Lissajous圖形的變化。觀察$v_O(t)$時，示波器的輸入方式可以切換為AC耦合，看到的是$v_O(t)$的交流分量$v_o(t)$。

4-3 如4-1節的量測，但是選V_{DD} = 0.1 V或合適值。使用一支電烙鐵 (焊鐵)，靠近或直接碰觸二極體的導線，藉由加熱升高二極體內部的溫度。隨著二極體升溫過程記錄輸出$v_O(t)$波形的變化。同樣，如4-2節的操作，記錄加熱過程之Lissajous圖形變化。

5. PN接面的載子儲存效應

回顧圖2(b)，在PN接面有一層空乏區。下圖表示**順向偏壓**時，少數載子穿越空乏區之後延著x-軸的分佈，其中$p_n(x)$是由P-型區進入到N-型區的電洞，電洞在空乏區邊緣與多數的電子結合仍有剩餘，因此堆積成正電荷Q；另外，$n_p(x)$是由N-型區進入到P-型區的電子，電子在空乏區邊緣與多數的電洞結合仍有剩餘，因此堆積成負電荷－Q。標示n_{po}及p_{no}是少數載子熱平衡態分別在P-型及N-型區的密度。**順向偏壓時**，空乏區邊緣的電荷堆積，**類似一個**電容，稱為PN接面**擴散電容** (Diffusion capacitance)，但是不同於電容，載子可以穿越空乏區。當A-K端的外加電壓v由順向快速反轉為逆向時，存在空乏區兩側邊緣的正負電荷±Q是以有限速率移開，因此降低二極體從導通變成截止的切換速率。這個現象稱為PN接面的**電荷儲存效應** (Charge storage effect)。

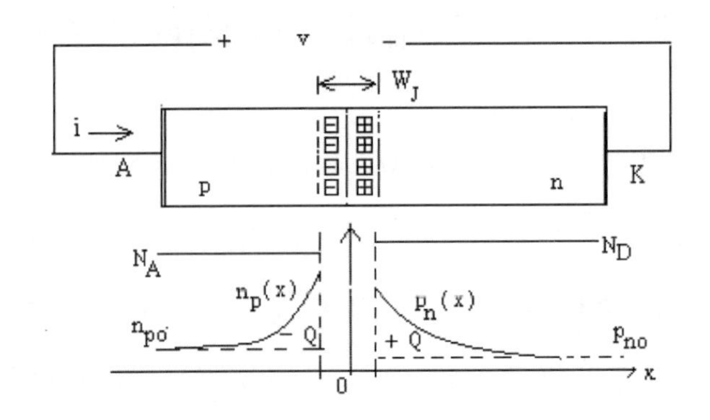

下面是一個實驗的接線圖，使用示波器觀察PN接面二極體從導通切換成**截止狀態**的過程，嘗試探討少數載子累積在空乏區邊緣的電荷儲存效應。

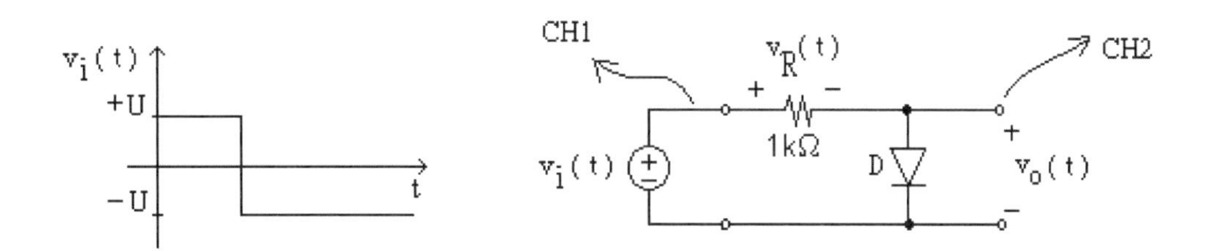

5-1 按圖接線，二極體D是1N4003，與電阻1 kΩ串聯。v_o(t)是二極體D的端點電壓。v_i(t)是由信號產生器送出的方波，設頻率10 kHz。為了方便觀察現象，示波器的TIME/DIV旋鈕選在5 μs位置。方波v_i(t)有一個正U及一個負U電壓值，選U = 1 V及4 V，分別在不同的U值，以示波器的CH1及CH2觀察並記錄電壓信號v_i(t)及v_o(t)。注意v_i(t)從 + U切換成 – U時v_o(t)的波形。

5-2 同5-1節的步驟，但是從示波器的Math鍵，選「CH1-CH2」的操作，產生v_i(t)− v_o(t) = v_R(t)。v_R(t)是**二極體的電流**i流過電阻的電壓降，亦即v_R顯示**二極體的電流波形**。記錄v_i(t)及v_R(t)信號。

從v_R波形，理論上可以算出v_i(t)從 + U切換成-U時後二極體的電流i_R = v_R/R。電流i_R是移開堆積在空乏區邊緣的電荷Q所產生的電流。電流i_R的波形近似方波，高度以I_R表示，方波寬度以t_S表示，則電荷Q ≈ I_R · t_S。以U = 4 V為例，試由i_R的波形估算電荷Q = ______。堆積在空乏區邊緣的載子數目Q/e = ______。

5-3 二極體D改用1N4148，重覆5-1節及5-2節的步驟，記錄二極體的**電壓**及**電流**波形。

5-4 比較5-1節，5-2節及5-3節的觀察，二極體1N4003及1N4148的**切換**行為明顯不同。這與PN接面的載子儲存效應之顯著與否有關。再回到3-1-2節關於**弦波半波整流**的實驗。若v_i(t)的頻率高於10 kHz，分別比較在1N4003及1N4148的整流電路輸出波形。

頻率高於5 kHz時，1N4003的半波整流電路之v_o(t)在負半週有個尖突，如下圖的示意。由於載子儲存效應是存在μs範圍，這樣解釋高頻 > 5 kHz時，**電壓極性反轉為逆向時**，1N4003**並未立即截止**。

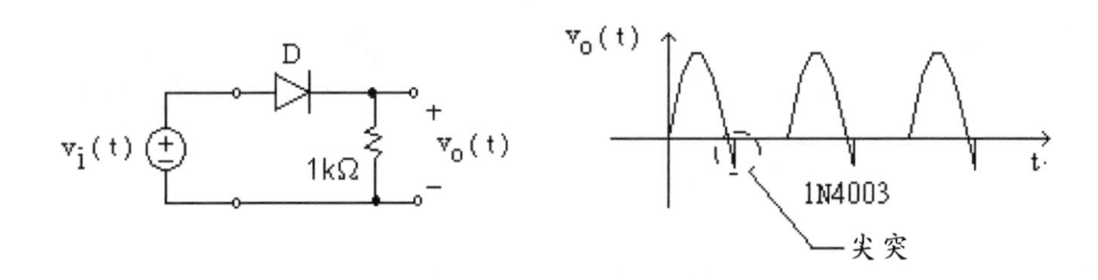

❖6. 光電二極體

半導體內，因**熱擾動**而產生電子及電洞，也可以經由電子**吸收光能量**hf，電子有足夠的動能脫離原子的鍵結而產生電子及電洞，其中h是Planck常數，f是光頻率 (10^{14}～10^{15} Hz)。這樣的光激發產生的載子經由外加的電場分離開，造成電子及電洞的流動，產生**光電流**i，以$i = A\rho u$描述，其中A是流動的截面積，ρ是電荷密度，u是電荷移動的速率。若光激發產生的電子及電洞密度分別為n及p，則電荷密度分別為$\rho = -en$及$\rho = ep$。電荷的速率u是電場E的函數，即u = f(E)。在弱電場，u與E成正比關係，寫作$u = \mu E$，常數μ是移動率 (Mobility)。因此，光電流$i = A\rho u = A(en\mu)E$。光電流與光頻率有關，必須光能量hf高於原子的鍵結能量才產生。

在PN接面結構，以P-型區接收光照射，產生電子及電洞，經由外加電場分離，形成光電流，這型的二極體稱為**感光二極體** (Photo-diode)。基於光電流與光照射的功率有關，感光二極體可用來偵測光信號。另外，把光激發的程序反轉，在PN接面通過電流，發生電子及電洞結合，其結合能量釋出，轉換成光能量，**發光功率正比於電流**，這型的二極體稱為**發光二極體** (Light-emitting diode)。感光二極體 (PD) 及發光二極體 (LED) 屬於**光電二極體**，具有與一般的二極體類似的i-v關係。

下面的實驗電路，同2-2節的PN二極體之i-v量測，但是以發光二極體LED照射感光二極體PD。這裡，沒有標示發光二極體LED及感光二極體PD的型號。自行檢查及標誌二極體型號。

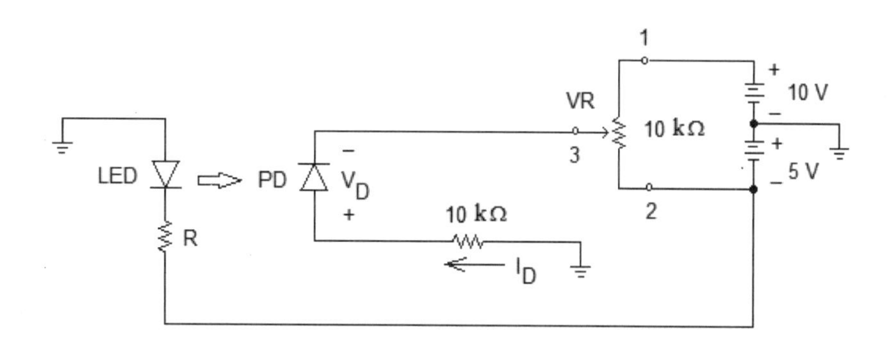

實作時，在麵包板上排列發光二極體及感光二極體，**以頭對頭的方式緊靠在一起，並且用不透光的圓筒罩住兩個二極體，避免背景光的影響**。發光二極體LED經由電阻R連到5 V的直流電源。量測時，使用不同的電阻R，調節二極體LED的電流，控制LED發光的亮度。量測同時，使用可變電阻VR調整感光二極體PD的電壓，在−10 V及5 V之間變動，分別產生逆向及順向偏壓的狀態，依序量測I_D及V_D，得到感光二極體PD的*i*-*v*關係。

6-1 不連接5 V電壓到發光二極體LED，亦即沒有光照射感光二極體PD。微調VR，選取合適的間距變動V_D，用**數位電錶**讀取感光二極體PD的數據並記錄之。

V_D(V)										
I_D(μA)										

6-2 發光二極體LED經由電阻R = 1 kΩ連接到偏壓5 V。微調VR，選取合適的間距變動V_D，用**數位電錶**讀取感光二極體PD的數據並記錄之。

V_D(V)										
I_D(μA)										

6-3 同6-2節的量測，但是選用電阻R = 510 Ω。

$V_D(V)$										
$I_D(\mu A)$										

整理6-1節至6-3節的數據。從數據探討光照射對感光二極體PD的影響，特別是逆向偏壓時的i-v函數變化。

❖7. 要點整理

PN接面二極體由於不等向性的空乏區，電流i對端點電壓v的變動關係以非線性函數描述：

$$i = I_S(\exp\frac{v}{nV_T} - 1)$$

其中$V_T = kT/e$。室溫時，$V_T = 25$ mV。n是理想因數，一般假設$n = 1$。順向偏壓$v > 0$時，電流i在v超過一個臨界電壓$V_\gamma = 0.5$ V之後顯著增大。當$v > V_\gamma$時，端點電壓v只作小幅度增減即造成電流i大幅變動；逆向偏壓$v < 0$時，電流$i \approx 0$。這種由於端點電壓v的極性反向而產生導通及截止的性質稱為整流特性，是二極體電路的基礎。

練習1

如下圖之倍壓電路，輸入$v_i(t) = V_i\sin(2\pi ft)$，求解$v_o(t)$的波形。

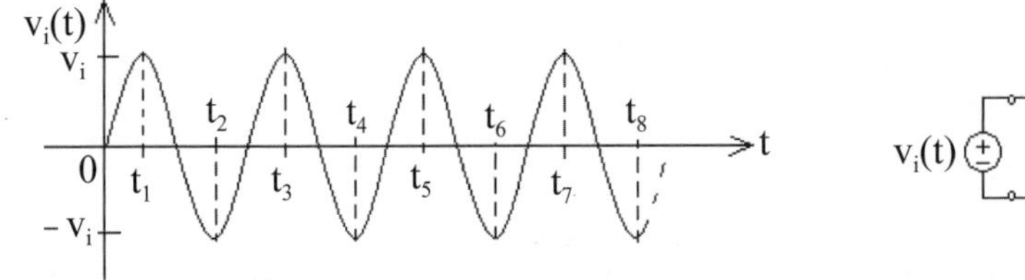

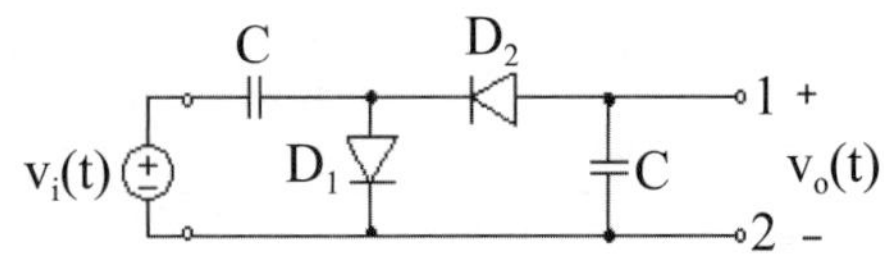

求解

以$v_i(t)$的峰值，作為觀察二極體之導通/截止的時間點。為了方便分析，假設**切入電壓**$V_\gamma \approx 0$。因此，導通的二極體用短路替代，截止的二極體用開路替代。在時間t_1，t_3，t_5及t_7，D_1導通及D_2截止，用下圖(a)示意，電荷經由D_1流入電容。在時間t_2，t_4，t_6及t_8，D_1截止及D_2導通，用下圖(b)示意。參照圖(b)，由於D_2的導通連結，根據電壓定律(KVL)，兩個電容的電荷 (q_1及q_2) 寫成

$$q_2(t)/C = V_i + q_1(t)/C，或者q_2(t) - q_1(t) = CV_i。$$

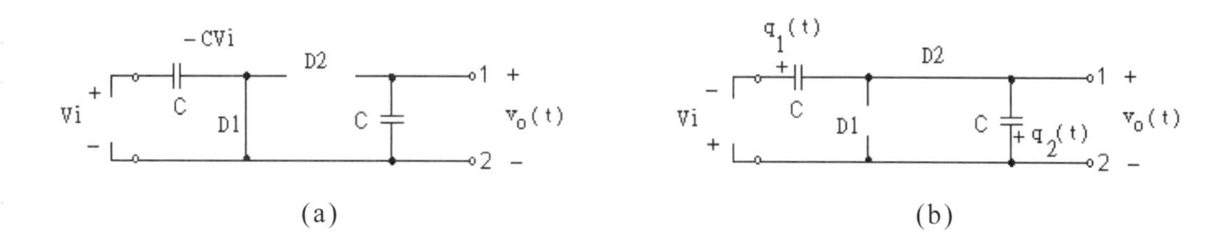

經由D_1進入電容的電荷以負電荷 ($-CV_i$) 的形式儲存在兩個電容的內側電極板。因此，從上圖(b)可以寫下另外一個電荷關係，$-q_2(t) - q_1(t) = -q_2(t-\Delta) + (-CV_i)$，其中$q_2(t-\Delta)$是在$D_2$導通之前的電荷。

D_1先導通，從圖(a)開始，接著切換到圖(b)，再回到圖(a)，依這個循環推導t_1～t_8時間點的$v_o(t)$。

$t = t_1$，$q_2(t_1) = 0$，$v_o(t_1) = 0$；

$t = t_2$，$q_2(t_2) - q_1(t_2) = CV_i$以及$-q_2(t_2) - q_1(t_2) = 0 + (-CV_i)$，

則$q_2(t_2) = CV_i$，$v_o(t_2) = -q_2(t_2)/C = -V_i$；

$t = t_3$，$q_2(t_3) = CV_i$，$v_o(t_3) = -V_i$；

$t = t_4$，$q_2(t_4) - q_1(t_4) = CV_i$以及$-q_2(t_4) - q_1(t_4) = -CV_i + (-CV_i)$，

則$q_2(t_4) = (3/2)CV_i$，$v_o(t_4) = -q_2(t_4)/C = -(3/2)V_i$；

$t = t_5$，$q_2(t_5) = (3/2)CV_i$，$v_o(t_5) = -(3/2)V_i$；

$t = t_6$，$q_2(t_6) - q_1(t_6) = CV_i$以及$-q_2(t_6) - q_1(t_6) = -(3/2)CV_i + (-CV_i)$，

則$q_2(t_6) = (7/4)CV_i$，$v_o(t_6) = -q_2(t_6)/C = -(7/4)V_i$；

$t = t_7$，$q_2(t_7) = (7/4)CV_i$，$v_o(t_7) = -(7/4)V_i$；

$t = t_8$，$q_2(t_8) - q_1(t_8) = CV_i$以及$-q_2(t_8) - q_1(t_8) = -(7/4)CV_i + (-CV_i)$，

則$q_2(t_7) = (15/8)CV_i$，$v_o(t_8) = -q_2(t_8)/C = -(15/8)V_i$。

組合t_1～t_8的v_o數值，$v_o(t)$的波形跟隨$v_i(t)$的峰值以不等間距作階梯變動，從0 V朝向$-2V_i$趨近。

練習2

下圖是4-1節的電路。輸入v_i(t) = $V_i$sin(2πft)，其中V_i = 0.1 V及f = 1 kHz。求解v_O(t)。

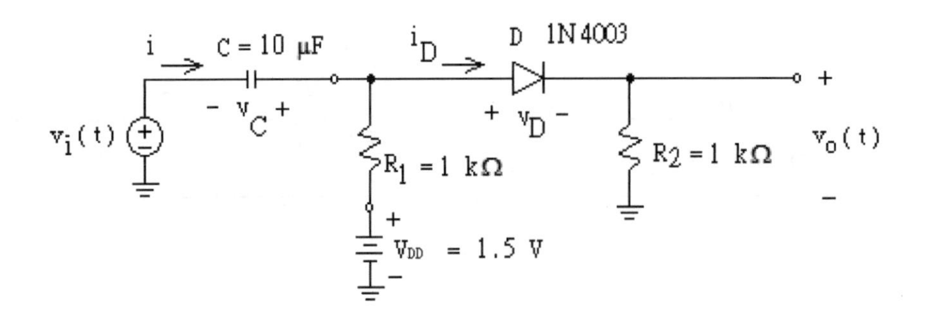

求解

這裡是指v_O(t)**穩態響應**的求解。二極體D的i_D及v_D是由V_{DD}及v_i(t)產生。假設可以套用**線性電路**的性質，i_D及v_D分別由V_{DD}產生的直流分量及由v_i(t) = Im〔$V_i e^{j\omega t}$〕產生的交流分量疊加而成，

$$v_D = V_D + v_d = V_D + \text{Im}\,[V_d e^{j\omega t}],$$
$$i_D = I_D + i_d = I_D + \text{Im}\,[I_d e^{j\omega t}]。$$

把v_D = V_D + v_d代入二極體D的i-v函數，推導出二極體的直流及交流分量的電流電壓的關係，

$$i_D(v_D) = I_S[\exp(v_D/nV_T)-1] = I_S\exp(V_D+v_d)/nV_T - I_S$$
$$= [I_S\exp(V_D/nV_T)]\exp(v_d/nV_T) - I_S$$
$$= [I_S\exp(V_D/nV_T)][1 + v_d/nV_T + ..] - I_S$$
$$= I_D + (I_D+I_S)(v_d/nV_T) + ... = I_D + gv_d,$$

其中指數函數展開至v_d的一次項，$g = (I_D+I_S)/nV_T \approx I_D/nV_T$，是順向電導(Incremental conductance)。比對$i_D = I_D + i_d$，直流分量是$I_D = I_S[\exp(V_D/nV_T)-1]$，交流分量是$i_d = gv_d$。

依據電壓定律 (KVL) 寫下$v_C + v_i = V_{DD} - R_1(i_D - i) = v_D + R_2 i_D$。以

$v_D = V_D + v_d$及$i_D = I_D + i_d$代入KVL方程式，$v_C + v_i = V_{DD} - R_1(I_D + i_d - i) = (V_D + v_d) + R_2(I_D + i_d)$。整理直流分量及交流分量，

$V_{DD} = (R_1 + R_2)I_D + V_D$，其中$I_D = I_S[\exp(V_D/nV_T) - 1]$；

$v_C = V_{DD} - R_1I_D = V_D + R_2I_D$，是電容的電壓，對交流信號是定值（視為二極體的偏壓）；

$v_i = -R_1(i_d - i) = v_d + R_2i_d$，其中$i_d = gv_d$。

綜合上述，求解$v_O(t) = R_2i_D = R_2(I_D + i_d)$，使用$V_{DD} = (R_1 + R_2)\ I_D + V_D$及$v_i = v_d + R_2i_d$，分別以下面圖(a)作直流分析 (DC analysis) 及圖(b)作交流分析 (AC analysis)。圖(b)的來由是基於$v_i = v_d + R_2i_d$，改寫成$\mathrm{Im}[V_i e^{j\omega t}] = \mathrm{Im}[V_d e^{j\omega t}] + R_2\mathrm{Im}\ [I_d e^{j\omega t}]$，簡化為相量關係，$V_i = V_d + R_2I_d$，其中$I_d = gV_d$。另外，頻率f＝1 kHz時，電容阻抗$|Z_C| = 1/(2\pi fC) = 15.9\ \Omega$。在圖(b)，電容C以**交流短路**替代。

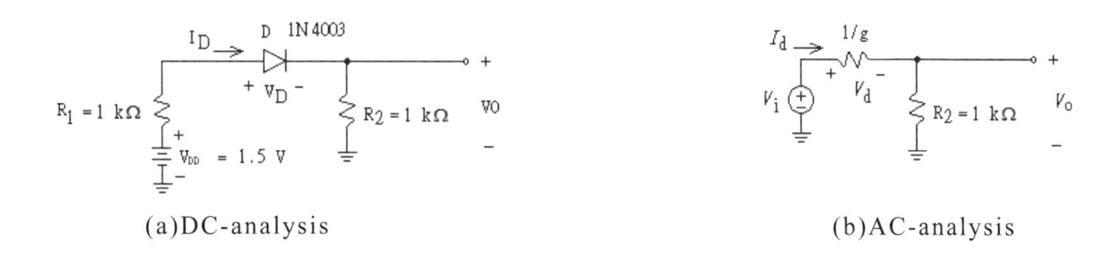

(a)DC-analysis　　(b)AC-analysis

(a)直流分析，計算I_D。

由$V_{DD} = (R_1 + R_2)I_D + V_D$，$V_D$用$I_D$函數代表，整理得到$(R_1 + R_2)\ I_D = V_{DD} - nV_T\ln(1 + I_D/I_S)$。

代入數值，$R_1 = R_2 = 1\ k\Omega$，$V_{DD} = 1.5$ V及$V_T = 25$ mV。使用2-2節的量測結果，1N4003有$n = 2$及$I_S = 10^{-8}$A。整理得到計算式$I_D = [1.5 - 50 \cdot 10^{-3} \cdot \ln(1 + 10^8 \cdot I_D)]/(2 \cdot 10^3)$。由疊代計算，例如，

代入$I_{D,0} = 0$，$I_{D,1} = (1.5/2) \cdot 10^{-3} = 0.75$ mA

代入$I_{D,1} = 0.75$ mA，$I_{D,2} = [1.5 - 50 \cdot 10^{-3} \cdot \ln(1 + 0.75 \cdot 10^5)]/(2 \cdot 10^3) = 0.469$ mA

代入$I_{D,2} = 0.469$ mA，$I_{D,2} = [1.5 - 50 \cdot 10^{-3} \cdot \ln(1 + 0.469 \cdot 10^5)]/(2 \cdot 10^3) = 0.481$ mA

最後，得到$I_D = 0.48$ mA。

(b)交流分析，計算$i_d = \mathrm{Im}[I_d e^{j\omega t}]$。

由 $g \approx I_D/nV_T$，代入 $I_D = 0.48$ mA，$n = 2$ 及 $V_T = 25$ mV，$g = 9.6$ mS。從上圖 (b)，寫下

$I_d = V_i/(1/g + R_2)$，

$V_o = R_2 I_d = gR_2 V_i/(1 + gR_2) = (9.6/10.6)V_i = 0.90V_i$。

整理得到 $v_O(t) = = R_2 I_D + R_2 i_d = 0.48 + \text{Im}[R_2 I_d e^{j\omega t}] = 0.48 + 0.09\sin(2\pi 10^3 t)$V。

自行檢驗4-1節的量測，是否符合這個分析的結果〔量測參考值：$I_D = 0.47$ mA，$V_o/V_i = 0.9$〕。交流分析的結果顯示，1N4003的 $n = 2$ 是合理值。一般假設二極體的 $n = 1$ 常不適用於實際的電路。

8. 問題及討論

8-1 在實驗2及實驗3已介紹過PSpice的Transient及AC分析。這裡運用PSpice的DC分析，模擬PN二極體的直流 *i-v* 特性曲線。把2-2節的 *i-v* 量測電路以Schematics編輯，輸入端的 V_i 形式選VSRC。在PSpice的「Edit Simulation Settings」對話方塊內，選擇「DC Sweep」及掃瞄的變量 (V_i)，並設定掃瞄的範圍 (-5 V至1.5 V)。在溫度T = 27 ℃，得到下面的模擬結果。Probe的顯示是以二極體電流I (D1) 為縱軸，電壓V1(VD1) 為橫軸。

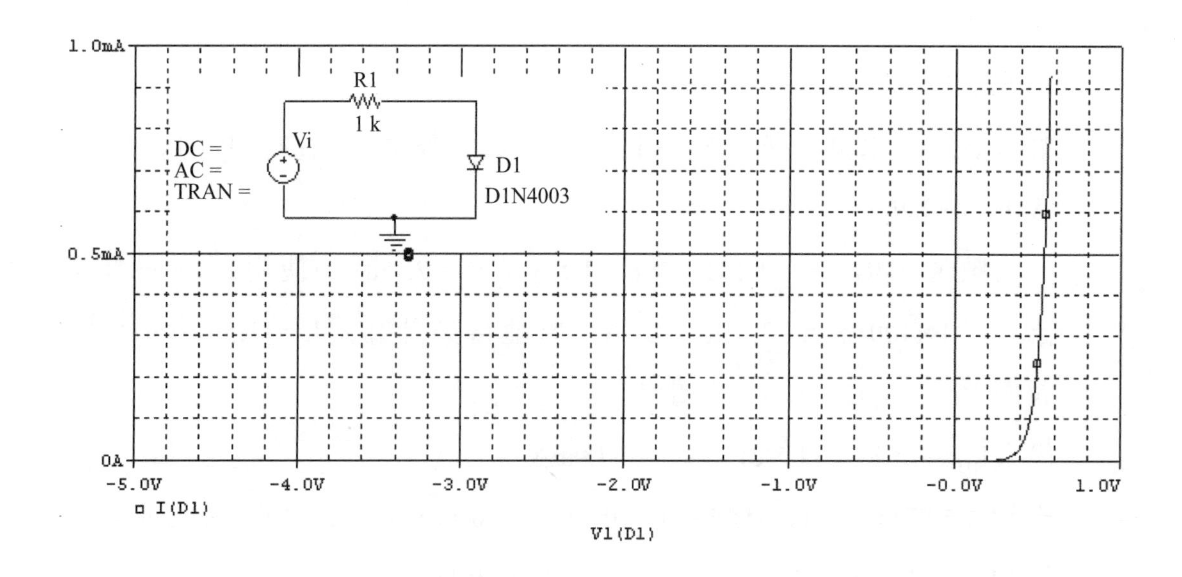

試從DC模擬，求出1N4003在T = 27 ℃的切入電壓V_γ，理想因數n，與I(D1) = 0.5 mA時的順向電導g之值。比較這些PSpice的數值與2-2節量測的*i*-*v*數據，並加以討論。

8-2 在3-1-3的量測中，頻率高於50 kHz時，在信號產生器輸出端的$v_i(t)$，即示波器的CH1所顯示的信號，於弦波的**正半週**發生波形失真(波峰下陷)，於**負半週則維持**弦波的波形。試從負載效應解釋這現像。〔提示：信號產生器的輸出埠有50 Ω的輸出阻抗。〕

8-3 以PSpice的Transient模擬在3-3節的倍壓電路，設在t = 0s輸入$v_i(t) = V_i\sin(2\pi ft)$，其中$V_i$ = 10 V及f = 1 kHz。記錄PSpice的模擬結果，試與 練習1 的分析作比較。

因為倍壓電路在幾個毫秒 (10^{-3}s) 即到$-2V_i$，人的視覺無法跟蹤$v_o(t)$變化的過程。另外由於同步的問題，從示波器只能觀察到$-2V_i$的水平線。試構想一個實驗 (利用示波器同步)，量取電路啟動後10毫秒內$v_o(t)$的波形，用來呈現 練習1 的分析或類似PSpice模擬的結果。

8-4 下圖(a)及(b)分別是感光二極體 (PD) 與運算放大器的接線，兩者是否皆適用於微弱光信號的偵測？在(a)及(b)的輸出V_o有何差異？實作時，R宜選用1MΩ範圍的電阻，試說明理由。

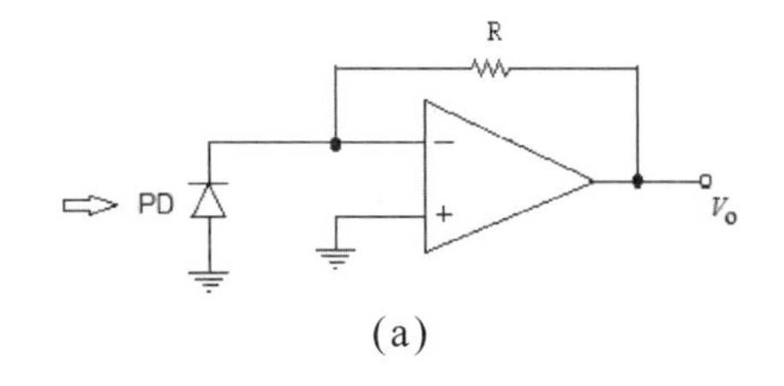

(a)

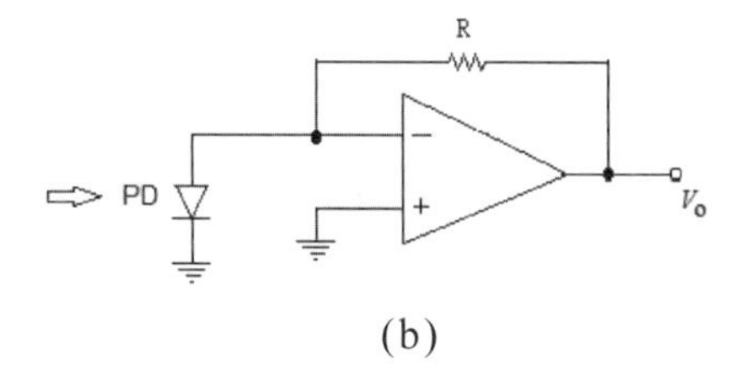

(b)

❖9. 參考資料

9-1 Sedra/Smith：Microelectronic Circuits，二極體的工作原理，大小等效電路及整流電路。

❖10.附錄

1N400x系列之最大額定值：

Rating	Symbol	1N4001	1N4002	1N4003	1N4004	1N4005	1N4006	1N4007	Unit
*Peak Repetitive Reverse Voltage	VRRM	50	100	200	400	600	800	1000	Volts
*Non-Repetitive Peak Reverse Voltage	VRSM	60	120	240	480	720	1000	1200	Volts
*RMS Reverse Voltage	VR(RMS)	35	70	140	280	420	560	700	Volts
*Average Rectified Forward Current	IO	1.0							Amp
*Non-Repetitive Peak Surge Current	IFSM	30 (for 1 cycle)							Amp
Operating Junction Temperature Range	TJ Tstg	-65 to + 175							°C

取材自http://onsemi.com

逆向電壓 (Reverse Voltage) 依PN二極體之型類而不同，是設計整流電路必須注意的參數。超越這個數值時會造成PN二極體的崩潰，無法達成交流電壓的整流。

實驗6　場效電晶體

目的：學習(1) FET的工作原理；(2)反相器；(3)應用電路。

器材：示波器、信號產生器、直流電源供應器、2N7000、K30A。

1. 說明

學習電子元件從**結構**及**物理性質**開始。**場效電晶體**依構造的不同，區分為**金氧半**場效電晶體 (Metal-Oxide-Semiconductor Field-Effect Transistor，縮寫MOSFET) 及**接面**場效電晶體 (Junction Field Effect Transistor，縮寫JFET)。MOSFET及JFET的電流**不穿越**PN**接面**，是由**單一型的載子在同型材質的通道**流動所形成。基本上，MOSFET和JFET的工作原理相似，差異在於MOSFET及JFET分別以介電層及PN接面作為控制通道的機構。基於MOSFET有製程方面的優點，在微電子學的領域MOSFET的使用比JFET普及。本實驗探討這兩型FET元件的基本電性質及電路。

圖1是一個MOSFET元件的結構圖，元件由多個N-型及P-型區材質組成，其接腳分別是**源極** (S)，**閘極** (G)，**汲極** (D) **及基質** (B)。**閘極是金屬電極板，閘極-基質之間隔著一層氧化矽介電層**。當閘極-源極 (或基質) 之間的電壓值超過一個臨界電壓V_{th}時，在閘極下面的基質產生一層倒相層 (Inversion layer)。以圖1的N-型通道為例，當閘極-源極電壓$V_{GS} > V_{th}$時，在閘極下面的P-型基質內感應出電子，累積成電子層，稱為**倒相層**，其寬度及長度分別用W及L標示。倒相層連接源極及汲極，類似N-型材質，電子是主要的載子。參考圖1右小圖，若汲極-源極電壓V_{DS}由**零值增大**時，**倒相層的電子沿著電場方向漂移**，構成汲極電流I_D，從零隨著變大。這個區段稱為**線性或**Ohm**區**。**在線性區**，**元件的汲極-源極之間可以視為一個電阻**，**其電阻值跟隨**V_{GS}**變動**。當V_{DS}繼續增大，電位差$V_{GS} - V_{DS}$變小，造成汲極端的倒相層逐漸消失。若V_{DS}增強到$V_{GS} - V_{th}$時，汲極端的**倒相層**消失，定義$V_{DS(sat.)} = V_{GS} - V_{th}$。當$V_{DS}$超過$V_{DS(sat.)}$之後$I_D$不再跟隨$V_{DS}$變大，維持定值，這個區段稱為飽和區，這個$V_{DS(sat.)}$稱

為**飽和電壓**。

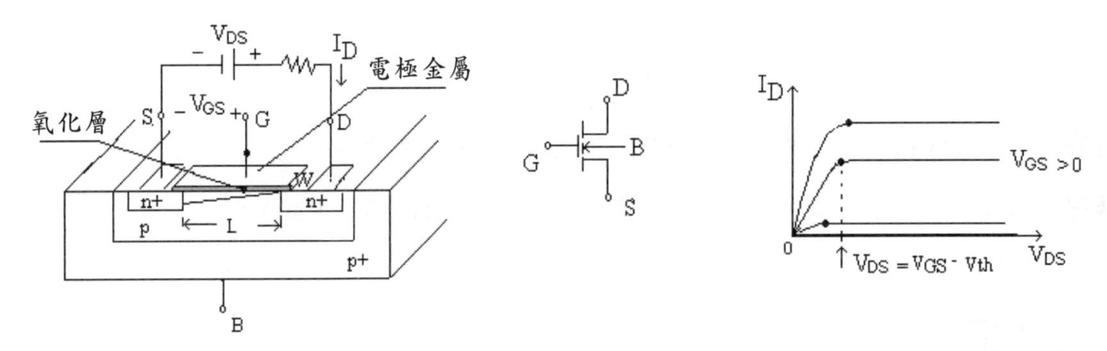

圖1　N-型通道MOSFET結構，元件的電子符號及輸出特性。

參考圖1及2，源極及汲極是標示「n^+」的N-型區，代表高密度施子的區域。P-型基質標示「p」，代表相對於「p^+」的區域有較低密度的受子。當$V_{DS}=0$並且V_{GS}超過**臨界電壓**V_{th}時，在P-型基質與氧化矽之接面處感應出電子倒相層，形成N-型通道，延伸到兩個「n^+」-型區，連接源極及汲極。倒相層的載子電荷用$Q_I=-C_{ox}(V_{GS}-V_{th})$表示，其中$C_{ox}=(WL)\varepsilon_{ox}/t_{ox}$是閘極-基質之間的電容，WL是面積，$\varepsilon_{ox}$是氧化矽之介電係數，$t_{ox}$是氧化矽的厚度。倒相層的電荷$Q_I$以類似電容的$Q=CV$表示，但必須考慮其形成的過程。增強$V_{GS}>0$時，在閘極之下P-型基質的電洞首先被排除。更大的$V_{GS}>V_{th}$時，電子始匯集到閘極下面構成倒相層，其數量正比於$(V_{GS}-V_{th})$。

基質-源極之間的電壓V_{BS}影響倒相層的載子數量，直接影響**臨界電壓**V_{th}，此稱為**基質效應** (Body effect)。一般，連接源極及基質，形成$V_{BS}=0$或$V_{GB}=V_{GS}$，避免V_{th}跟隨V_{BS}變動而漂移。

參考圖2，倒相層最大的通道長度是L。當$V_{GS}>V_{th}$及$V_{DS}>0$時，汲極電流$I_D>0$。相對於源極，在通道位置x的電位以V(x)表之，維持倒相層的條件是$[V_{GS}-V_{th}-V(x)]>0$。圖2(a)表示電壓$V_{DS}<V_{GS}-V_{th}=V_{DS(sat)}$的情形，因為$V(x)\leq V_{DS}$，倒相層可以延伸到汲極；汲極的位置是$x=L$，則有$V(L)=V_{DS}$及$V(0)=0$的邊界值。圖2(b)表示$V_{DS}>V_{GS}-V_{th}$的情形，靠近汲極端某個位置x的電位$V(x)\geq V_{GS}-V_{th}$，意即區段$L>x\geq L'$之倒相層消失成為空乏區，但載子接近$x=L'$時**繼續穿越空乏區到達汲極**；在這個狀態有邊界值$V(L)=V_{DS}$，$V(L')=V_{GS}-V_{th}$及$V(0)=0$。

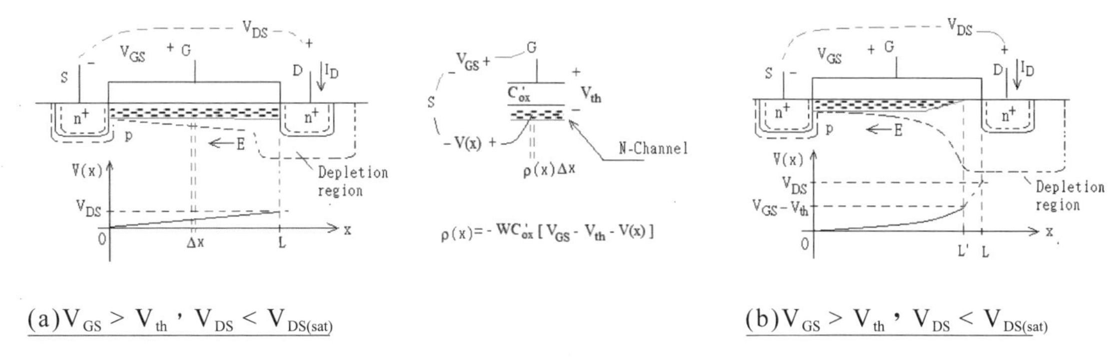

(a) $V_{GS} > V_{th}$，$V_{DS} < V_{DS(sat)}$ (b) $V_{GS} > V_{th}$，$V_{DS} < V_{DS(sat)}$

圖2 在$V_{DS}>0$時，N-型通道電位V(x)及電荷密度ρ(x)的關係，倒相層跟隨V_{DS}變動。

當$V_{DS} > 0$時，電壓V_{DS}產生平行於通道的電場E，造成載子流動。$V_{GS} > V_{th}$時，在倒相層一小段通道長度Δx的載子 (電子) 數量可以寫成$\rho(x)\Delta x = -(W\Delta x)(\varepsilon_{ox}/t_{ox})[V_{GS} - V_{th} - V(x)]$，其中WΔx是電容的面積。在弱電場，載子運動的平均速度u正比於E，以$u = \mu E$表示，常數μ是載子的移動率。汲極電流I_D等於在通道內單位長度之電荷ρ乘以速度u。若用$E = -dV(x)/dx$代入$u = \mu E$，得到

$$I_D = \rho u = -WC_{ox}'[V_{GS} - V_{th} - V(x)][-\mu dV(x)/dx]，$$

其中$C_{ox}' = \varepsilon_{ox}/t_{ox}$是閘極-基質之間**單位面積**的電容。電流$I_D$是連續的，不隨著位置x變動。把上面的$I_D$乘以dx，再把$I_D \cdot dx$從$x = 0$ (源極) 朝向汲極作積分，一直到$x = x_o$，得到式子，

$$I_D x_o = W(\mu C_{ox}'/2)[2(V_{GS} - V_{th})V(x_o) - V(x_o)^2]$$
$$= kW[2(V_{GS} - V_{th})V(x_o) - V(x_o)^2]，$$

其中$k = \mu C_{ox}'/2$。若知道$V(x_o)$，則可以得到I_D的函數關係。參考圖2：

(a)當$V_{DS} < V_{GS} - V_{th} = V_{DS(sat)}$時，倒相層延伸到$x_o = L$，即$V(x_o) = V_{DS}$，得到

$I_D = k(W/L)[2(V_{GS} - V_{th})V_{DS} - V_{DS}^2]$，為**線性區**的$I_D$ (參考圖1)； (1)

(b)當$V_{DS} \geq V_{DS(sat)}$時，假設倒相層消失在$x_o = L'$，則$V(x_o) = V_{GS} - V_{th}$，得到

$I_D = k(W/L')(V_{GS} - V_{th})^2$，是**飽和區**的$I_D$ (參考圖1)。 (2)

延續圖2(b)，V_{DS}超越$V_{GS} - V_{th}$後再續增時，汲極端的空乏區繼續擴大，進而縮短通道的長度L'。從式(2)看到，當L'繼續隨著V_{DS}增大而變

小，I_D會因而微幅增大，這個現象稱為Early效應。一般的L'變動是微小，可以假設$L' \approx L(1 - \lambda V_{DS}) \approx L/(1 + \lambda V_{DS})$，則式(2)改寫為

$$I_D = k(W/L)(V_{GS} - V_{th})^2(1 + \lambda V_{DS}) , \qquad (2)'$$

λ代表通道受到V_{DS}影響的參數。$1/\lambda = V_A$稱為Early電壓。在FET元件，$V_A = 50\sim100$ V。式(1)～(2)'描述MOSFET的輸出特性，W/L稱為**寬長比值** (Aspect ratio)，是MOSFET重要的參數。

式(1)～(2)'是描述MOSFET之直流i-v特性的公式。這裡雖然是以N-型通道 (NMOS) 的結構推導，公式(1)～(2)'也適用在P-型通道元件 (PMOS)，但是須要考慮PMOS的$V_{GS} < 0$，因此$V_{th} < 0$。以臨界電壓V_{th}的正負值可以區分MOSFET是屬於空乏型 (Depletion type) 或強化型 (Enhancement type)。圖3是NMOS在飽和區的I_D對V_{GS}的傳輸特性，其中(b)空乏型之$V_{th} < 0$，(c)強化型之$V_{th} > 0$。從兩者之差異可以看出$V_{GS} = 0$時，空乏型是導通；反之，強化型是截止。

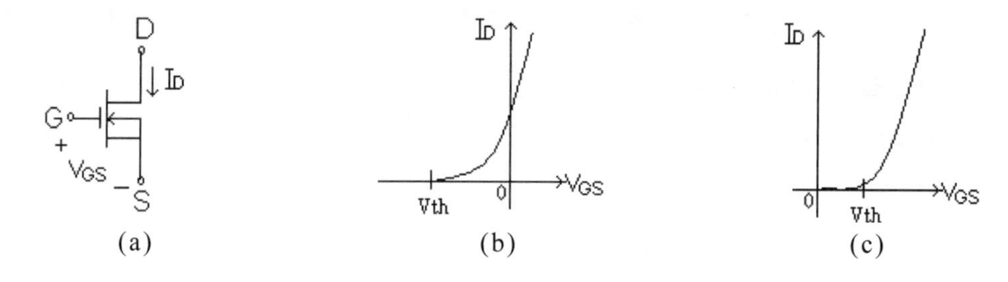

圖3　(a)空乏型NMOS的符號，及NMOS在飽和區的傳輸特性：(b)空乏型，(c)強化型 (圖1)。

依據信號v_o-v_i的傳輸接線，MOS元件有三型的基本電路結構，如圖4，分別是(a)共源極 (Common source，CS)，(b)共閘極 (CG) 及(c)共汲極 (CD)。共源極使用在信號放大。共閘極利用閘極控制電流I_D，可作為可變電阻或開關器。共汲極的結構適合作為電路的緩衝級，組成源極跟隨器 (Source follower)。

基本上，MOSFET的控制閘是由一個絕緣層構成。另一型的FET是接面場效電晶體JFET，以PN接面作為控制閘，但是所構成的輸入電阻值不若MOSFET (可達$10^{14}\,\Omega$) 的大。

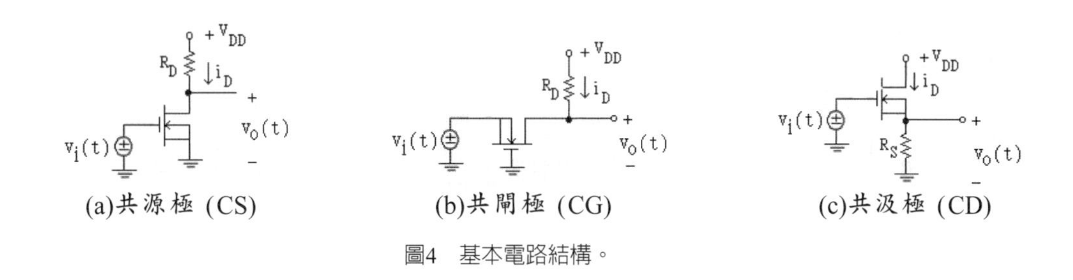

圖4 基本電路結構。

圖5顯示一個N-型通道JFET元件的結構剖圖，元件的符號及電流-電壓的輸出特性。JFET具有三個電極端點，分別是源極 (S)，閘極 (G) 及汲極 (D)。從結構看來，源極及汲極是對稱。在N-型JFET元件，一般以連接**低電位**的一端為**源極**，連接**高電位**的一端為**汲極**。

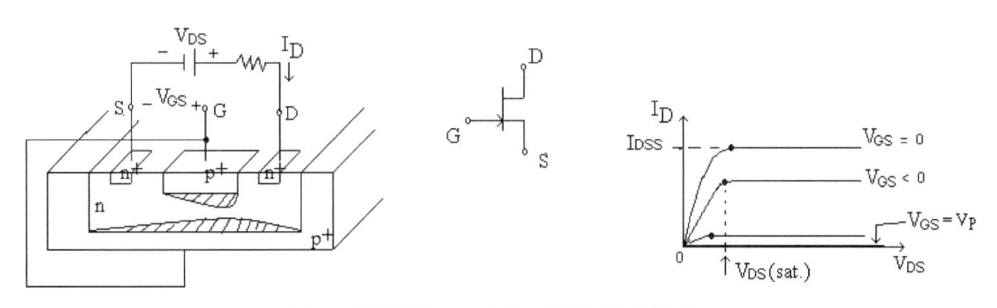

圖5 N型通道JFET結構，符號及輸出特性。

參考圖5的結構圖，閘極 (G) 是兩塊p^+-型區，其間是n-型區的通道，連接汲極 (D) 及源極 (S)。JFET工作時，閘極-通道之間的PN接面維持逆向偏壓，避免順向偏壓。當汲極-源極電壓$V_{DS} = 0$並且閘極-源極電壓$V_{GS} < 0$時，PN接面由於逆向偏壓造成空乏區擴大。因為閘極是高密度受子的p^+-型區，$V_{GS} < 0$時，空乏區以較大的幅度朝向低密度施子的n-型區擴大，通道之截面積因而縮小。電壓V_{GS}達到一個臨界值$V_p < 0$時，從兩側邊延伸的空乏區碰觸在一起，n-型區通道消失，這個現象稱為**通道縮束**，V_P稱為**縮束電壓** (Pinch-off voltage)，是跟P-型區及N-型區的雜質密度有關係的一個常數。一般，把閘極-源極電壓V_{GS}限制於$V_p < V_{GS} \le 0$，以維持電流的導通。

圖5的右小圖是考慮$V_p < V_{GS} \le 0$的情形。若電壓$V_{DS} > 0$，自由電子從源極沿著電場漂移到汲極，構成汲極電流I_D。當V_{DS}由零值增大時，I_D從零以線性趨勢變大。這個區段稱為**線性或Ohm區**，其中直線的斜率，即I_D/V_{DS}，代表汲極-源極之間的**電導值**，與通道的截面有關，因此跟隨

V_{GS}變動。電壓V_{DS}加大從n-型區到p^+-型區的逆向電壓，靠近汲極端的空乏區因而較源極端擴大。若V_{DS}持續增強到$V_{GS}-V_p$，靠近汲極端的空乏區從兩側延伸碰觸在一起，發生一個小區段n-型區的通道縮束。之後，**自由電子在通道漂移最大的電位差固定為**$V_{GS}-V_p$，這代表I_D不再跟隨V_{DS}變大，維持定值。參照MOSFET，定義$V_{DS(sat.)}=V_{GS}-V_p$為飽和電壓，以V_{DS}的大小為依據，$V_{DS}<V_{DS(sat.)}$的區段為**線性區**，$V_{DS}\geq V_{DS(sat.)}$的區段稱為**飽和區**。綜合上述，V_{GS}控制JFET之電流通道的截面積，影響電流I_D。

基本上，從空乏區與V_{GS}的函數關係，可以用類似MOSFET的式(1)～(2)'的推導方法，得到N型JFET元件的電流I_D。一般，描述JFET的電流I_D使用式(3)～(4)：

當$V_{DS}<V_{DS(sat)}$時，為線性區，

$$I_D=I_{DSS}[2(1-V_{GS}/V_P)(-V_{DS}/V_P)-(V_{DS}/V_P)^2]\text{；} \tag{3}$$

當$V_{DS}>V_{DS(sat)}$時，為飽和區，

$$I_D=I_{DSS}(1-V_{GS}/V_P)^2(1+\lambda V_{DS})\text{。} \tag{4}$$

式(3)描述線性區的汲極電流I_D。從式(3)可以視JFET元件是一個由V_{GS}控制的可變電阻。線性區的等效電阻寫成$R_{on}=V_{DS}/I_D$，以倒數求之，$1/R_{on}=I_D/V_{DS}\approx 2[I_{DSS}/(-V_P)](1-V_{GS}/V_P)$。式(4)表達JFET飽和狀態時的$I_D$對$V_{GS}$的關係，是一個二次曲線的函數，如圖6的示意。圖6是JFET飽和狀態時I_D對V_{GS}的傳輸函數。傳輸函數可以由量測得到，其中傳輸曲線與橫軸交會位置的V_{GS}，可以判讀為縮束電壓V_P的數值。JFET在$V_{GS}=0$時是導通的，因此屬於空乏型的FET。$V_{GS}=0$時通道之截面積最大，有最大的飽和電流$I_D\approx I_{DSS}$。另外，式(4)的λ描述通道長度受到V_{DS}影響的Early效應，其中$1/\lambda=V_A$是Early電壓，一般假設V_A為50～100 V。

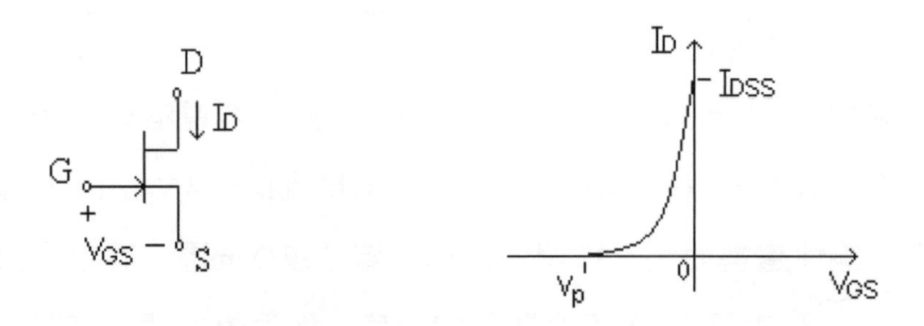

圖6　在飽和態時 ($V_{DS}\geq V_{DS(sat)}$) N型通道JFET的傳輸特性。

❖2. MOSFET參數的量測及基礎電路

2-1 量測的元件2N7000是**功率**MOSFET，其結構如下圖(a)，其中源極 (S) 與汲極 (D) 之間的PN擴散層n^+-p-n-n^+是垂直排列。為了避免基質效應 (Body effect)，源極 (n^+) 與基質 (p) 連接，因而在汲極與源極之間存在一個寄生的二極體 (Parasitic diode)，如圖(b)的示意。2N7000為三支接腳的元件，是黑色膠質的TO-92封裝，圖(c)分別示意其封裝之正面及底部視圖。

使用類比三用電錶，尋找2N7000的源極 (S)，閘極 (G) 及汲極 (D) 的接腳。閘極接腳與其他支接腳之間是開路，用電錶的電阻檔位可以先找出閘極。確定三支接腳之後，利用MOSFET之**導電狀態跟隨閘極-源極的電位變動**，找出通道型類。電錶量測時，把元件插在麵包板上的槽孔，**避免手指接觸元件的接腳，發生靜電擊穿氧化層**。最後，標示接腳及記錄2N7000之通道類型。

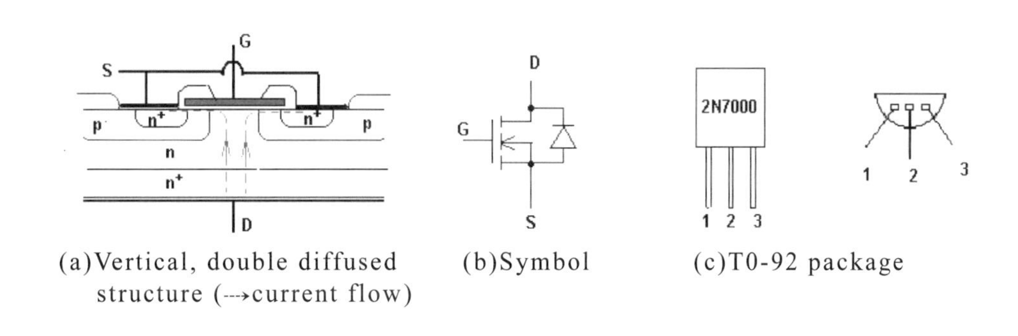

(a)Vertical, double diffused structure (--→current flow)　(b)Symbol　(c)T0-92 package

2-2 MOSFET 的臨界電壓 V_{th} 的量測

完成辨識2N7000的通道型類及接腳，接著以下圖的實驗電路量取2N7000元件的參數。首先量取MOSFET在**飽和狀態**的I_D對V_{GS}的**傳輸特性**，參考圖3(c)，據以找出2N7000的臨界電壓V_{th}。根據V_{th}的數值，於2-3節接著量測MOSFET之I_D對V_{DS}的**直流輸出特性**。

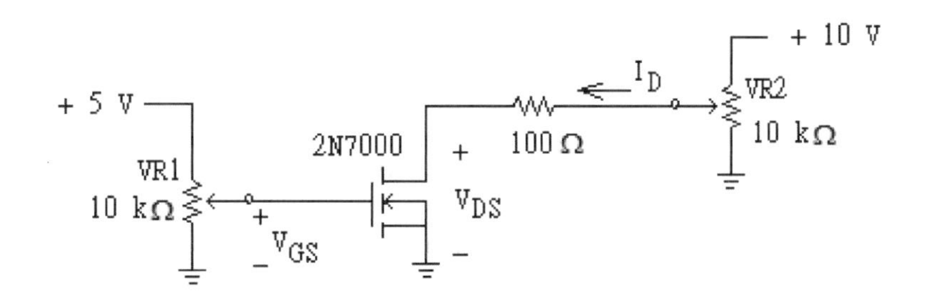

按上圖完成量測電路的接線，確認2N7000接腳的連接。可變電阻VR1及VR2分別連接到5 V及10 V的直流電壓源。量取**傳輸特性**的數據時，維持2N7000在飽和態。亦即I_D變動時，雖然經由限流的100 Ω電阻造成電壓降，FET元件須要足夠大的V_{DS}，維持$V_{DS} > V_{GS} - V_{th}$的條件。

實作時，可變電阻VR2的中間接腳固定連接到10 V，確定在量測過程始終有足夠大的V_{DS}保持2N7000在飽和狀態。轉動可變電阻VR1，在0～5.0 V的範圍以合適的間隔變動V_{GS}，同時從100 Ω電阻的電壓推算出I_D。用電錶讀取V_{GS}及I_D，並且記錄於下列形式的表格。從數據繪製I_D對V_{GS}的變動圖，即為2N7000之直流傳輸特性。試由飽和態的傳輸曲線找出2N7000元件的臨界電壓V_{th}，記錄V_{th} = ____V。

V_{GS}(V)								
I_D(mA)								

2-3 MOSFET的直流輸出特性的量測

同2-2節的電路接線。參考2-2節的臨界電壓V_{th}數值，選擇三個V_{GS}數值，約在1.5 V～2.5 V的範圍，分別用來量取2N7000的I_D及V_{DS}。實作時，從VR1選取V_{GS}值。就固定的V_{GS}值，轉動可變電阻VR2，從0 V至約10 V以合適的間距變動V_{DS}值，用電錶量取V_{DS}及I_D並且記錄數值。從數據繪製I_D對V_{DS}的輸出特性圖 (如圖1)，呈現出MOSFET元件的線性區及飽和區。

固定V_{GS} = ______V

V_{DS}(V)								
I_D(mA)								

2-4 共源極電路（反相器）

下面圖(a)的電路是MOSFET的**共源極電路**，其中v_i是輸入，v_o是輸出。圖(b)是電路的直流的傳輸特性，表示輸出跟隨輸入變動的響應，用函數$v_o = f(v_i)$表達。在圖(b)的曲線圖，標示(1)～(3)的區段分別屬於FET

元件不同的導通狀態。在標示(2)的線段具有負斜率，顯示v_o對v_i有180°的相位移。一般，亦稱圖(a)的電路為反相器 (Inverter)。**共源極電路，或反相器，是實現類此及數位電子電路的基本結構**。因此，探討圖(b)之直流的傳輸特性是學習各型電子電路的基礎。

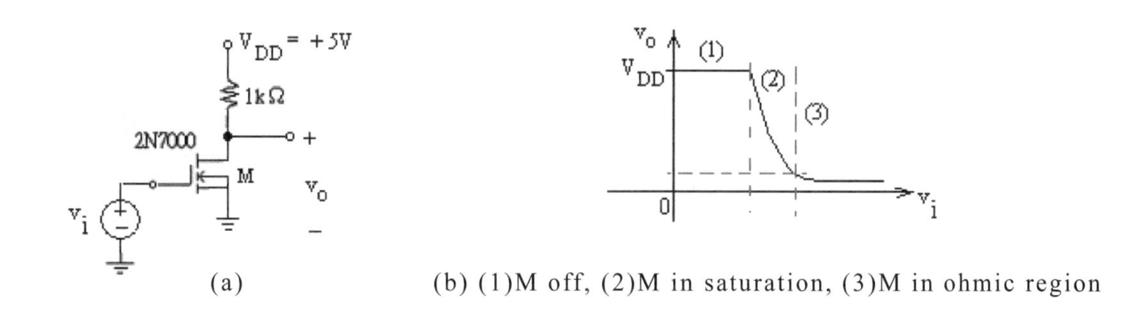

(a)　　(b) (1)M off, (2)M in saturation, (3)M in ohmic region

2-4-1　直流傳輸函數 $v_o = f(v_i)$ 的量測

實作直流傳輸的量測時，共源極電路之v_i是一個可變的直流電壓源，如2-2節，使用可變電阻作成可變動的分壓電路。調整v_i，由0.0變化至約5.0 V，同時讀取v_i及v_o並且記錄數值於下列形式的表格。繪製v_o對v_i變動的曲線圖，代表直流傳輸函數$v_o = f(v_i)$的形式。

v_i(V)								
v_o(V)								

2-4-2　方波響應

同2-4-1節的電路，下圖的$v_i(t)$是信號產生器送出的方波信號，高度5 V，寬度0.01至0.05 ms。調整信號產生器的**直流偏置** (DC offset)，設定方波信號$v_i(t)$標示「0 V」之低電位為**接地電位**。使用示波器觀測並且記錄$v_o(t)$的波型，其中注意$v_o(t)$相對於$v_i(t)$的反相時序。試探討，為何下圖的$v_o(t)$從5 V下降至0 V的時間不同於從0 V上升至5 V的時間？〔提示：參考實驗2的RC電路響應。〕

$v_i(t)$　5V　0V　0.01 ms

$v_o(t)$　5V　0V　t

❖3. JFET參數的量測及基礎電路

3-1 量測的K30A是JFET元件，為黑色膠質的TO-92封裝。使用**類比三用電錶**，以分辨PN接面之接腳的方法，找出K30A閘極的接腳並且標示出位置。參考圖5之JFET的構造，判別K30A是屬於何型通道 (N-或P-通道)。這裡，是否也可以用數位電錶來分辨JFET的接腳？

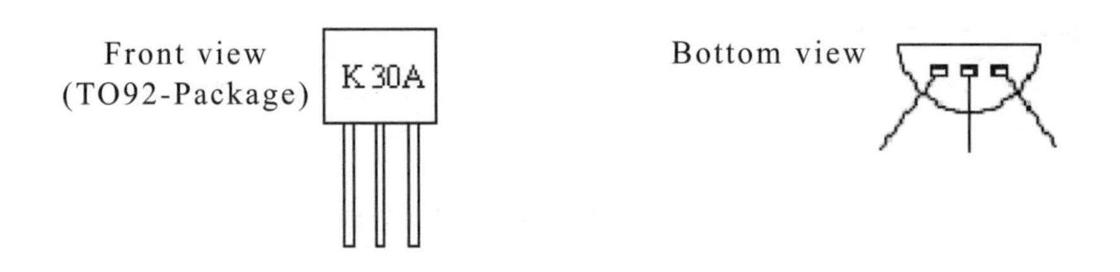

記錄通道類型：______。說明K30A的源極及汲極是否對稱。

3-2 JFET之縮束電壓 V_p 的量測

下面是類似2-2節的實驗電路，待測元件是K30A。可變電阻VR1及VR2分別連接到-5 V及10 V的直流電壓源。作JFET的量測，首先量取元件飽和態時的I_D對V_{GS}變動的傳輸特性。

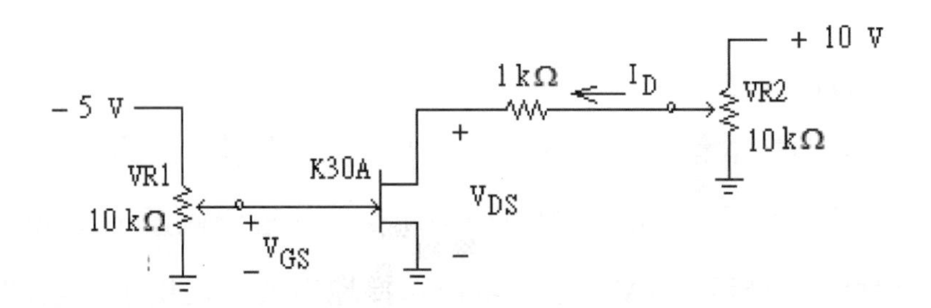

按上圖的電路完成接線。實作時，固定VR2之中間接腳連接到 + 10 V，確定在量測過程始終有足夠大的V_{DS}，維持JFET元件在飽和態。轉動VR1，在-5.0～0.0 V的範圍以合適的間隔變動電壓V_{GS}，讀取電流I_D，其中從1 kΩ電阻的電壓推算出電流I_D。逐次記錄V_{GS}及I_D。

V_{GS}(V)								
I_D(mA)								

從數據繪製I_D對V_{GS}的變動圖，即為K30A之直流傳輸特性。試由傳輸曲線找出K30A元件的I_{DSS}及$I_D = 0$時的V_{GS}，這個V_{GS}定義為縮束電壓V_p。記錄I_{DSS} = ______mA及V_p = ______V。

3-3 JFET之直流輸出特性的量測

同3-2節的實驗電路。作直流輸出特性的量測時，固定V_{GS}值，逐次變動V_{DS}，讀取I_D值。實作時，由VR1調整出V_{GS}約為－1.5 V，－1.0 V及－0.5 V。分別就固定的一個V_{GS}值，轉動VR2，在0.0～10.0 V的範圍以合適的間隔變動電壓V_{DS}，讀取電流I_D。按此，完成三個V_{GS}值的輸出特性的量測，並且以下列形式的表格記錄V_{DS}及I_D。

V_{GS} = ______

V_{DS}(V)								
I_D(mA)								

從上表列的數據，整理出JFET元件的輸出特性。繪製以V_{GS}為參數，I_D對V_{DS}變動的直流輸出曲線圖，並標示出$V_{DS(sat)}$。試從數據推導出λ。估算Early電壓，$V_A = 1/\lambda$ = ______V。

3-4 JFET開關器

下圖的電路，J的閘極G連接到一個直流電壓源Vc的負極，經由變動閘極G的電位，造成汲極-源極之間的短路或開路，藉以控制信號v_i(t)的傳輸。實作時，元件J是K30A，信號產生器輸出正弦波v_i(t)，其振幅V_i = 1 V，頻率10 kHz。分別設Vc = 1.0 V，2 V及5 V，在不同的Vc以示波器的CH1觀察v_i(t)及CH2觀察v_o(t)，並且記錄兩者的波形，其中若$v_o(t) = v_i(t)$代表經由J完整傳輸信號v_i(t)，若$v_o(t) = 0$代表J停止信號傳送。

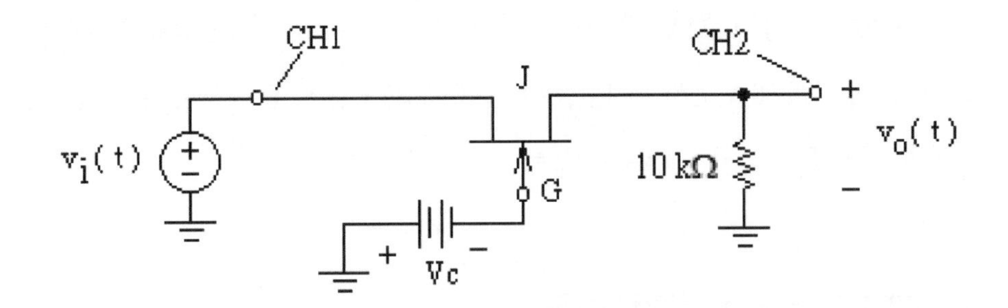

以JFET元件作為開關器來切換信號的傳送時，$v_i(t)$的振幅V_i相對於閘極的電位 (−Vc) 是否有限制？基本上，JFET開關器的操作以V_{GS}為依據，與元件的縮束電壓V_P有關，試討論之。

3-5 JFET共汲極電路（源極跟隨器）

同MOSFET元件，JFET元件的共汲極電路具有很大的輸入電阻，適合作為緩衝級，成為源極跟隨器。下圖(a)之元件J_1及一個10 kΩ電阻構成共汲極電路。下圖(b)以元件J_2替代圖(a)之10 kΩ電阻，其中J_2的閘極及源極作短路連接，構成一個完全由JFET組成的源極跟隨器。

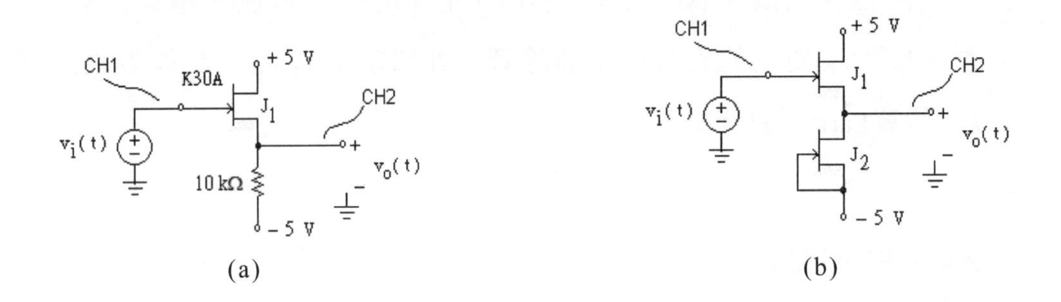

按上圖(a)的電路接線，元件J_1是K30A，±5 V是工作的電源。信號產生器輸出正弦波$v_i(t)$，其振幅V_i = 1 V，頻率10 kHz。以示波器觀察信號時，設定CH1及CH2為直流**輸入耦合**。觀察$v_o(t)$及$v_i(t)$的波型，並且記錄兩者之間**直流電位**的差異，這個差異值定義為**直流偏置** (DC offset)。

按上圖(b)的電路接線，J_1及J_2是K30A，同上述的量測操作。觀察$v_o(t)$及$v_i(t)$的波型，並且記錄兩者之間的直流偏置。比較圖(a)及圖(b)電路的量測結果。若J_1及J_2皆處於飽和態，試從電流對電壓的函數關係$I_D = I_{DSS}(1 - V_{GS}/V_P)^2$解釋在圖(b)電路的觀察。

4. 可變電阻

FET元件可以視為由閘極控制的可變電阻。下圖電路利用這特性設計一個使用電壓來調整增益的放大器，其中元件K30A模擬電阻R_2；由運算放大器741組成的電路之信號增益為$1 + R_1/R_2$。

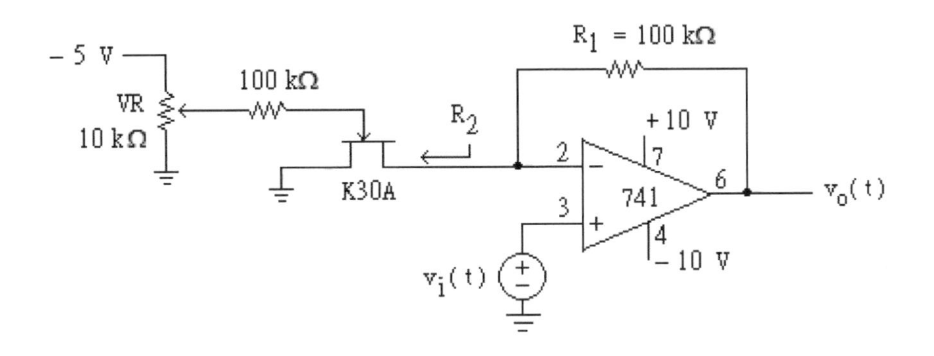

4-1 按上圖的電路接線。實作時，信號產生器送出弦波信號$v_i(t) = V_i\sin(2\pi ft)$，頻率$f = 1$ kHz，振幅$V_i = 20$ mV。使用可變電阻VR調整FET的V_{GS}，分別設$V_{GS} = -1.5$ V，-1.0 V及-0.5 V。分別在三個不同的V_{GS}，使用示波器量測輸出$v_o(t)$，記錄振幅的比值V_o/V_i於下列形式的表格。注意：確認V_{GS}時，分別使用**類比**及**數位三用電錶**量取V_{GS}會發生何種差異？試探討原因。

V_{GS}(V)	－1.5	－1.0	－0.5	
V_o/V_i				

4-2 同4-1節的電路，K30A的導通狀態是在線性區域，其汲極-源極之間的電阻為$R_2 = V_{DS}/I_D$。因此，放大器的增益可表示成$V_o/V_i = 1 + R_1/R_2$，已知$R_1 = 100$ kΩ。試分別在$V_{GS} = -1.5$ V，-1.0 V及-0.5 V，使用**數位三用電表**讀取K30A的V_{DS}，並且由R_1的電壓推導I_D。從比值V_{DS}/I_D計算出R_2，記錄R_2及$1 + R_1/R_2$的數值於如下表格，並且與4-1節的比值V_o/V_i對照比較。

V_{GS}(V)	－1.5	－1.0	－0.5	
R_2(Ω)				
$1 + R_1/R_2$				

4-3 接續4-2節，從公式$1/R_2 = I_D/V_{DS} = 2[I_{DSS}/(-V_P)](1-V_{GS}/V_P)$求解K30A的等效電阻$R_2$。使用K30A的量測值，$I_{DSS}$ = ______mA及V_p = ______ V，分別代入$V_{GS} = -1.5$ V、-1.0 V及-0.5 V到公式，計算出$1/R_2$及$1+R_1/R_2$。記錄結果於上列形式的表格，試與4-1節的V_o/V_i及4-2節的實驗數值對照，比較其間的異同。(從這裡，看到V_{DS}及I_D的量測受限於電錶的準確度。)

5. 要點整理

MOSFET元件有三支接腳，分別是源極，閘極及汲極。若閘極-源極之間的電壓V_{GS}大於一個臨界電壓V_{th}，汲極-源極之間的材質形成電流通道，有N-型及P-型的區別，通道的電阻值跟隨V_{GS}之極性及大小變動。一般，元件的基板與源極連接，避免V_{th}跟隨基板的電位漂移。在N-型通道，主要載子是電子，連接高電位的一端稱為汲極，連接低電位的一端稱為源極，因此汲極-源極電壓$V_{DS} > 0$；在P-型通道，主要載子是電洞，高電位的一端稱為源極，低電位的一端稱為汲極，因此$V_{DS} < 0$。在N-型通道元件，汲極電流I_D用下列式子表達

當$V_{DS} < V_{GS} - V_{th} = V_{DS(sat)}$時，$I_D = k(W/L)[2(V_{GS} - V_{th})V_{DS} - V_{DS}^2]$；

當$V_{DS} > V_{DS(sat)}$時，$I_D = k(W/L)(V_{GS} - V_{th})^2(1+\lambda V_{DS})$。

練習1

場效電晶體M是2N7000，其參數值$k(W/L) = 0.0321 A/V^2$及$V_{th} = 1.73$ V，求解V_o。

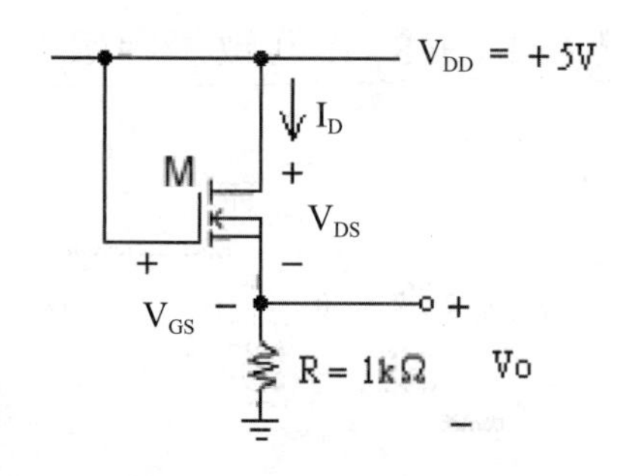

求解

從接線圖，電晶體M的$V_{DS}=V_{GS}>V_{GS}-V_{th}$，判斷M在飽和狀態。題目沒給Early效應的參數值，因此設汲極電流為$I_D=K(V_{GS}-V_{th})^2$，定義$K=k(W/L)=0.0321A/V^2$。

由KVL，寫下$V_{DD}=V_{DS}+RI_D=V_{GS}+RI_D$，其中$V_{GS}$用$V_{GS}=(I_D/K)^{1/2}+V_{th}$替代，得到：

$$(I_D/K)^{1/2}=(V_{DD}-V_{th})-RI_D。$$

上式代入K，V_{DD}，V_{th}及R的數值，整理成為二次代數方程式$32100I_D^2-210.93I_D+0.343=0$。求解，得到$I_D=2.95$及3.61(mA)。

檢驗　(1)$I_D=2.95$ mA，$V_{GS}=V_{DD}-RI_D=5-2.95=2.05$ V $>V_{th}=1.73$ V (合理)；

(2)$I_D=3.61$ mA，$V_{GS}=V_{DD}-RI_D=5-3.61=1.39$ V $<V_{th}=1.73$ V (電晶體M不導通)。

取$I_D=2.95$ mA，得到$V_o=RI_D=2.95V$。〔自行以2N7000作實驗，量測$V_o=$ ______。〕

6. 問題及討論

6-1 這裡是關於PSpice模擬2N7000的輸出特性。使用Schematic編輯電路，點選「Place Part...」，從「PWRMOS」元件庫找到2N7000，完成接線及接地，如下圖(a)。點選分析方式「Analysis type」為直流掃瞄「DC-Sweep」，設定掃瞄的變數「Sweep variable」為電壓源，名稱VDS「⊙Voltage source，Name: VDS」。下圖(b)是模擬結果，使用Probe顯示出VGS = 1.8V，2.0V及2.2V時，2N7000的I_D-V_{DS}輸出特性曲線。

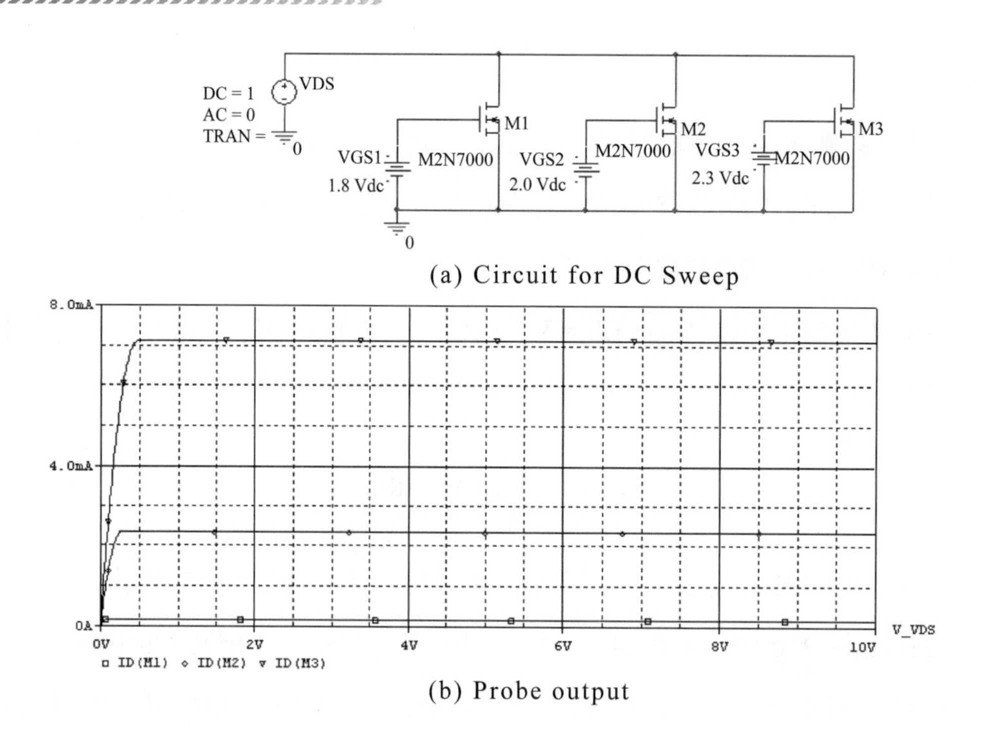

(a) Circuit for DC Sweep

(b) Probe output

在2-2節及2-3節量測的參數可以用來建立元件的模式 (Device model)。半導體元件模式的建立 (Device Modeling) 是從學習元件物理 (Device Physics) 開始，運用數學方法來表達元件的運作，例如，上述使用式(1)～(2)'表達MOSFET的i-v關係。用數學表達物理元件，配合數值分析，是模擬電子電路的方法。以下，簡介PSpice的元件模式並且藉以認識編輯元件模式使用的參數。

把滑鼠的游標停留在上圖(a)之元件2N7000上面，輕敲滑鼠右鍵，出現選單，以滑鼠左鍵點選「Edit PSpice Model」，在視窗「PSpice Model Editor」顯示出元件模式「.model ...」的訊息：

```
.model   M2n7000 NMOS(Level=3 Gamma=0 Delta=0 Eta=0 Theta=0 Kappa=0.2 Vmax=0 Xj=0
+        Tox=2u Uo=600 Phi=.6 Kp=1.073u W=.12 L=2u Rs=20m Vto=1.73
+        Rd=.5489 Rds=48MEG Cgso=73.61p Cgdo=6.487p Cbd=74.46p Mj=.5
+        Pb=.8 Fc=.5 Rg=546.2 Is=10f N=1 Rb=1m)
```

其中Level 3標示元件模式準確度的等級 (Level 3是最低等級)。臨界電壓Vto = 1.73V是2-2節的V_{th}。2N7000的通道長L = 2um及寬W = 0.12m。Kp = 1.073是電流I_D的參數，實際上(Kp/2)W/L = k(W/L)。在元件模式使用MKS單位。其他參數的解說可以參閱元件模式的書，例如，P.Antognetti/G.Massobrio：Semiconductor Device Modeling with SPICE (McGraw-Hill, 1988)。

編輯新元件模式是PSpice模擬的一項步驟。在視窗「PSpice Model Editor」之下，可以編輯新元件模式，或更改已建檔的元件的參數，例如，上述2N7000的Vto數值。

試參考上述的說明，練習PSpice，模擬2N7000的輸出特性。使用2-3節實作的V_{GS}及2-2節量取的V_{th}，模擬出至少三組的輸出特性曲線。為了符合實驗結果，更改Vto，方法是滑鼠的游標停留在上圖(a)之元件2N7000上面，輕敲滑鼠右鍵，進入「PSpice Model Editor」，變更.model M2n7000的Vto = (V_{th}的量測值)，完成之後儲存於執行模擬的元件檔案。(**不要存入PSpice元件庫的檔案位置，否則覆蓋掉原有的檔案**)。討論模擬的結果，是否符合2-3節的數據圖？

*6-2 回顧3-5節的源極跟隨器，若J1及J2有相同參數，可以得到零直流偏置。這裡使用6顆取自實驗室的K30A，重作3-5節的實驗。下表分別列出6顆JFET的I_{DSS}及V_P的量測值，顯示K30A有很大的**參數漂移** (Parameter variation)。若使用第一顆K30A固定作為源極跟隨器的J_1，其他顆作為J_2，測量得到直流電位的差異，亦即直流偏置V_{OS}，記錄在下表的最底欄。

K30A	1	2	3	4	5	6
I_{DSS}(mA)	2.74	2.77	1.66	3.18	4.81	2.34
V_P(V)	−1.89	−1.90	−1.34	−1.99	−2.67	−1.53
V_{OS}(V)		0.05	−0.35	0.2	0.8	0.1

試由理論預測上表列出的V_{OS}數據。

從實驗觀察，無論JFET或MOSFET，FET元件有很大的**參數漂移**。同一型號的MOSFET有不同的臨界電壓V_{th}及電流參數k(W/L)，這是比對理論計算與實驗量測時要注意的事項。

6-3 試從第4節的實驗電路，構想一個自動增益調整 (Auto gain control，AGC) 的放大電路，其輸出的正弦波信號之振幅恆有$V_o = 1$ V。

7. 參考資料

7-1 Sedra/Smith：Microelectronic Circuits.

7-2 Horowitz/Hill：The Art of Electronics (1st Ed., 1980).

實驗7　雙載子接面電晶體

目的：學習(1) BJT的工作原理；(2) Ebers-Moll等效電路；(3)反相器。

器材：三用電錶、示波器、信號產生器、直流電源供應器、2N3904、2N3906、電阻 R。

❖1. 說明

雙載子接面電晶體 (Bipolar Junction Transistor，簡稱BJT) 的結構及工作原理不同於場效電晶體。場效電晶體的電流是單一型的載子在單一型材質的通道內流動所產生，電流的大小由閘極的電壓透過一個介電層控制。與之比較，雙載子接面電晶體 (BJT) 之電流包括兩型載子的流動，電子及電洞分別穿越過兩個PN接面，電流的大小由PN接面的電壓控制，其剖面構造如圖1。

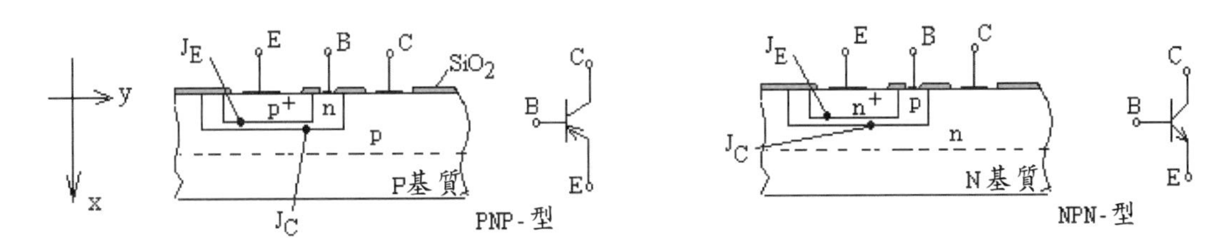

圖1　BJT的構造及元件符號 (P-及N-型材質依序沿著縱深x-軸排列，基質表面平行於y-軸)。

參考圖1，BJT主要由三個P-型及N-型區域構成，使用平面技術 (Planar technology) 製作在一塊半導體基質上面。以PNP型電晶體為例，先在一個P-型基質上面生長一層薄的p-型磊晶層 (Epitaxial layer)，接著在p-型磊晶內擴散入雜質，依序製作n-型及p^+-型區域，「p^+」及「p」分別標示**高**及**低**的受子密度區域，並且分別製作金屬接觸而成為射極 (Emitter，E)，基極 (Base，B) 及集極 (Collector，C)，其間形成兩個PN接面，即射極-基極的接面 (J_E) 及基極-集極的接面 (J_C)。BJT元件的結構特徵是**基極的寬度**很小，接面J_C的面積比J_E的大，射極與集極是**同型材質**，但是具有不對稱的構造。在圖1，電流沿著縱向 (x-軸) 穿越J_E及J_C。為了方便解說，圖1簡化成圖2的兩個PN接面結構。

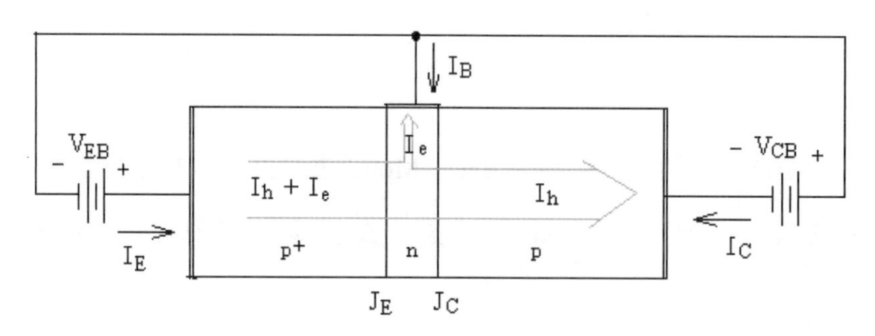

圖2 PNP電晶體之端點電流及電壓。

圖2表示接面J_E是順向偏壓，另一個接面J_C是逆向偏壓。因為$V_{EB} > 0$，電洞從**射極**穿越接面J_E進入**基極**形成電洞流I_h，另外電子從**基極**穿越接面J_E進入**射極**形成電子流I_e，因此射極電流用$I_E = I_h + I_e$表示。因為**基極的寬度很小**，從接面J_E進入到基極**的電洞，停留在基極的時間很短，降低與電子碰撞結合的機率，電洞幾乎沒有損耗就到達接面J_C的邊緣。由於集極端是負電壓**，$V_{CB} < 0$，電洞被電場吸引**穿越**J_C，構成集極電流I_C，約等於穿越接面J_E的電洞流I_h，用$-I_C \approx I_h$表示。**考慮**射極的p^+-型區有高電洞密度，基極的n-型區有較低電子密度，可以假設$I_h \gg I_e$。定義**順向**比值$|I_C/I_E| = \alpha_F$，則$|I_C/I_E| = \alpha_F = |I_h/(I_h + I_e)| \approx 1$。實際的$\alpha_F \approx 0.99$。若在圖2把兩個接面的順、逆偏壓互換，電洞從**集極**穿越**接面**J_C進入**基極**形成電洞流I_h'，電子從**基極**穿越**接面**J_C進入**集極**形成電子流I_e'，因此集極電流寫作$I_C = I_h' + I_e'$。同理，進入基極的電洞流，因為基極的寬度小並且$V_{EB} < 0$，電洞**幾乎沒有損耗就通過基極區域，並且穿越接面**J_E**到達射極區域**，構成射極電流I_E，即$-I_E \approx I_h'$。由於**集極及基極屬於低雜質密度區域**，主要載子的密度約略相等，可以假設$I_h' \approx I_e'$。定義**逆向**比值$|I_E/I_C| = \alpha_R$，則$|I_E/I_C| = \alpha_R = |I_h'/(I_h' + I_e')| \approx 0.5$。實際的$\alpha_R = 0.5 \sim 0.8$。總之，$\alpha_R < \alpha_F$。下面表1，歸納出**四種偏壓組合**，定義**四個**BJT的導電狀態，分別是**截止態，飽和態，順向活動態及逆向活動態**。對照表1，圖3標示出BJT的端點電壓，端點電壓V_{BC}-V_{BE}的變動範圍決定元件的導電狀態。

表1　BJT的偏壓及導電狀態

BJT狀態	接面偏壓	電流關係*	特徵
1. 截止 (Cutoff)	J_E逆向偏壓，J_C逆向偏壓	$I_E = I_C = I_B = 0$	
2. 飽和 (Saturation)	J_E順向偏壓，J_C順向偏壓	(由外接電路決定)	$\lvert V_{CE}\rvert < 0.3V$
3. 順向活動 (Forward-active)	J_E順向偏壓，J_C逆向偏壓	$I_C = -\alpha_F I_E = \beta_F I_B$	$\alpha_F \approx 0.99$
4. 逆向活動 (Reverse-active)	J_E逆向偏壓，J_C順向偏壓	$I_E = -\alpha_R I_C = \beta_R I_B$	$\alpha_R = 0.5 \sim 0.8$

* 若$I_C = -\alpha_F I_E$，從$I_E + I_C + I_B = 0$得到$I_C = \beta_F I_B$，其中$\beta_F = \alpha_F/(1-\alpha_F) \approx 100$是順向活動的電流增益。

若$I_E = -\alpha_R I_C$，從$I_E + I_C + I_B = 0$得到$I_E = \beta_R I_B$，其中$\beta_R = \alpha_R/(1-\alpha_R) \approx 1 \sim 10$是逆向活動的電流增益。

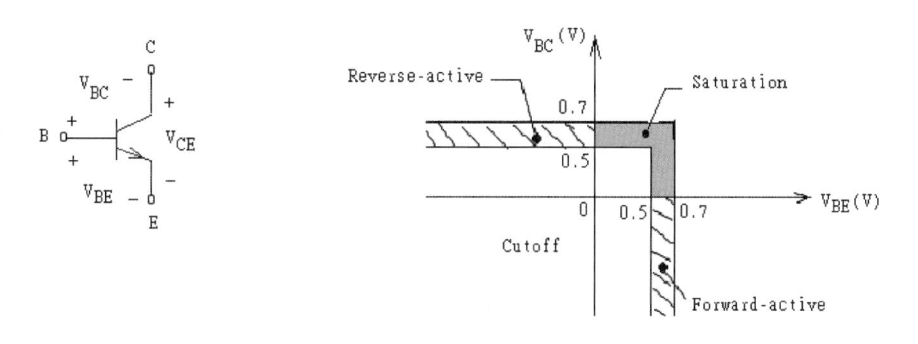

圖3　NPN電晶體的端點電壓，四個導電狀態及電壓數值。

在實驗5，述及PN接面二極體的電流i與電壓v的關係為$i = I_S[\exp(v/V_T)-1]$的形式。基本上，這個i-v函數關係可以用實驗方法檢驗。基於PN接面的i-v關係，從圖2所描述之PNP電晶體內載子的流動，可以進一步推導出BJT元件之**端點電流與電壓**的數學關係式。

參考表1，**順向活動態**時，PN接面J_E是順向偏壓，J_C是逆向偏壓。對照PN接面的i-v關係，i寫成I_E，v寫成V_{EB}，並且接面飽和電流I_s用I_{ES}表示，得到射極的電流$I_E = I_{ES}[\exp(V_{EB}/V_T)-1]$。另外，集極電流$I_C$是由射極電流$I_E$內部分的載子穿越接面$J_C$所形成，可以寫成$\lvert I_C\rvert = \alpha_F\lvert I_E\rvert$，其中$\alpha_F \approx 0.99$。根據圖2的標示，$I_C$反向流動。因此，$I_C = -\alpha_F I_E = -\alpha_F I_{ES}[\exp(V_{EB}/V_T)-1]$。

逆向活動態時，PN接面J_C是順向偏壓，J_E是逆向偏壓。對照PN接

面的i-v關係，i寫成I_C，v寫成V_{CB}，並且接面飽和電流I_s用I_{CS}表示，得到集極的電流$I_C = I_{CS}[\exp(V_{CB}/V_T) - 1]$。另外，射極電流$I_E$是由集極電流$I_C$內部分的載子穿越接面$J_E$所形成，如前面已解說，可以寫成$|I_E| = \alpha_R|I_C|$，其中$\alpha_R < 1$。根據圖2的標示，$I_E$是反向流動。因此，$I_E = -\alpha_R I_C = -\alpha_R I_{CS}[\exp(V_{CB}/V_T) - 1]$。

綜合之，**順向活動態時**，$V_{EB} > 0$及$V_{CB} < 0$，**偏壓**V_{EB}**產生主要電流**，V_{CB}**的效應可以忽略：**

$$I_E = I_{ES}[\exp(V_{EB}/V_T) - 1] + \{接面J_C的逆向飽和電流\alpha_R I_{CS}\}，$$
$$I_C = -\alpha_F I_{ES}[\exp(V_{EB}/V_T) - 1] + \{接面J_C的逆向飽和電流 - I_{CS}\}； \quad (1\text{-a})$$

逆向活動態時，$V_{EB} < 0$及$V_{CB} > 0$，**偏壓**V_{CB}**產生主要電流**，V_{EB}**的效應可以忽略：**

$$I_E = \{接面J_E的逆向飽和電流 - I_{ES}\} - \alpha_R I_{CS}[\exp(V_{CB}/V_T) - 1]，$$
$$I_C = \{接面J_E的逆向飽和電流\alpha_F I_{ES}\} + I_{CS}[\exp(V_{CB}/V_T) - 1]。 \quad (1\text{-b})$$

基本上，可以假設兩個PN接面是獨立運作，分別有獨立的電流-電壓關係。因此，可以用**線性結合**的概念，結合式(1-a)及(1-b)成為式(2)。式(2)稱為PNP電晶體的Ebers-Moll**方程式**：

$$I_E = I_{ES}[\exp(V_{EB}/V_T) - 1] - \alpha_R I_{CS}[\exp(V_{CB}/V_T) - 1]，$$
$$I_C = -\alpha_F I_{ES}[\exp(V_{EB}/V_T) - 1] + I_{CS}[\exp(V_{CB}/V_T) - 1]。 \quad (2)$$

若把V_{EB}改為V_{BE}以及把V_{CB}改為V_{BC}得到式(3)，是NPN電晶體的Ebers-Moll方程式：

$$I_E = -I_{ES}[\exp(V_{BE}/V_T) - 1] + \alpha_R I_{CS}[\exp(V_{BC}/V_T) - 1],$$
$$I_C = \alpha_F I_{ES}[\exp(V_{BE}/V_T) - 1] - I_{CS}[\exp(V_{BC}/V_T) - 1], \quad (3)$$

其中$\alpha_F I_{ES} = \alpha_R I_{CS} (= I_S)$是四個**製程參數**($\alpha_F$，$\alpha_R$，$I_{ES}$及$I_{CS}$)的關係，在後面的實驗另作探討。

簡化式 (2～3)。在PNP電晶體，設$I_{ED} = I_{ES}[\exp(V_{EB}/V_T) - 1]$及

$I_{CD} = I_{CS}[\exp(V_{CB}/V_T) - 1]$，把式(2)寫成$I_E = I_{ED} - \alpha_R I_{CD}$及$I_C = -\alpha_F I_{ED} + I_{CD}$。在NPN電晶體，設$I_{ED} = I_{ES}[\exp(V_{BE}/V_T) - 1]$及$I_{CD} = I_{CS}[\exp(V_{BC}/V_T) - 1]$，把式(3)寫成$I_E = -I_{ED} + \alpha_R I_{CD}$及$I_C = \alpha_F I_{ED} - I_{CD}$。

這樣的改寫，方便用圖解說BJT，其中射極電流I_E包含**二極體電流**I_{ED}及**一個電流源**$\alpha_R I_{CD}$，集極電流I_C包含**二極體電流**I_{CD}及**一個電流源**$\alpha_F I_{ED}$。因此，從Ebers-Moll方程式 (2～3) 組構成圖4的等效電路，其中(a)代表PNP電晶體及(b)代表NPN電晶體。圖4說明BJT元件不是單純的兩個PN接面二極體的結構，其中以電流源的係數α_F及α_R表達獨特的**電晶體效應** (Transistor action)。

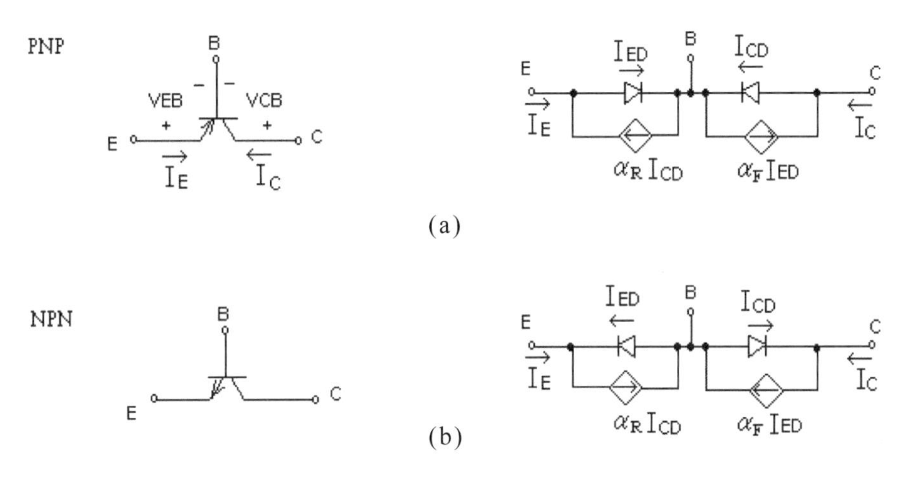

圖4　電晶體Ebers-Moll等效電路，(a) PNP及(b) NPN。

電路分析時，可以視BJT的狀態簡化Ebers-Moll等效電路。例如，NPN電晶體在順向活動態時，從圖4(b)簡化成圖5(a)，其中考慮PN接面J_E

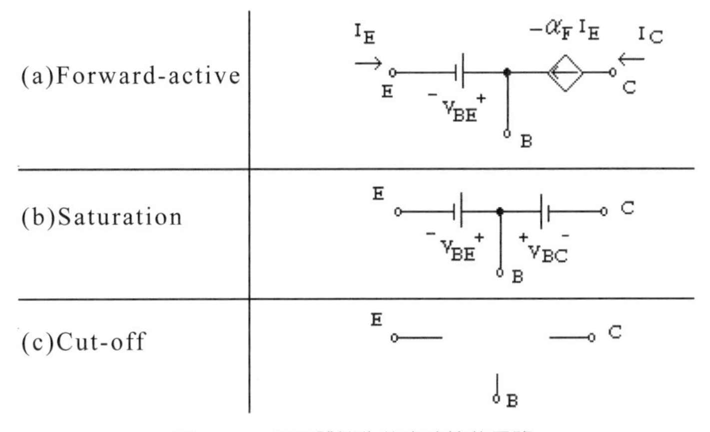

圖5　NPN電晶體簡化的直流等效電路。

是順向偏壓，接面電壓約為**一個定值**，則J_E的二極體**用定電壓**$V_{BE} \approx 0.6V$ **替代**。另外，J_C是逆向偏壓，$I_{CD} = 0$，J_C的二極體變成開路，則基極及集極之間僅有電流源$\alpha_F I_{ED}$ (即$-\alpha_F I_E$)。NPN電晶體在飽和或截止態時，從圖4(b)分別簡化成圖5(b)～(c)。

❖2. BJT電晶體的參數量測

2-1 辨識BJT的接腳：待測電晶體2N3904及2N3906是黑色膠質的TO-92封裝，為三支接腳的元件。使用類比三用電錶，尋找電晶體射極(E)，基極 (B) 及集極 (C) 的接腳。類比三用電錶的P端 (紅色探棒) 連接到3V電池的負極，N端或-COM端 (黑色探棒) 連接在3V電池的正極。在電阻的x10檔位，以兩支探棒依序跨在電晶體的兩支接腳與之碰觸。若-COM探棒碰觸到接腳是P-型區，會顯示較低的電阻值。據此，先判別出三隻接腳的材質屬性 (P-型或N-型)，並確定基極 (B) 的接腳。接著，從BJT偏壓狀態產生電流的差異，辨識射極(E) 及集極 (C) 的接腳。

射極及集極的辨識：下面圖(a)及(b)之接線，BJT之射極及集極的位置對調，V_B是電錶內建的3V電池。依據電晶體兩個PN接面的偏壓，參照表1，電流I_a及I_b分別寫作$I_a = (\beta_F + 1)(V_B - V_{BE})/R_B$及$I_b = (\beta_R + 1)(V_B - V_{BC})/R_B$。因為$(V_B - V_{BE})/R_B \approx (V_B - V_{BC})/R_B$，$I_a/I_b \approx (\beta_F + 1)/(\beta_R + 1) \approx 10$，則由電流$I_a$及$I_b$的差異可以分辨射極及集極的接腳。實作時，把待測電晶體插在麵包板，按圖(a)及(b)接線，電阻R_B選用20～30 kΩ。在類比三用電錶適當的電阻檔位，使用黑及紅色探棒分別碰觸在圖(a)及(b)的電路標示正「+」及負「－」的位置，由電錶指針的擺幅大小來分辨腳位。(若是PNP型，如何操作？)

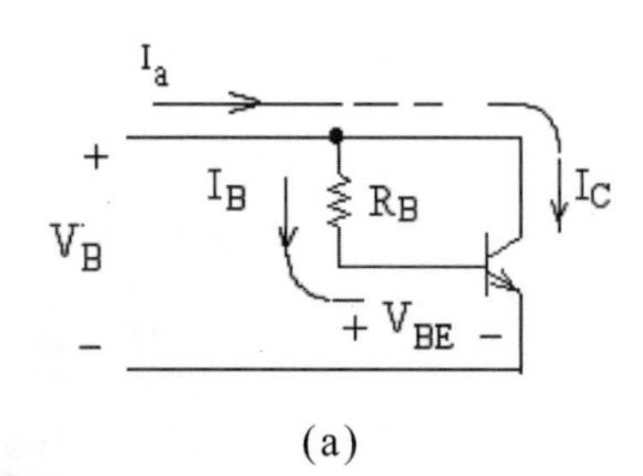

(a)

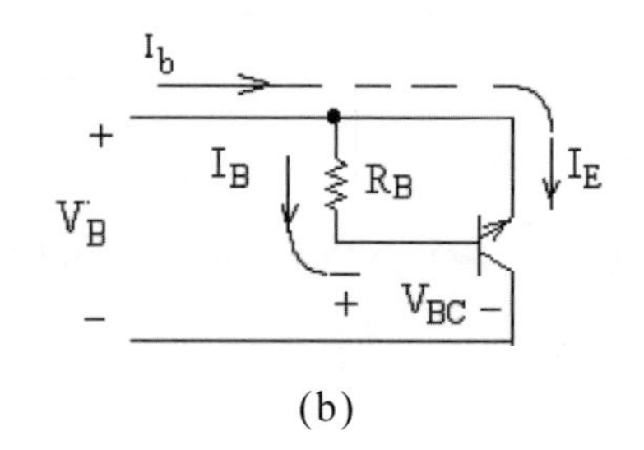

(b)

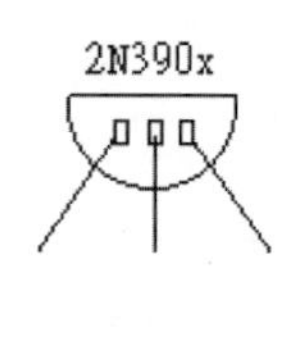

記錄電晶體的型類 (NPN或PNP)：2N3904______，2N3906______及標示接腳。

辨識BJT的接腳之後，首先量測BJT元件的輸出特性，藉以獲悉電晶體的參數。以下說明量測的依據，從元件的特性曲線推導出α_F，α_R，β_F及β_R的數值。

電路的結構影響BJT電晶體的輸出特性。BJT元件有**共基極** (Common base, CB)，**共射極** (Common emitter, CE) **及共集極** (Common collector, CC) 三種結構。下圖是一個PNP型電晶體的共基極結構及其I_C對V_{CB}的輸出特性曲線。檢視信號的流程，共基極之輸入埠及輸出埠共用同一個基極。

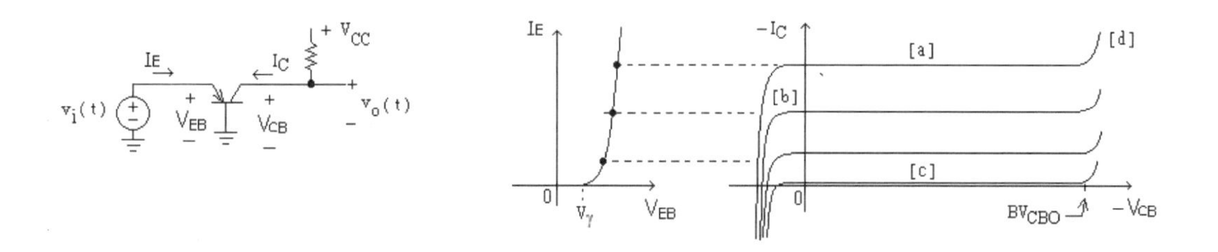

上圖的I_C-V_{CB}特性曲線，標示[a]的區域，電晶體的偏壓是$V_{EB} > 0$及$V_{CB} < 0$，為順向活動區，載子穿越基極-集極接面J_C，用$I_C = -\alpha_F I_E$表示。由上述之式(2)，$I_C = -\alpha_F I_{ES}\exp(V_{EB}/V_T)$是定值，不跟隨$V_{CB}$變動。標示[b]是飽和區，$V_{EB} > 0$及$V_{CB} > 0$，兩個PN接面是順向偏壓。標示[c]是截止區，$V_{EB} < V_\gamma$及$V_{CB} < 0$兩個接面不導通，$I_E = I_C = 0$。標示[d]，$|V_{CB}| > BV_{CBO}$的區域發生接面$J_C$崩潰。

實際上，電晶體在順向活動態時，V_{CB}逆向偏壓的增大會造成接面J_C的空乏區延伸，使得**基極的有效寬度縮小**，導致從基極穿越接面J_C到集極的載子數量微增，亦即係數α_F變大，這個現象稱為Early**效應**。以數學描述Early效應，α_F寫成$\alpha_F' = \alpha_F(1 + \lambda|V_{CB}|)$，其中$\lambda|V_{CB}| \ll 1$。因此，$I_C = -\alpha_F' I_E = -\alpha_F I_{ES}\exp(V_{EB}/V_T)(1 + \lambda|V_{CB}|)$。若是NPN型的**共基極**，則$I_C = I_S\exp(V_{BE}/V_T)(1 + \lambda V_{CB})$，其中$I_S = \alpha_F I_{ES}$。

2-2 共基極的輸出特性使用下面的實驗電路量測，BJT元件為2N3906。正負雙電源提供 + 5V及 - 10V，使用可變電阻VR2分壓，經由1 kΩ限流電阻連接BJT元件的集極。另外， + 5V使用可變電阻VR1分壓，經由1 kΩ限流電阻連接BJT元件的射極。電源的**接地**連接麵包板的**接地**。

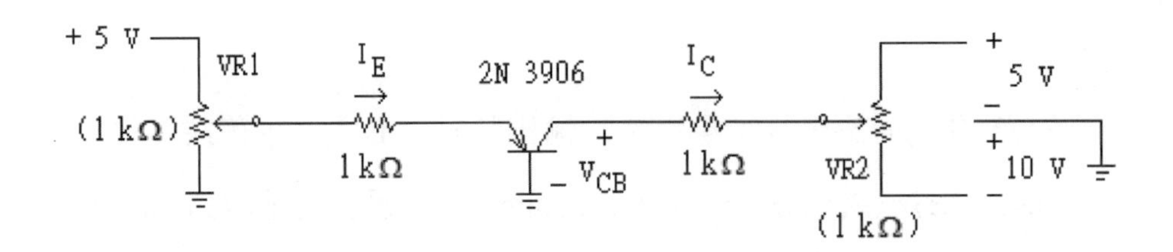

實作時，不直接由電錶讀取電流，而是分別從1 kΩ電阻的電壓推算出電流I_E及I_C的數值 (**須要先用電錶檢查電阻是否1 kΩ！**)。調整可變電阻VR1，先設I_E = 0.5 mA。在固定的I_E，轉動VR2得到不同的分壓，在 - 10V～ + 0.8V的範圍逐次變動V_{CB}的數值 (注意V_{CB}的極性)，讀取並且記錄V_{CB}及I_C的數值。同上述的步驟，分別固定I_E = 1.0 mA及2.0 mA，讀取並且記錄V_{CB}和I_C值。

I_E =

V_{CB}(V)										
I_C(mA)										

2-3* 重覆2-2節的量測，但是調換電晶體的集極及射極接腳的位置，則BJT元件會在逆向活動態。分別固定I_C = 0.5 mA，1.0 mA及2.0 mA，在 - 10V～ + 0.8V的範圍逐次變動V_{EB}，量測並記錄V_{EB}及I_E。整理2-2及2-3節的數據，並以I_E (或I_C) 值為參數**繪製**I_C對V_{CB} (或I_E對V_{EB}) 的變化圖，得到共基極的輸出特性。試由輸出特性的曲線，標示出電晶體的各個工作態區域，由數據及曲線圖推導α_F = _______及α_R = _______。

接續共基極輸出特性曲線的量測，下圖是一個NPN型電晶體的共射極結構及其I_C對V_{CE}的輸出特性曲線。檢視信號的流程，共射極電路的輸入及輸出埠皆共用同一個射極。

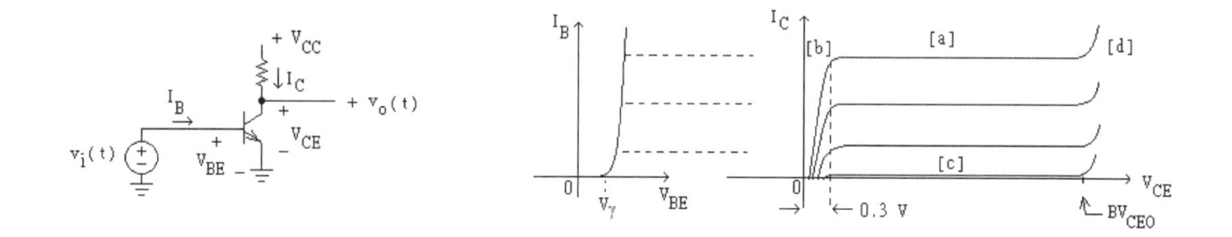

上圖標示[a]的區域是順向活動區，$I_C = \beta_F I_B$，其中$\beta_F = \alpha_F/(1-\alpha_F)$，基本上$I_C$維持定值，不跟隨$V_{CE}$變動。標示[b]的區域是飽和區，$J_E$及$J_C$接面皆為順向偏壓。發生飽和時，$V_{BE} = 0.7V$，$V_{BC} = 0.5V$，則$V_{CE} = -V_{BC} + V_{BE} = 0.2V$。因此，**常用$V_{CE} < 0.3V$來檢驗BJT是否飽和**。標示[c]的區域是截止區，$V_{BE} < V_\gamma$及$V_{BC} < 0$，兩個接面不導通，$I_B = I_C = 0$。標示[d]，$V_{CE} > BV_{CEO}$發生接面J_C崩潰。

上圖之NPN共射極結構，I_C對V_{CE}的輸出函數關係可以由Ebers-Moll方程式的式(3)推導出來

$$I_E + \alpha_R I_C = -(1-\alpha_F\alpha_R)I_{ES}[\exp(V_{BE}/V_T)-1]，$$

$$\alpha_F I_E + I_C = -(1-\alpha_F\alpha_R)I_{CS}[\exp(V_{BC}/V_T)-1]。$$

因為$V_{CE} = -V_{BC} + V_{BE}$，由上面兩式可以整理出

$$V_{CE} = V_T \cdot \ln\left[\frac{(1-\alpha_F\alpha_R)I_{ES} - (I_E + \alpha_R I_C)}{(1-\alpha_F\alpha_R)I_{CS} - (\alpha_F I_E + I_C)} \cdot \left(\frac{I_{CS}}{I_{ES}}\right)\right]$$

$$\approx V_T \cdot \ln\left[\frac{1 + (1-\alpha_R)I_C/I_B}{1 - (I_C/I_B)\beta_F}\right] - V_T \cdot \ln(\alpha_R) ,$$

其中利用$I_B = -(I_E + I_C)$，$\beta_F = \alpha_F/(1-\alpha_F)$及$\alpha_F I_{ES} = \alpha_R I_{CS}$，並且考慮$I_B \gg (1-\alpha_F\alpha_R)I_{ES}$及$(1-\alpha_F\alpha_R)I_{CS}$，把該兩項忽略掉，得到最後的近似式子。提出對數函數內的I_C/I_B，進一步整理得到

$$I_C = \left[\frac{\exp(V_{CE}/V_T + \ln\alpha_R) - 1}{(1-\alpha_R) + (1/\beta_F)\exp(V_{CE}/V_T + \ln\alpha_R)}\right] \cdot I_B \quad。 \tag{4}$$

式(4)表達NPN共射極結構的輸出函數關係。在順向活動區，考慮

$V_{CE} \gg V_T$，式(4)可以近似成為$I_C = \beta_F I_B$。從式(4)繪製I_C對V_{CE}的曲線，可以得到共基極輸出特性曲線，如上圖標示[a]及[b]的範圍。

由式(3)，利用$I_B = -(I_E + I_C)$，$\alpha_F I_{ES} = \alpha_R I_{CS} = I_S$，$\beta_F = \alpha_F/(1-\alpha_F)$及$\beta_R = \alpha_R/(1-\alpha_R)$，另外得到

$$I_B = (I_S/\beta_F)[\exp(V_{BE}/V_T)-1] + (I_S/\beta_R)[\exp(V_{BC}/V_T)-1]。$$

在順向活動區，$V_{BE} \gg V_T$及$V_{BC} < 0$，式(4)簡化成$I_C = I_S \exp(V_{BE}/V_T)$，與共基極的$I_C$表式相同。

式(4)沒有包含Early效應。**實際的共射極亦存在Early效應**。以NPN型為例，考慮Early效應，在共射極引進一個跟在共基極相同的參數λ，把α_F寫成$\alpha_F' = \alpha_F(1 + \lambda V_{CB})$，其中$V_{CB} > 0$並且$\lambda V_{CB} \ll 1$。另外，$\beta_F$寫成$\beta_F' = \alpha_F'/(1-\alpha_F')$。因此，$I_C = \beta_F' I_B$，以$\beta_F'$代表包含Early效應的$\beta_F$：

$$\begin{aligned}\beta_F' &= \alpha_F'/(1-\alpha_F') = \alpha_F(1+\lambda V_{CB})/[1-\alpha_F(1+\lambda V_{CB})]\\ &= \beta_F[(1+\lambda V_{CB})/[1-\beta_F \lambda V_{CB})]\\ &= \beta_F[(1+\lambda V_{CB})(1+\beta_F \lambda V_{CB}+\ldots)]\\ &= \beta_F[1+(1+\beta_F)\lambda V_{CB}+\beta_F \lambda^2 V_{CB}^2+\ldots]\end{aligned}$$

考慮$\lambda V_{CB} \ll 1$，可以忽略λV_{CB}的高次項，只保留一次項，$\beta_F' \approx \beta_F[1 + (1 + \beta_F)\lambda V_{CB}]$。在共射極結構，$I_B$視為定電流，不跟隨Early效應漂移，可以寫作$I_B \approx (I_S/\beta_F)\exp(V_{BE}/V_T)$。把$\beta_F'$代入$I_C = \beta_F' I_B$，得到$I_C \approx \beta_F[1+(1+\beta_F)\lambda V_{CB}] \cdot (I_S/\beta_F)\exp(V_{BE}/V_T) \approx I_S \exp(V_{BE}/V_T)[1+(1+\beta_F)\lambda V_{CB}]$。

綜合上述，無論是共基極及共射極，接面J_C逆向偏壓產生的Early效應可用$\alpha_F' = \alpha_F(1 + \lambda V_{CB})$來描述。在共射極，$\alpha_F$的變動經由$\beta_F$放大。整理上述的共基極及共射極之電流電壓關係，歸納為式(5)，其中在共射極 (CE) 的式子考慮近似的寫法，用$\beta_F \lambda$替代$(1 + \beta_F)\lambda$及用V_{CE}替代V_{CB}：

$$\begin{aligned}&\text{共基極 (CB)} \quad I_C = I_S \exp(V_{BE}/V_T)(1+\lambda V_{CB}),\\ &\text{共射極 (CE)} \quad I_C = I_S \exp(V_{BE}/V_T)(1+\beta_F \lambda V_{CE})。\end{aligned} \tag{5}$$

因此，變動率$(\Delta I_C/\Delta V_{CE})|_{CE} = \beta_F\ (\Delta I_C/\Delta V_{CB})|_{CB}$，即在**共射極的**Early**效應比在共基極顯著**β_F**倍**。

下圖誇大描繪I_C跟隨V_{CE}的變動。從I_C-V_{CE}的順向活動區作延長線，交叉V_{CE}軸在V_A點，V_A稱為Early**電壓**，共基極之$V_A = 1/\lambda$，共射極之$V_A = 1/(\beta_F\lambda)$。就數值而言，共射極的$V_A = 50$～100 V。

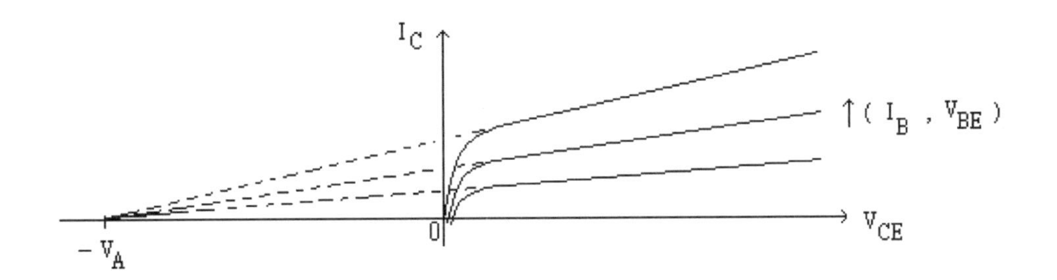

因此，考慮Early效應，在NPN型電晶體的**順向活動態**時，共射極的**集極電流**用公式描述：

$$I_C = I_S\exp(V_{BE}/V_T)[1 + V_{CE}/V_A],$$

這是最常使用在BJT電路分析的式子。

2-4 共射極的輸出特性使用下面的實驗電路量測，BJT元件為2N3904。同2-2節的實驗方法，先調整VR1得到一個固定值的I_B電流 (可由1 kΩ電阻的電壓計算)。固定I_B值，變動VR2得到不同的分壓，逐次讀取電壓V_{CE}及對應的電流I_C (I_C由100 Ω的限流電阻的電壓推導得到)。

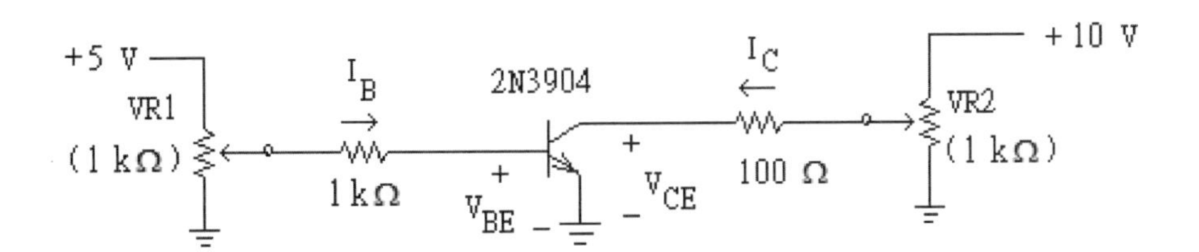

分別取$I_B = 0.05$ mA，0.08 mA及0.1 mA，在固定的I_B量測並記錄I_C及V_{CE}於如2-2節形式的表列。整理數據及繪圖。從I_C-V_{CE}的變動曲線圖，是否可以觀察到在共射極比較顯著的Early效應？

2-5* 重覆2-4節的量測，但調換電晶體的集極及射極接腳的位置，則BJT元件會處於逆向活動態。分別固定I_B = 0.05 mA，0.08 mA，及0.1 mA，量取I_E對V_{EC}的變化關係。整理2-4及2-5節的數據並繪製以I_B為參數，I_C對V_{CE}及I_E對V_{EC}的共射極的輸出特性曲線，標示出各個BJT狀態的區域。試由數據及共射極的輸出特性，推導2N3904的直流電流增益參數β_F = ______及β_R =______。

2-6* 承續2-4的電路，**固定**VR2的分壓電壓約為5 V。調整VR1使I_B = 0.01 mA至約0.1 mA變化，級距自定，讀取I_B和對應的I_C值。同2-5節，交換電晶體的集極及射極接腳的位置，重覆讀取I_B和對應的I_E值 (此時電晶體在逆向活動態)。整理數據，並分別繪製I_C對I_B，及I_E對I_B的傳輸曲線，圖形應含有兩個線段區域，其中之一直線區域的斜率可視為β_F或β_R值。

*注意：在2-3及2-5的實驗，電晶體會發生**電流遽增的現象**，類似**PN接面崩潰**，β_F值會因此改變 (變小)。這個現象，參考後面問題7-1的討論。建議作2-6節之實驗時使用新的BJT電晶體。

2-7 定義$h_{FE} = I_C/I_B$為共射極的直流電流增益。因此，$h_{FE} = \beta_F$。類比電錶MT-2007設置一個量取h_{FE}的功能。先設定MT-2007的功能旋鈕轉在電阻檔位，選×10的位置，**指針歸零在滿標度**。把2N3904的三隻接腳分別插入標示E，B及C的孔位。若2N3904的基極接腳插入標示B的孔位，其他兩隻接腳分別交換插入標示E及C的孔位，可以讀到兩個h_{FE}的數值，較大的是β_F，較小的是β_R。記錄h_{FE}的數據，得到2N3904的β_F = ______及β_R = ______。這個結果與前面2-5節的量測是否一致？
(把2N3904的基極固定在標示B的腳孔，從兩次的量測可以找出2N3904的射極及集極的接腳。)

2-8 同2-7節的操作使用類比電錶MT-2007量取2N3906的h_{FE}。注意，

2N3906是PNP電晶體。記錄h_{FE}的數據，得到2N3906的β_F = ______及β_R = ______。

從$\beta = \alpha/(1-\alpha)$，推算2N3906的$\alpha_F$ = ______及α_R = ______。結果是否與2-2節的數據一致？

3. BJT電晶體Ebers-Moll等效電路

這裡以實驗方法來認識Ebers-Moll等效電路，並且學習運用等效電路的觀念於直流分析。

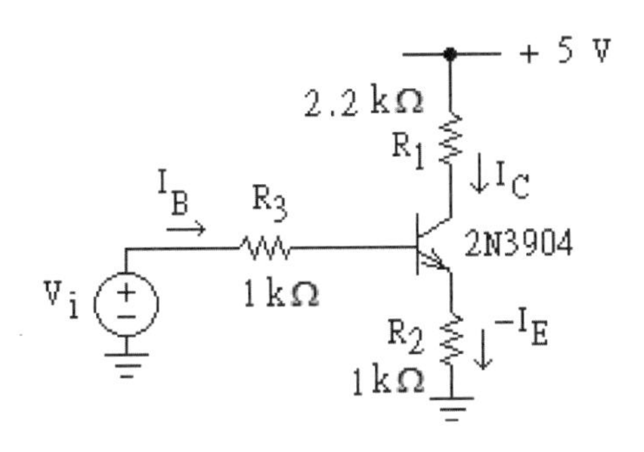

上圖的電路，使用電晶體2N3904接線。V_i由可變的直流電壓源供給，參考2-2節的電路接線 (即 + 5 V與VR1的部分)。調整V_i，由0.0 V變動至約5.0 V，同時讀取I_C， I_B及$-I_E$的數值並且記錄於下列形式的表格。三個電流可分別由電阻R_1，R_2及R_3的電壓讀值除以電阻值獲得。這個實驗觀察的要點是，V_i變動時改變電晶體Q的狀態。若變動V_i，電流I_C快速變化，宜用較小的級距變動V_i，來取得詳細數據。

V_i(V)									
I_C(mA)									
I_B(mA)									
$-I_E$(mA)									

整理數據，以縱座標表示I_C，I_B及$-I_E$，橫座標表示變動量V_i，製作電流I_C，I_B及$-I_E$對V_i變動的直流傳輸函數曲線。從電流I_C，I_B及$-I_E$跟隨V_i變動的特徵，辨識BJT元件的狀態。

試分析上面的電路，以V_i為輸入，求解電流I_C，I_B及$-I_E$。當V_i變動時，判斷電晶體的導電狀態，參考圖4及5的圖解，以適當的Ebers-Moll等效電路替代電晶體2N3904。從等效電路寫下電路方程式，分別求解出$I_C(V_i)$，$I_B(V_i)$及$I_E(V_i)$的函數。從電流函數，簡略繪出電流跟隨V_i變動的趨勢圖，與上述量取的數據作比較。另外，試由$I_C(V_i)$的函數，討論電阻R_2對電流I_C的影響。

❖4. 反相器及其方波響應

下面圖(a)的電路是BJT的共射極電路，$v_i(t)$是輸入，$v_o(t)$是輸出。圖(b)是其直流傳輸特性，表示輸出對應輸入的響應關係，$v_o = f(v_i)$，其中標示(1)-(3)的區段分別為電晶體Q在截止態，順向活動態及飽和態。標示(2)的線段具有負斜率，代表v_o對v_i有180°的相位移。類似MOSFET的共源極電路，把圖(a)的電路稱為反相器，是類比及數位電子電路的基本結構。

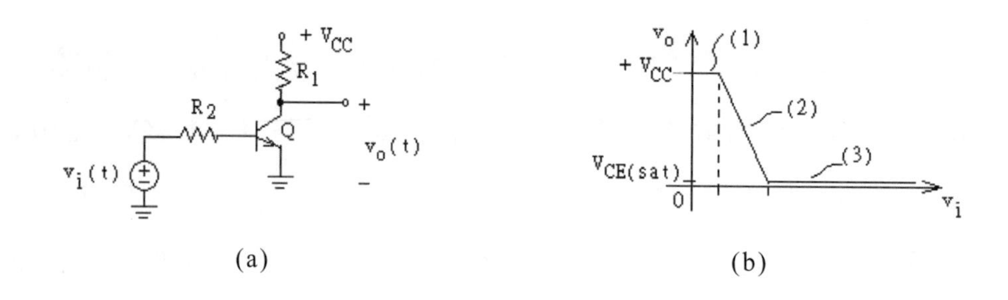

(a) (b)

4-1 直流傳輸函數 $v_o = f(v_i)$ 的量測

實作時，上圖(a)的電晶體Q是2N3904，使用$R_1 = 1$ kΩ，$R_2 = 510$ Ω及$V_{CC} = 5$ V。輸入v_i是一個可變的直流電壓源，如2-2節的電路，使用一個可變電阻作分壓調整。調整v_i在0.0～5.0 V範圍變動，同時讀取v_o。v_o跟隨v_i變化的曲線圖，視為直流傳輸函數$v_o = f(v_i)$。

v_i(V)								
v_o(V)								

4-2 方波響應

同4-1節的電路接線。輸入v_i是信號產生器。調整$v_i(t)$為方波信號，高度5 V，方波寬度2～10 μs，週期5～20 μs，方波之0 V為**接地電位**。使用示波器觀測並且記錄輸出$v_o(t)$的波型。

當$v_i = 5$ V，電晶體Q處於飽和態 ($v_o = V_{CE(sat.)} \approx 0$ V)。當v_i由5 V變換成0 V，由於在Q的**基極集極接面附近仍存在過剩的少數載子**，必須等到清除，始能使Q回復到截止態。因此，v_0經過一個時間延遲t_D才會上升回到5 V。一般稱t_D為載子儲存時間 (Charge storage time)，其大小在1 μs範圍。這個現象類似**實驗**5的PN二極體**載子儲存效應**，會影響BJT的切換速率。記錄t_D = ______。

另外，$v_o(t)$波型的上升時間t_{LH}與電阻R_1有關。分別更換電阻R_1 = 510 Ω及10 kΩ，觀察$v_o(t)$的波型並且記錄R_1及t_{LH}的數值。

$v_o(t)$波型從$v_o = V_{CC}$切換成$v_o \approx 0$是快速下降，定義這下降時間為t_{HL}。從觀察，$t_{HL} \ll t_{LH}$，試探討其理由。

4-3 縮短載子儲存時間的方法

理想的反相器是，當輸入從$v_i = V_{CC}$變成$v_i = 0$時，電晶體Q截止，並且輸出端的電壓從$v_o = V_{CE(sat.)} \approx 0$立即變成$v_o = V_{CC}$。在4-2節的實驗，觀察到BJT反相器的輸出$v_o$由$V_{CE(sat.)}$升至$V_{CC}$的變化過程，發生一個時間延遲$t_D$，電晶體Q沒有快速截止。這個現象是由於BJT元件的載子儲存效應而發生，曾經在數位電路的發展過程，激勵出著名的電路設計，詳見於實驗11的數位電路。下圖的電路也是一個反相器，其輸入端是一個由Q_2-R_2-R_3構成的**主動式輸入負載**，替代R_2的輸入負載，嘗試在BJT元件變動狀態的過程，導通不同的電流，藉以降低載子儲存效應。

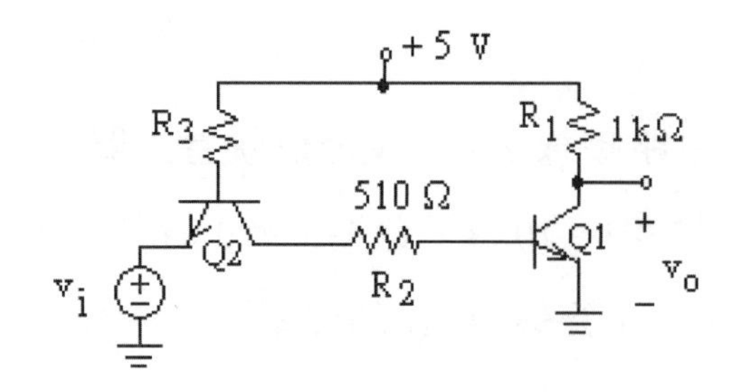

在上圖電路，電阻R_3控制電晶體Q_3的基極電流I_{B2}。當$v_i = 5$ V時，Q_2處於**逆向活動態**，Q_2的集極電流為$\beta_R I_{B2}$，也即為Q_1的基極電流。比較4-2節的電路，在這個電路，方波以較小的電流$\beta_R I_{B2}$驅動Q_1進入飽和態，因此Q_1在J_C接面附近累積較少的載子。當切換回到$v_i = 0$時，Q_2由**順向活動態過渡到飽和態**，Q_2在順向活動態以較大的集極電流，即是$\beta_F I_{B2}$，帶走Q_1的載子，Q_1快速截止。

這裡，從實驗探討上圖電路的工作原理及效能。實作時，電晶體Q_1及Q_2是2N3904，方波$v_i(t)$同4-2節的設定。試變動R_3的數值如下表列，分別以不同R_3，觀察$v_o(t)$的波型並且記錄時間延遲t_D。試討論實驗結果。

$R_3(\Omega)$	10 k	51 k	100 k					
$t_D(\mu s)$								

❖ *5. Ebers-Moll等效電路的參數關係 (*可以選擇性作這節實驗)

BJT元件的Ebers-Moll方程式可以寫成式(2，3)，是一組V_{EB}及V_{CB}的非線性函數。以式(2)為例，**若**$V_{EB} \ll V_T$**及**$V_{CB} \ll V_T$，從$[\exp(V_{EB}/V_T)-1] \approx V_{EB}/V_T$及$[\exp(V_{CB}/V_T)-1] \approx V_{CB}/V_T$，化簡式(2)成為線性方程式組(2)'，

$$I_E = I_{ES}(V_{EB}/V_T) - \alpha_R I_{CS}(V_{CB}/V_T)，$$

$$I_C = -\alpha_F I_{ES}(V_{EB}/V_T) + I_{CS}(V_{CB}/V_T)。 \tag{2'}$$

式(2)'表達一個雙埠 (Two-port) **線性電路**的電流及電壓關係，可以用廣義的方塊圖示意，如下圖(a)。

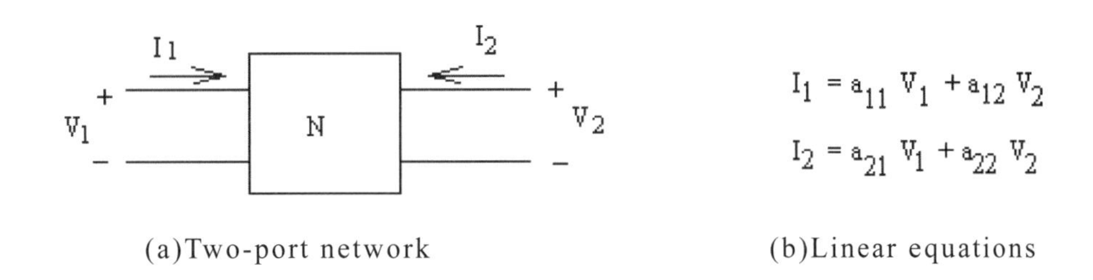

(a)Two-port network　　(b)Linear equations

端點之電壓電流變量 (V_1、I_1、V_2、I_2) 可用一組線性方程式(b)描述。若另一組變量 (V_1'、I_1'、V_2'、I_2') 也是滿足方程式(b)，根據Tellegen定理 (參考實驗1)，可以推導出$V_1I_1' + V_2I_2' = V_1'I_1 + V_2'I_2$。考慮$V_1 = V_2' = 0$，得到關係$(I_1/V_2)_{V1=0} = (I_2'/V_1')_{V2'=0}$，轉變成為式(b)的參數就是$a_{12} = a_{21}$，此稱為**倒置關係** (Reciprocity relation)。對照線性電路的倒置關係，$a_{12} = a_{21}$，推論Ebers-Moll方程式(2)'的參數有$\alpha_R I_{CS} = \alpha_F I_{ES}$的關係。基於$\alpha_F I_{ES} = \alpha_R I_{CS}$，四個製程參數$\alpha_F$，$\alpha_R$，$I_{ES}$及$I_{CS}$實際上只有三個參數是獨立的。

5-1 $\alpha_R I_{CS} = \alpha_F I_{ES}$的實驗證明 (參考資料8-3)

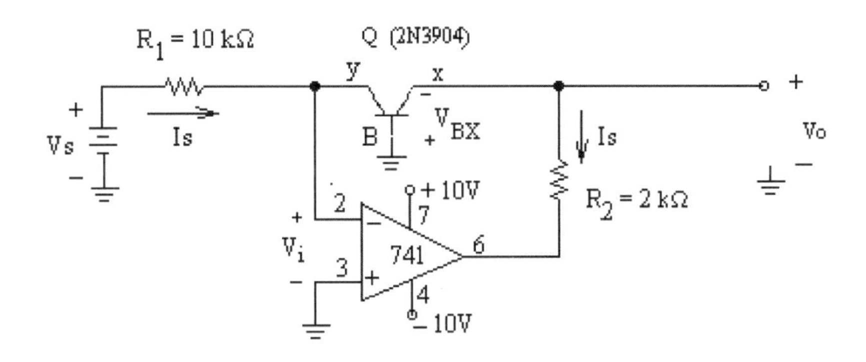

在上圖電路，運算放大器741工作在線性區，因此可以有$V_i = 0$。基於$V_i = 0$，有$I_s = V_s/R_1$之關係；若V_s是定值，I_s可視為一恆電流。Q是2N3904，基極(B)接地。由於$V_i = 0$，當把射極(E)或集極(C)連接到741之接腳2時，量取輸出電壓V_o，分別有$V_i = -V_{BE} = 0$，$I_s = I_E \approx \alpha_R I_{CS}[\exp(V_{BC}/V_T)]$及$V_o = -V_{BC}(=V_{o1})$；或$V_i = -V_{BC} = 0$，$I_s = I_C \approx \alpha_F I_{ES}[\exp(V_{BE}/V_T)]$及$V_o = -V_{BE}(=V_{o2})$。**在兩者情況$I_s$不變，因此**$\alpha_R I_{CS}/\alpha_F I_{ES} \approx \exp(V_{BE} - V_{BC})/V_T = \exp(V_{o1} - V_{o2})/V_T$。若$V_{o1} = V_{o2}$，即表示$\alpha_R I_{CS} \approx \alpha_F I_{ES}$。

實作時，**記錄室溫** $T =$ _______及 $V_T =$ _______mV。

設 $V_s = 10V$，交換BJT射極及集極的接線，分別使用數位電錶的2000 mV檔位讀取 V_o 及 V_i 的數值。記錄(1) $V_{i1} =$ _____mV；$V_{o1} = -V_{BC} =$ _____ mV。(2) $V_{i2} =$ _____mV；$V_{o2} = -V_{BE} =$ _____mV。

設 $V_s = 5V$，重覆量測(1') $V_{i1}' =$ _____mV；$V_{o1}' = -V_{BC} =$ _____mV。(2') $V_{i2}' =$ _____mV；$V_{o2}' = -V_{BE} =$ _____mV。

試討論兩組數據的差異並探討及意義。若在允許的實驗誤差範圍內是否存在 $\alpha_F I_{ES} = \alpha_R I_{CS}$？

5-2 同上圖的接線，$V_s = 5$ V且BJT的射極連接在節點x。因此，$V_o = -V_{BE}$。把2N3904用電焊槍加溫，觀察在**定電流** $I_C = I_s$ 時，V_{BE} 如何跟隨溫度T變化，記錄 $(\Delta V_{BE}/\Delta T) > 0$ 或 $(\Delta V_{BE}/\Delta T) < 0$。

BJT的 I_C 及 V_{BE} 對溫度的變化很靈敏，定義 $(1/I_C)(\Delta I_C/\Delta T)$ 為 I_C 的**溫度係數**及 $(1/V_{BE})(\Delta V_{BE}/\Delta T)$ 為 V_{BE} 的**溫度係數** (Temperature coefficient，TC)。從這個實驗可以知道 V_{BE} 的溫度係數 (TCV_{BE}) 是為正或負值。記錄 TCV_{BE} 是 > 0 或 < 0。

❖6. 要點整理

BJT元件有三支接腳，分別是射極，基極及集極，其中射極及集極連接到同型半導體材質區域，基極連接另一型材質區域，其間構成兩個PN接面。基極區域的厚度很小，產生電晶體效應。兩個PN接面，依據其順向或逆向偏壓，有四種接面偏壓的組合，分別產生BJT元件的截止，飽和，順向活動及逆向活動四種電流狀態。在順向活動的NPN型電晶體，用下面式子表示共射極的集極電流：

$$I_C = I_S \exp(V_{BE}/V_T)[1 + V_{CE}/V_A]。$$

練習1

電晶體Q的 $\beta_F = 100$，$R_C = 2\ k\Omega$。判斷(a) $R_B = 300\ k\Omega$ 及(b) $R_B = 150\ k\Omega$ 時

Q的導通態。

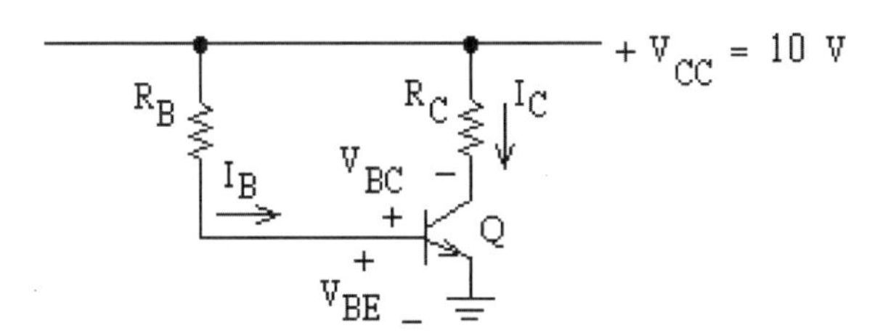

求解

因為 $V_{BE} > 0$，Q有兩個可能的導通態：$V_{BC} < 0$，順向活動；或者 $V_{BC} > 0$，飽和。

假設$V_{BC}<0$，則$I_C=\beta_F I_B$。由KVL寫下$V_{BC}=V_{BE}-V_{CC}+R_C I_C=V_{BE}-V_{CC}+R_C(\beta_F I_B)$。代入$I_B=(V_{CC}-V_{BE})/R_B$到上式$V_{BC}=\ldots$，整理後，$V_{BC}=(V_{BE}-V_{CC})(1-\beta_F R_C/R_B)$。使用$\beta_F=100$及$V_{BE}\approx 0.7\ \text{V}$，計算$V_{BC}$，檢驗$V_{BC}$的正負極性：

(a)$R_B = 300\ \text{k}\Omega$時，$V_{BC} = (0.7-10)(1-100\cdot 2/300) < 0$，因此Q是順向活動態。

(b)$R_B = 150\ \text{k}\Omega$時，$V_{BC} = (0.7-10)(1-100\cdot 2/150) > 0$，不符合假設 $V_{BC} < 0$。因此，Q是飽和態。

練習2

求解共基極的傳輸函數$v_o = f(v_i)$。

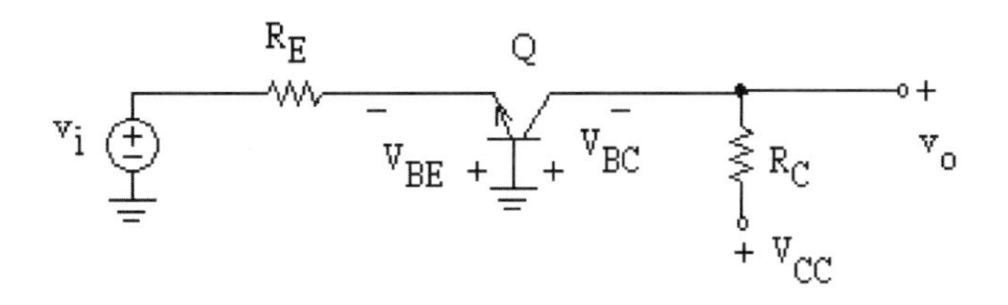

求解

假設PN接面導通時，接面電壓的大小以切入電壓V_γ表示。因此，J_E接面導通的電壓為$V_{BE\gamma}$，J_C接面導通的電壓為$V_{BC\gamma}$。

從接線圖，$v_i > 0$時，$V_{BE} < 0$及$V_{BC} < 0$。因此，電晶體截止，$v_o = V_{CC}$。以下考慮$v_i < 0$的情形：

$v_i < -V_{BE\gamma}$時，J_E接面導通，電晶體在順向活動態，$I_C = -\alpha_F I_E$。由KVL寫下$R_E I_E = (v_i + V_{BE\gamma})$及$v_o = V_{CC} - R_C I_C = V_{CC} - R_C(-\alpha_F I_E)$。整理得到，$v_o = V_{CC} + \alpha_F R_C(v_i + V_{BE\gamma})/R_E$。

$v_i < -V_{BE\gamma}$並且$v_o = -V_{BC} \leq -V_{BC\gamma}$時，$J_E$接面和$J_C$接面導通，電晶體飽和。在$v_o = -V_{BC\gamma}$時的$v_i$定義為$v_{i(sat)} = -R_E(V_{CC} + V_{BC\gamma})/(\alpha_F R_C) - V_{BE\gamma}$。因此，$v_i \leq v_{i(sat)}$時，$v_o = -V_{BC\gamma} < 0$。

下圖是傳輸函數$v_o = f(v_i)$的示意圖，共基極的v_o- v_i函數有個**正斜率**區段：

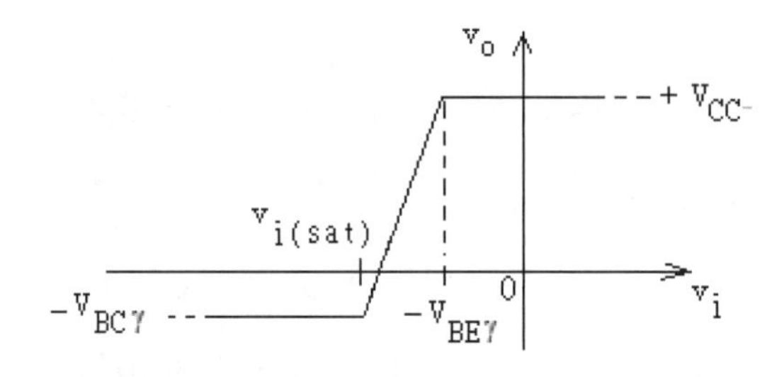

7. 討論及問題 (有*標示者較難回答)

*7-1 從2-2節2N3906的量測，$I_E = 0.39$ mA時，得到I_C相對於V_{CB}變動的數據如表列

V_{CB}(V)	0.71	0.66	0.65	0.28	0.19	−2.25	−11.39	−19.43	
I_C(mA)	−1.13	−0.01	0.14	0.39	0.39	0.39	0.39	0.39	

另外，從2-3節2N3906的量測，$I_C = 0.42$ mA時，得到I_E相對於V_{EB}變動的數據如表列

V_{EB}(V)	0.78	0.68	0.59	0.3	0.18	−0.25	−1.07	−3.17	−6.33	−7.49	−7.55	−7.58
I_E(mA)	−4.58	−0.16	0.25	0.28	0.28	0.29	0.30	0.32	0.36	0.95	7.58	12.7

試從實驗數據推導出2N3906的α_F及α_R。2-3節的數據顯示$|V_{EB}| > 7.49$ V之後$|I_E|$急遽變大，當I_E從0.95 mA變化至12.7 mA時，$|V_{EB}|$只變化

7.58 V～7.49 V = 0.09 V，試解釋這個現象。(提示：Punch-through)

7-2 這裡是關於PSpice模擬共射極2N3904的輸出特性。使用Schematic編輯電路，點選「Place Part...」，從「BIPOLAR」元件庫找到2N3904，完成接線及接地，如下圖(a)。點選分析方式「Analysis type」為直流掃瞄「DC-Sweep」，設定掃瞄的變數「Sweep variable」為電壓源，名稱VCE。下圖(b)是模擬結果，使用Probe顯示出I_B = 5 μA，10 μA及15 μA時，2N3904的I_C-V_{CE}輸出特性曲線。

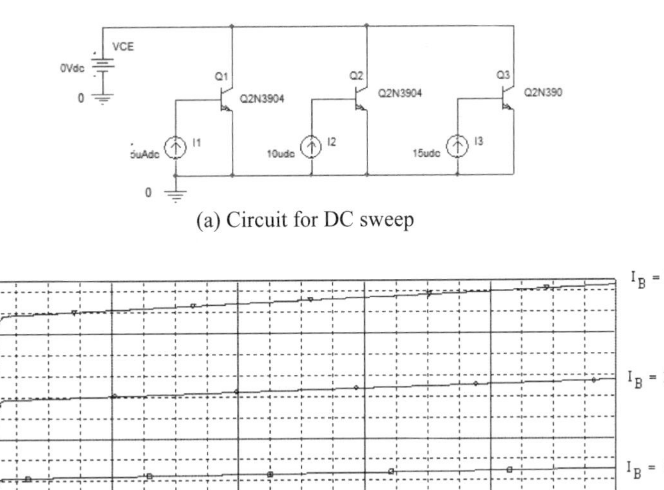

(a) Circuit for DC sweep

(b) Probe output

把滑鼠的游標停留在上圖(a)之元件2N3904上面，輕敲滑鼠右鍵，出現選單，以滑鼠左鍵點選「Edit PSpice Model」，在視窗「PSpice Model Editor」顯示出元件模式「.model ...」的訊息：

```
.model Q2N3904 NPN(Is=6.734f Xti=3 Eg=1.11 Vaf=74.03 Bf=416.4 Ne=1.259
+         Ise=6.734f Ikf=66.78m Xtb=1.5 Br=.7371 Nc=2 Isc=0 Ikr=0 Rc=1
+         Cjc=3.638p Mjc=.3085 Vjc=.75 Fc=.5 Cje=4.493p Mje=.2593 Vje=.75
+         Tr=239.5n Tf=301.2p Itf=.4 Vtf=4 Xtf=2 Rb=10)
*         National   pid=23        case=TO92
```

其中飽和電流Is = $6.734 \cdot 10^{-15}$，Early電壓Vaf = 74.03，順向增

益($β_F$)Bf = 416.4，射極接面的理想因數Ne = 1.259及飽和電流Ise = 6.734f，逆向增益($β_R$)Br = .7371，集極接面的理想因數Nc = 2及飽和電流Isc = 0。其他參數的解說可以參閱元件模式的書，例如，參考資料8-2。

試參考上述的說明，練習PSpice模擬2N3904共射極結構的輸出特性。使用2-4節實作的I_B，模擬出三組的輸出特性。討論模擬的結果，是否符合2-4節的數據圖，具有顯著的Early效應？

*7-3 下面圖示類比三用電錶MT-2007量測h_{FE}的原理。這個電路圖其實是電錶電阻檔位×10的電路，在插入電晶體的腳座連接一個內建的電阻24 kΩ。量電阻時，以指針的滿標度偏轉代表零電阻。試由所給的電路計算出半標度 (Half-scale) 時指針所指的h_{FE}數值。試設計並且繪製h_{FE}的刻度 (即類比三用電錶上面關於h_{FE}的刻度)。

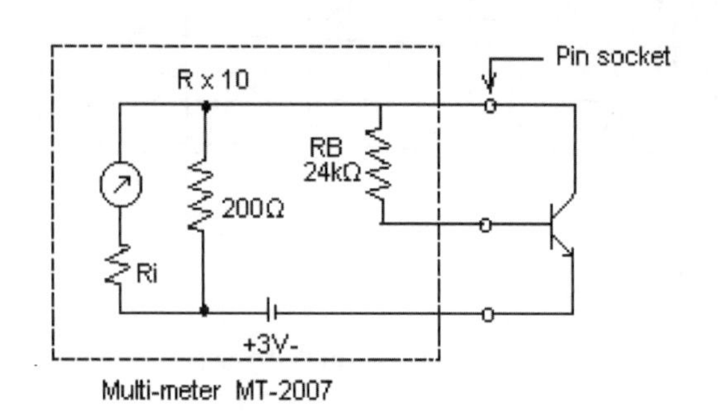

❖8. 參考資料

8-1 Sedra/Smith：Microelectronic Circuits，閱讀關於BJT的原理，Ebers-Moll等效電路及大信號響應。Ebers-Moll模式是BJT的基礎。從這個實驗，應更能深入了解BJT的工作原理。

8-2 P. Antognetti/G. Massobrio: Semiconductor Device Modeling with SPICE (McGraw-Hill, 1988)，參考47-48頁關於BJT元件的SPICE參數定義。

8-3 B.L. Hart：Direct Verification of The Ebers-Moll Reciprocity Condition, Int. J. Electronics, Vol.31, No.3, 293-295 (1971).

實驗8　低頻類比放大器

目的： 認識 (1) 偏壓電路與工作點；(2) 小信號等效電路，g_m 的意義；(3) 低頻頻域及基本放大電路；(4) 頻率響應；(5) 連級放大電路。

器材： 示波器、信號產生器、直流電源供應器、2N7000、2N3904、R、C。

❖1. 說明

這個實驗探討類比放大器的工作原理，包括偏壓電路及交流分析兩項。什麼是偏壓電路？圖1藉由小圖(a)～(f)，說明偏壓電路的概念及組成。小圖(a)是一個MOSFET的反相器，v_i是輸入，v_o是輸出。小圖(b)是v_o對應v_i變動的直流傳輸函數。在MOS元件的截止 (Cut-off) 區及線性 (Ohmic) 區，v_o對應v_i的變動近似不變，以水平線標示，即相對於輸入的變動量Δv_i，輸出的變動量$\Delta v_o = 0$，這兩個區域沒有類比放大的功能。在MOS元件的**飽和區**，是一條負斜率的直線，其斜率為$\Delta v_o/\Delta v_i$。

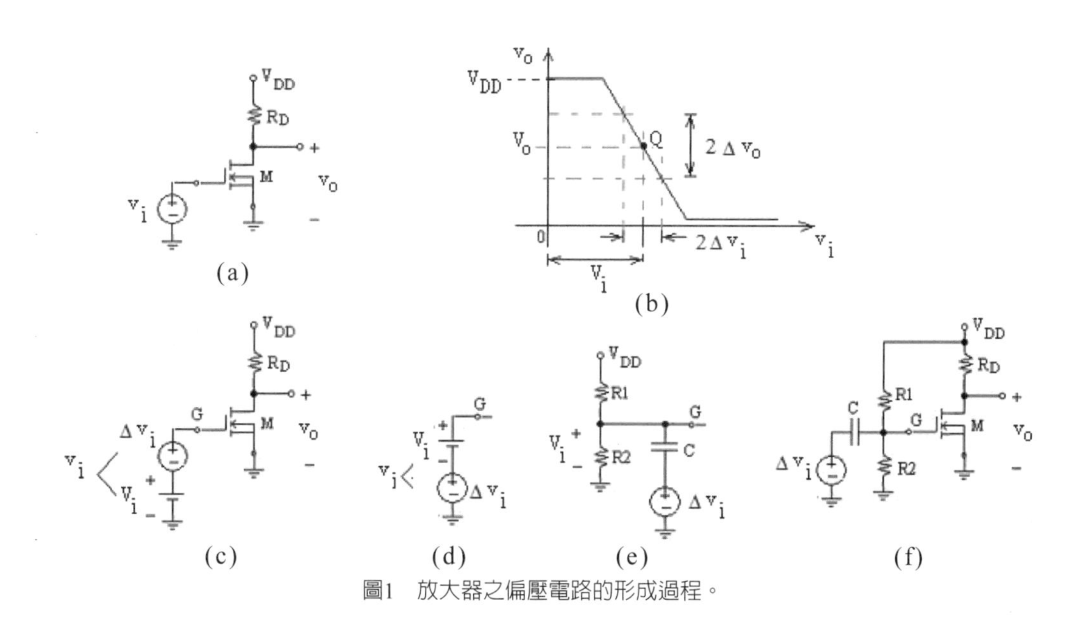

圖1　放大器之偏壓電路的形成過程。

若$|\Delta v_o/\Delta v_i| > 1$，即具有信號放大的功能。小圖(c)說明實作時，閘極G的電壓v_i等於信號$\Delta v_i(t)$疊加到一個直流電壓V_i，$v_i = V_i + \Delta v_i$，使v_i平移到小圖(b)之傳輸函數標示Q的位置，並且$|\Delta v_i|$的變動不超出這段斜線

投影到橫軸的範圍。這樣，輸出Δv_o對應輸入Δv_i才能**維持線性比例**。一般稱Δv_i及Δv_o為**小信號或交流信號**，稱V_i為**偏壓** (Biasvoltage)，稱Q為**工作點** (Working point)。小圖(d)標示V_i及Δv_i的排列位置對調。更實際的作法，小圖(e)說明從單一電源V_{DD}使用電阻R_1及R_2分壓，選出合適的電阻比值，得到偏壓$V_i = R_2V_{DD}/(R_1 + R_2)$，產生MOS元件在工作點Q的電流$I_D$。這裡使用電容C分隔直流電源$V_i$與交流信號$\Delta v_i$之間的電路接線。電容C充電到偏壓$V_i$的大小，從端點G看到的電位等於把電壓$V_i$疊加到信號$\Delta v_i(t)$上。不論信號$\Delta v_i(t)$的變化，電容C之兩端恒有一個直流偏壓$V_i$。小圖(f)是最後完成的偏壓電路，包括$R_1$，$R_2$及電容C。

實際的設計須要考慮溫度對MOS元件的影響。因此，在源極串接電阻R_S，藉由反向的制衡，提高電流I_D的穩定度。同時對交流信號而言，為了維持圖1(f)的負載結構，在電阻R_S並聯電容C_S，使電晶體的源極及接地之間形成AC短路。圖2是典型的偏壓電路設計，適用於FET及BJT元件。

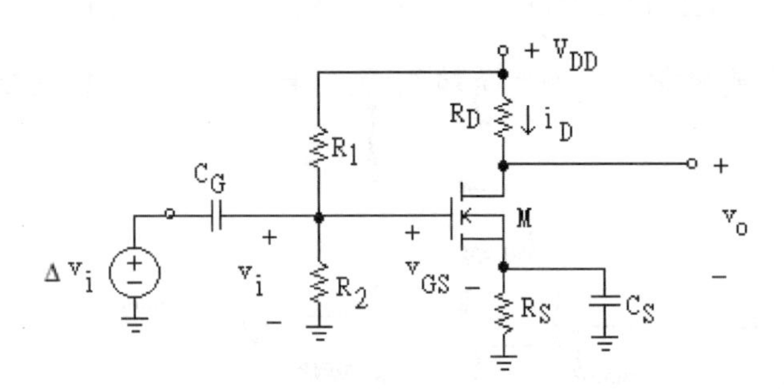

圖2　完整的共源極偏壓電路設計。

在圖1，小圖(b)的傳輸函數之斜率，$\Delta v_o/\Delta v_i$，是這個反相器的信號放大倍率，或稱作**電壓增益** (Voltage gain)，$A_V = \Delta v_o/\Delta v_i$。以下從圖2的電路說明增益$A_V$的計算方法。從圖2得到電路方程式：

$$V_{DD} = R_Di_D + v_o \text{ (負載方程式)，}$$

$$V_{GS} + R_SI_D = V_i = V_{DD}R_2/(R_1 + R_2) \text{ (偏壓方程式)。}$$

偏壓方程式定義出MOS元件的工作點$Q(I_D,\ V_{GS})$。**作為放大器時，工作點設計在MOSFET的飽和區域**。因此，汲極電流是$i_D = k(W/L)$

$(v_{GS}-V_{th})^2(1+\lambda v_{DS})$。從負載方程式得到變動量的關係，

$$\Delta v_o = -R_D \Delta i_D\ ;$$
$$\Delta i_D = (\Delta i_D/\Delta v_{GS})|_Q \Delta v_{GS} + (\Delta i_D/\Delta v_{DS})|_Q \Delta v_{DS} + (\Delta i_D/\Delta V_{th})(\Delta V_{th}/\Delta v_{BS})|_Q \Delta v_{BS}$$
$$= g_m \Delta v_{GS} + (1/r_o)\Delta v_{DS} + g_{mb}\Delta v_{BS}\ 。 \qquad (1)$$

式(1)有三個參數，定義$g_m=(\Delta i_D/\Delta v_{GS})|_Q$, $1/r_o=(\Delta i_D/\Delta v_{DS})|_Q$及$g_{mb}=(\Delta i_D/\Delta V_{th})(\Delta V_{th}/\Delta v_{BS})|_Q$，皆以工作點Q為基準推導出的變動率，其中$g_m$是元件的**傳輸電導** (Trans-conductance)，代表**輸出電流對應輸入電壓的變動率**。由於電容C_S維持R_S兩端的電壓在定值R_SI_D，從$v_{GS}+R_SI_D=v_i$可以得到$\Delta v_{GS}=\Delta v_i$及從$v_o=R_SI_D+v_{DS}$得到$\Delta v_{DS}=\Delta v_o$。在基質連接源極時，沒有**基質效應** (Body effect)，則$\Delta v_{BS}=0$。整理$\Delta v_o=-R_D\Delta i_D=-R_D[g_m\Delta v_i+(1/r_o)\Delta v_o]=-R_Dg_m/[1+(R_D/r_o)]\Delta v_i$，得到式(2)表達增益$A_V$，

$$A_V = \Delta v_o/\Delta v_i = -R_Dg_m/[1+(R_D/r_o)]\ , \qquad (2)$$

其中g_m及r_o可以用數值具體表達。例如，由$i_D=k(W/L)(v_{GS}-V_{th})^2(1+\lambda v_{DS})$得到$g_m=(\Delta i_D/\Delta v_{GS})|_Q=2I_D/(V_{GS}-V_{th})$及$1/r_o=(\Delta i_D/\Delta v_{DS})|_Q=\lambda I_D=I_D/V_A$。**式(2)是實驗驗證放大器理論的基礎**。除了直接以數學分析，上述式(2)也可以從MOSFET元件的AC**等效電路**得到。

式(1)及(2)的推導不考慮電容造成的頻率效應。事實上，圖1及2的電路藉由電容耦合產生偏壓，增益A_V的頻率響應該有兩個截止頻率f_L及f_H，參考圖3的示意。頻率間隔 ($f_H\sim f_L$) 定義為**中頻帶** (Mid-band)。在中頻帶，增益$|A_V|=|\Delta v_o/\Delta v_i|=|V_o/V_i|$有最大值，不隨頻率變動，其中$V_o$及$V_i$是信號的**相量** (Phasor)。頻率低到$f_L$時，$|V_o/V_i|$下降至約為最大值的0.7倍，是外加電容$C_G$及$C_S$所造成。若是直接耦合，沒有$C_G$及$C_S$，增益$|V_o/V_i|$從0 Hz定值延伸到頻率$f_H$。$|V_o/V_i|$在頻率高到$f_H$時也下降至約為最大值的0.7倍，是由MOSFET元件的電容C_{gd}，C_{gs}及C_{ds}所導致，參考下面的圖4(b)。中頻帶是放大器的工作範圍，在這個頻域放大器的增益維持定值。頻率f_L及f_H分別稱為低及高**三分貝頻** (3dB-frequency)。

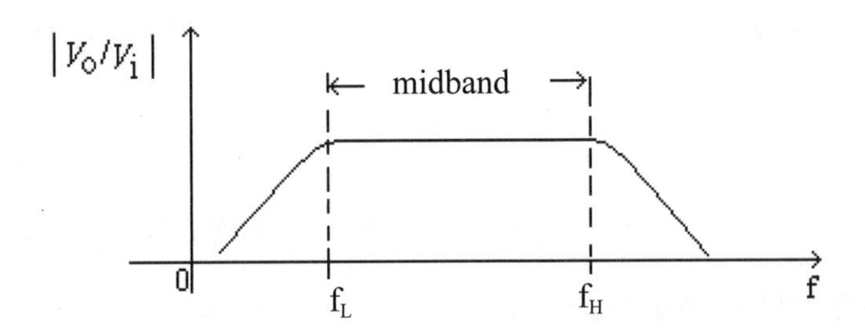

圖3　電容耦合放大器的頻率響應圖及中頻帶的定義。

低頻這個名詞泛指**聲頻** (Audio frequency) 範圍 (1 kHz～100 kHz)。低頻放大器的中頻帶設定在**聲頻**範圍。一般的低頻放大器的耦合或旁路電容值約為幾個μF，則電容在聲頻之阻抗約為1.0～100 Ω。與R_D及R_S比較，C_G及C_S的阻抗極小，即$1/(2\pi fC_G)$, $1/(2\pi fC_S) \ll R_S$, R_D。因此，作中頻帶的交流 (AC) 分析時，外接電容C_G及C_S可以用短路替代。圖4(a)說明AC分析的等效電路是把圖2的C_G及C_S用短路替代並且把**直流電源**V_{DD}以**短路**替代。圖4(b)是MOSFET元件的AC**等效電路，由表達**Δi_D**的式**(1)**所建立**，電路參數g_m及r_o，不考慮基質效應，是從偏壓條件推導出來。元件的電容C_{gd}，C_{gs}及C_{ds}約有幾個pF。在中頻帶，C_{gd}，C_{gs}及C_{ds}的阻抗約為10^6～10^8 Ω，遠大於阻抗R_D及r_o。因此中頻帶的AC分析時，可以把C_{gd}，C_{gs}及C_{ds}視為開路。圖4(c)是把圖4(a)的MOSFET元件用圖4(b)的AC等效電路替代，並且移開C_{gd}，C_{gs}及C_{ds}，這樣變成適用在中頻帶作AC分析的電路。從圖4(c)可以寫下AC信號$V_o = -(g_m V_{gs})(r_o//R_D)$，因此$V_o/V_i = -g_m(r_o//R_D)$，同式(2)。

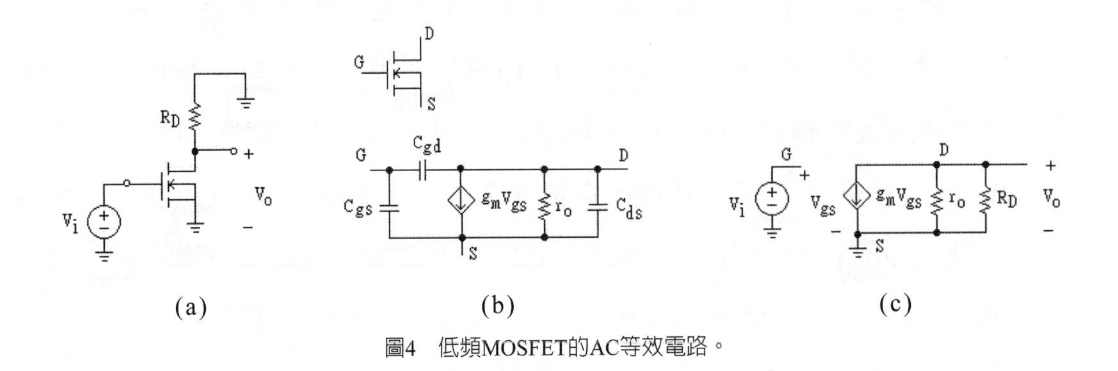

圖4　低頻MOSFET的AC等效電路。

類似圖2的偏壓方式，圖5是單級的共射極BJT放大器。參考圖5(a)，電阻R_1，R_2及R_E連同電容C_B及C_E構成一個電流穩定的BJT偏壓電路。旁路電容C_E維持交流負載仍舊是R_C。圖5(b)是另一種的共射極電路，BJT元件的工作電壓來自R_B的連接，形成自動偏壓 (Self-biasing)。

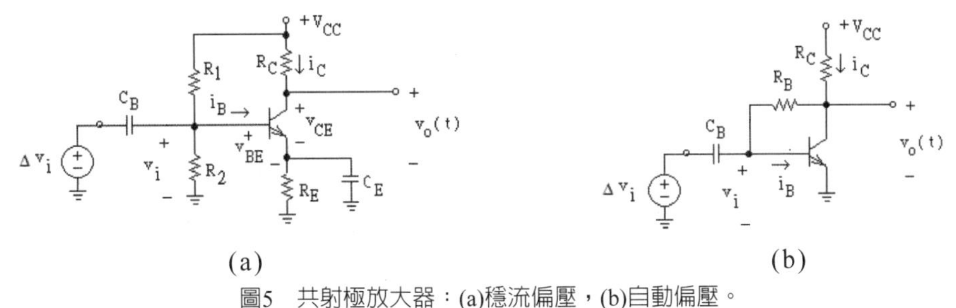

圖5　共射極放大器：(a)穩流偏壓，(b)自動偏壓。

基本上，圖5(a)的電路是一個**反相器**，其傳輸函數亦如圖1(b)，只在負斜率的線段才有信號放大的功能。這裡須注意，負斜率的線段對應**元件的順向活動態**。因此，**作為放大器時，要把BJT元件偏壓在順向活動態**。輸出$v_o(t)$的變動量可以表達成為$\Delta v_o = -R_C \Delta i_C$，其中小信號$\Delta i_C$進一步寫成

$$\Delta i_C = (\Delta i_C/\Delta v_{BE})|_Q \Delta v_{BE} + (\Delta i_C/\Delta v_{CE})|_Q \Delta v_{CE}。 \tag{3}$$

從式(3)定義兩個參數，$g_m = (\Delta i_C/\Delta v_{BE})|_Q$，$g_m$稱為BJT元件的傳輸電導，及$1/r_o = (\Delta i_C/\Delta v_{CE})|_Q$，$r_o$稱為輸出電阻。從$v_{BE} + R_E I_C = v_i$得到$\Delta v_{BE} = \Delta v_i$。另外，從$v_o = R_E I_C + v_{CE}$得到$\Delta v_{CE} = \Delta v_o$。式(3)寫成$\Delta i_C = g_m \Delta v_i + (1/r_o)\Delta v_o$。因此，圖5(a)的電路之**中頻帶**的電壓增益$\Delta v_o/\Delta v_i = V_o/V_i$表達為

$$A_V = \Delta v_o/\Delta v_i = -R_C g_m/〔1 + (R_C/r_o)〕。 \tag{4}$$

具體而言，從順向活動態的$i_C = [I_S \exp(v_{BE}/V_T)](1 + v_{CE}/V_A)$可以分別推導得到式(4)的$g_m = I_C/V_T$及$1/r_o = I_C/V_A$。式(4)亦能從AC等效電路的觀點推導。考慮圖5(a)的電路變動量，Δv_o對應$\Delta V_{CC} = 0$，視同電源V_{CC}為短路，另外考慮信號的頻率，把圖5(a)的電容C_B及C_E視為交流短路，得到圖6(a)，是作AC分析的電路。

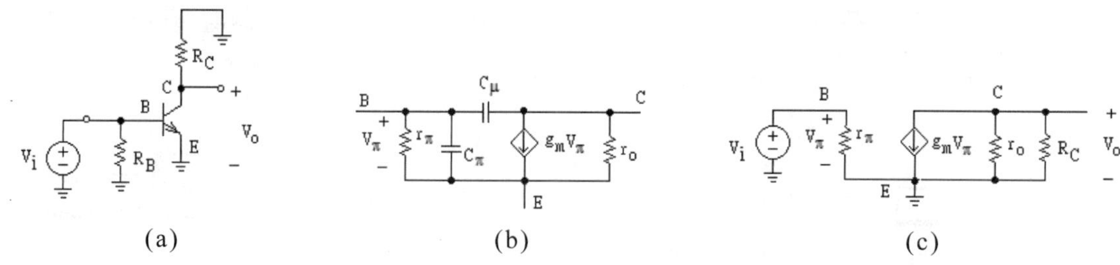

圖6　BJT元件使用在低頻的AC等效電路。

基於式(3)及考慮兩個接面電容C_π及C_μ，可以建立一個BJT元件的AC等效電路，如圖6(b)。C_π及C_μ是幾個pF，在中頻帶的頻率，其阻抗遠大於其他電阻的阻抗，則在圖6(b)的C_π及C_μ可以視為開路，化簡成為圖6(c)。依據圖6(c)，從$V_o = -(g_m V_\pi)(r_o // R_C)$，得到$V_o/V_i = -g_m(r_o//R_C)$，同式(4)。

關於圖6(b)的AC等效電路再加些說明。BJT的i_B在輸入端不是零電流，這點不同於MOSFET，

$$\begin{aligned}\Delta i_B &= (\Delta i_B/\Delta v_{BE})|_Q \Delta v_{BE} + (\Delta i_B/\Delta v_{CE})|_Q \Delta v_{CE}\\ &= (\Delta i_B/\Delta i_C)|_Q(\Delta i_C/\Delta v_{BE})|_Q \Delta v_{BE} + (\Delta i_B/\Delta i_C)|_Q(\Delta i_C/\Delta v_{CE})|_Q \Delta v_{CE}\\ &= (1/\beta_o) g_m \Delta v_{BE} + (1/\beta_o)(1/r_o)\Delta v_{CE}\end{aligned}$$

其中定義參數$\beta_o = \Delta i_C/\Delta i_B$，是AC電流增益。另外，因為$g_m \gg 1/r_o$，簡化$\Delta i_B \approx (1/\beta_o) g_m \Delta v_{BE} = (1/r_\pi)\Delta v_{BE}$，其中定義$r_\pi = \beta_o/g_m$。這個參數$r_\pi$代表**共射極**的輸入阻抗，約為kΩ大小，不同於MOSFET的情形，詳比較圖6(b)及圖4(b)。在後面6.連級放大電路的實驗，將探討**輸入阻抗**的意義。

綜合上述，本實驗旨在瞭解電子電路的工作原理，以實驗方法檢驗等效電路的正確性。

在圖2及圖5的電晶體偏壓設計，須要使用μF大小的電容作耦合，這種偏壓不適用在類比IC電路。圖7的放大器使用電流源穩定電流I_D或I_C，輸入信號可以直接耦合，免除大體積的耦合電容。

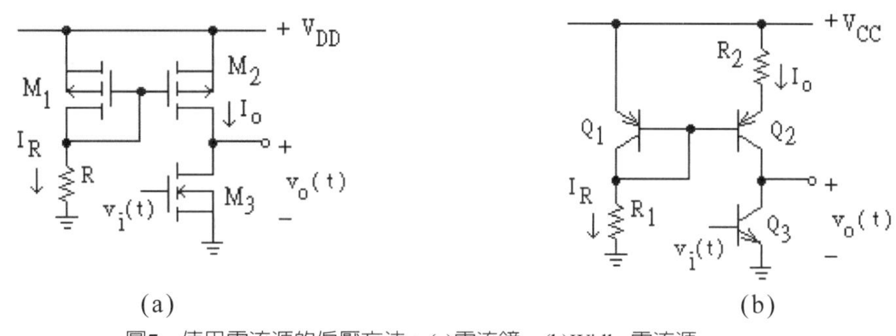

圖7　使用電流源的偏壓方法：(a)電流鏡，(b)Widlar電流源。

圖7(a)的元件M_1及M_2構成**電流鏡** (Current mirror)。若M_1及M_2是相同參數的元件，電流$I_R = I_o$，穩定住M3的電流$I_D = I_o$。圖7(b)是Widlar電流源，Q_1及Q_2是相同參數的元件並且皆處於順向活動態。從$I_C = I_S\exp(V_{BE}/V_T)$及假設$\beta_F \gg 1$，得到偏壓電流$I_o$，用來保持$Q_3$的工作電流$I_C = I_o$，

$$I_oR_2 = V_T\ln[I_R/I_o] = V_T\ln[(V_{CC}-V_{BE})/I_oR_1]。$$

根據上面的公式，電流源之兩個配對的BJT電晶體必須處於相同的溫度。一般在麵包板上面以獨立的電晶體元件組成電流鏡，是無法確保兩個電晶體的溫度相同。若把這型偏壓電路製作在同一塊的晶片上面，組成IC電路，基於矽材質良好的熱傳導，就能夠把晶片上面的電晶體維持在相同的溫度。

2. 共源極放大電路

如下圖，(a)用2N7000構成一個共源極放大電路 (CS)，(b)示意在麵包板上面排列元件的方式。使用MOSFET須先自行確認接腳，及檢查電晶體的功能是否正常 (靜電損害)，參考實驗6。

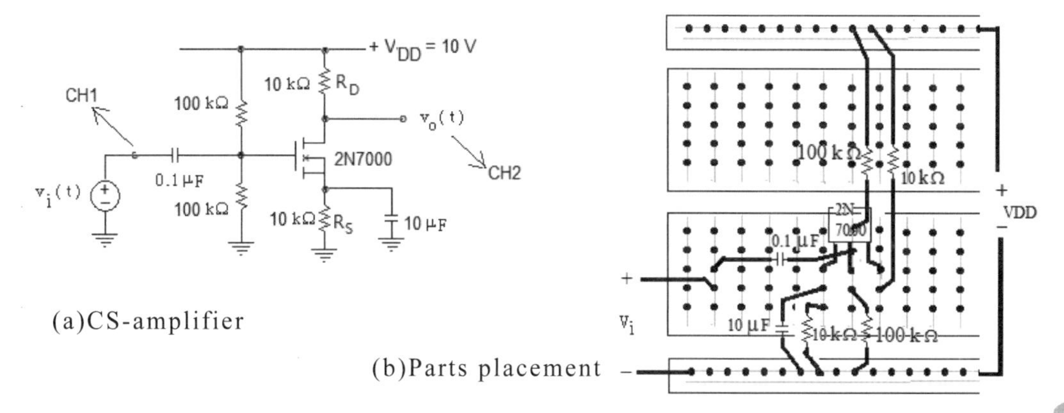

(a)CS-amplifier

(b)Parts placement

2-1 用三用電錶讀取電晶體工作點的 I_D = _______，V_{DS} = _______及 V_{GS} = _______。檢驗上圖電路之MOSFET的工作點是否在飽和區內。參考前面量測的數值及實驗6：場效電晶體關於臨界電壓 V_{th} 的量測，由 $g_m = 2I_D/(V_{GS} - V_{th})$ 計算上圖電路之2N7000**傳輸電導** g_m = _______。因為Early電壓 $V_A \approx 100$ V及 $I_D \approx 1$ mA，則 $r_o = V_A/I_D \approx 100$ kΩ。檢視 $R_D/r_o \approx 0.1$，簡化式(2)為 $A_v \approx -g_m R_D$，據此計算CS電路增益的理論數值，A_v = _______。

2-2 信號產生器提供信號 $v_i(t) = V_i\sin(2\pi ft)$，即相當於在圖2的 Δv_i，取頻率f為1 kHz～100 kHz。分別調整振幅 V_i = 50 mV及0.1 V，讀取輸出信號 $v_o(t)$ 振幅及相位移 (v_o 相對於 v_i 的相位移是 $\Delta\theta = \theta_o - \theta_i$，參考實驗2)。

V_i =

f(kHz)	1	2	5	10	20	50	.100
$\|Av\| = \|V_o/V_i\|$							
$\Delta\theta$(deg)							

參考圖3，**尋找中頻帶的截止頻率** f_L **及** f_H。注意相位移的變化，尤其在頻率低於 f_L 及頻率高於 f_H 時的變動時，記錄相位移如何跟隨頻率變動。中頻帶的增益 A_v 是否符合2-1節的理論值？試探討之。

2-3 移走與電阻 R_S 並聯的電容，維持 R_S = 10 kΩ。重覆2-2節的量測並記錄之。量測的目的在於了解旁路電容 C_S 如何影響信號增益。

2-4 經由更改 R_D 及 R_S 的電阻值，設計一個CS電路，規格是：偏壓 I_D = 0.5 mA，汲極節點到接地的直流電壓差是5V，有中頻帶增益 $|V_o/V_i| \geq 30$。記錄設計值：R_D = _______，R_S = _______。
比照2-2節，但是只須要量取中頻帶增益 $|V_o/V_i|$。若設計的電路無法達到 $|V_o/V_i| \geq 30$，說明原因。

❖3. 共射極電路的量測

在麵包板上面按照下圖的共射極 (CE) 電路接線，從電源供應器輸出$V_{CC} = 15$ V。電晶體Q是2N3904，其$\beta_F \approx 180$ (實驗7)。接線時注意電容C_B的**極性**，其正極端接到較高的直流電位。

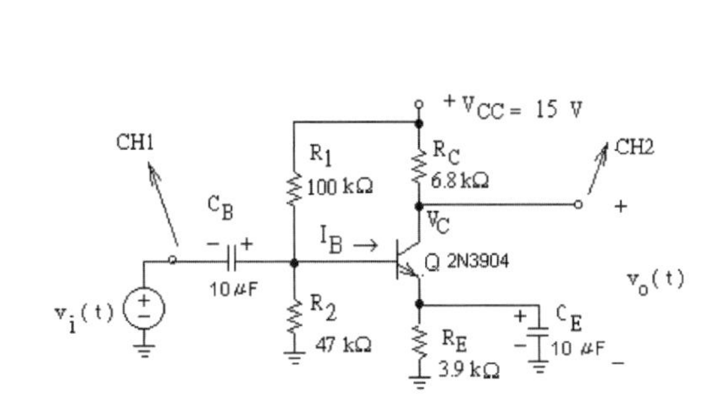

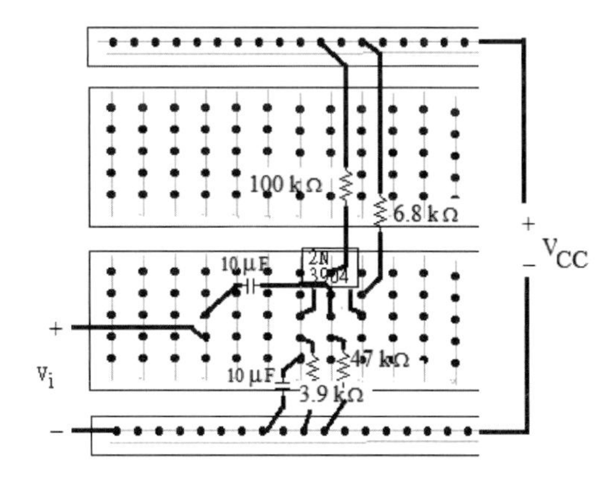

從上圖的電路計算2N3904的直流I_C及V_{CE}之數值。**把直流分析的過程寫在實驗記錄本上**：I_C = ______，V_{CE} = ______。由BJT的公式$g_m = I_C/V_T$，計算2N3904元件之傳輸電導的數值：g_m = ______。同2-1節，由於$R_C/r_o \approx 0.1$，簡化式(4)為$A_v \approx -g_m R_C$。計算CE放大器增益的理論值：A_v = ______。

3-1 使用三用電錶讀取**電晶體工作點**的I_B，I_C及V_{CE}，其中基極電流I_B可經由量取在R_1及R_2的電壓降V_1及V_2，計算$I_B = V_1/R_1 - V_2/R_2$，I_C亦可間接先量取在R_C的電壓降，由I_C = (電壓降)/R_C得到。記錄量測值I_B = ______mA，I_C = ______mA，V_{CE} = ______V，是否符合上面的直流分析的結果？

3-2 BJT元件的β_F隨溫度變化，造成工作點的漂移。上面電路的R_E是為了穩住集極電流I_C。這裡從實驗觀察溫度對BJT的影響。以電烙鐵靠近電晶體Q加溫，觀察集極與接地之間的電位V_C是否變化，同時記錄加溫時的I_C。接著移走R_2，R_E及C_E，把射極直接接地，再加熱電晶體，記錄I_C及V_C的漂移。經由兩次的量測，探討R_E對穩定I_C的效能是否確實。作完觀察後回復原來電路的接線，並且拔掉電烙鐵電源。

3-3 同3-1節的接線。若把電容C_B的正負極反接時，即正極靠近接地，電晶體Q的I_C或V_C是否漂移？記錄現像。(參考實驗1，4-3節，電容漏電流的量測)

3-4 同3-1節的接線，輸入端連接到信號產生器送出弦波$v_i(t) = V_i\sin(2\pi ft)$，即相當於在圖5的$\Delta v_i$，其振幅$V_i$ = 10 mV (拉出信號產生器的AMPL轉鈕才能調出mV)，頻率f = 10 kHz。用示波器的CH1觀察共射極的輸入信號$v_i(t)$，CH2觀察輸出信號$v_o(t)$。記錄$v_o(t)$及$v_i(t)$的相位關係______及波形之振幅比值V_o/V_i = ______。

如3-3節，把電容C_B的正負極反接時，記錄波形$v_o(t)$及振幅比值V_o/V_i = ______。若結果不同於前面的量測，是何理由？量測後把電容回復正接。

3-5 這裡探討C_E對信號放大的影響。分別設C_E為10 μF，0.1 μF及移開，重覆3-4的測量，記錄振幅比值V_o/V_i。

C_E = 10 μF，V_o/V_i = ______；C_E = 0.1 μF，V_o/V_i = ______；

移開C_E，V_o/V_i = ______。

3-6 這裡探討C_B對信號放大的影響。C_B分別為10 μF，0.1 μF及短路，重覆3-4的測量，記錄振幅比值V_o/V_i。

C_B = 10 μF，V_o/V_i = ______；C_B = 0.1 μF，V_o/V_i = ______；

短路C_B，V_o/V_i = ______。

3-7 同3-4的測量條件，若$v_i(t)$的振幅$V_i \geq$ 30 mV，從示波器的CH2觀察並記錄$v_o(t)$波形的變化。改變V_{CC} = 30 V，重覆觀察$v_o(t)$的波形並記錄之。這裡是關於信號的線性失真，參考在145頁之圖1(b)。

3-8 重覆3-4實驗項目，但頻率f在100 Hz～1000 kHz範圍變動，以下列形式的表格記錄。

f(kHz)	0.1	0.2	0.5	1	2	5	10	20	50	100	200	500	1000
V_o/V_i													
Δθ(deg)													

繪製振幅比值V_o/V_i對頻率f的變化圖 (如圖3的曲線圖)。從數據尋找中頻帶的截止頻率f_L及f_H。記錄f_L = _____kHz，f_H = _____kHz，中頻帶的頻寬($f_H - f_L$) = _____kHz。

檢驗中頻帶的信號增益$|A_V| = |V_o/V_i|$，是否符合**理論數值**($A_v \approx -g_mR_C$)？試由實驗探討理論之正確性。自行改變C_B或C_E值 (為何不改變R_1、R_2或R_E？)，觀測並記錄f_L的變化。由此能否歸納得到影響f_L的因素？

同2-2節，變動信號產生器的頻率時，記錄示波器的觀察，並且**描述共射極放大器之相位移Δθ的變化**，尤其在頻率低於f_L及頻率高於f_H時的相位變動。**從低頻跨越中頻帶到高頻，共源極及共射極放大器有類似的相位移的變化趨勢**。試由**實驗2**之**正弦波電路響應**，解釋這種相位移的變動。

歸納MOS及BJT放大器的實驗，MOS共源極的電壓增益數值約20～40，BJT共射極可以達到200，兩者有明顯的差異，試探討其原因。

詳問題7-1，7-2及7-3的討論 (**把答案寫在實驗報告**)。

❖4. 共基極電路的量測

在麵包板上按照下面的共基極 (CB) 電路接線，電晶體是3904。注意電容的極性接線。

CH1 2N3904 CH2 Q C_E 10μF $v_i(t)$ R_E 3.9 kΩ R_C 6.8 kΩ R_1 100 kΩ R_2 47 kΩ C_B 10μF + $v_o(t)$ $+V_{CC}$ = 15 V

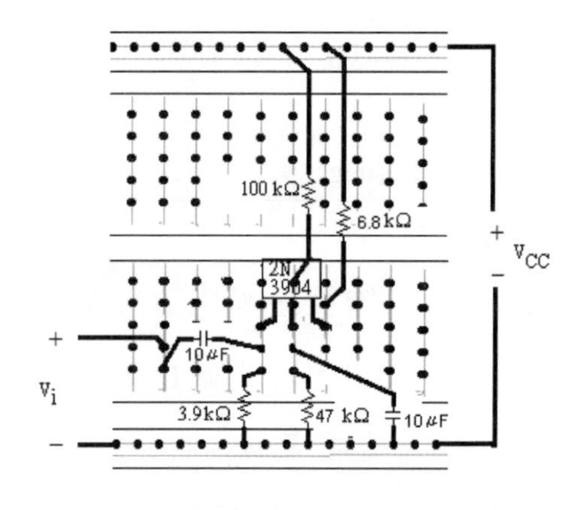

4-1 調整電源供應器，輸出V_{CC} = 15 V。使用三用電錶量取並且記錄：I_B = ______mA，I_C = ______mA，V_{CE} = ______V。2N3904元件的工作點與3-1節量測到的相近。由工作點數據，計算2N3904元件之傳輸電導的數值：g_m = ______。上圖的CB放大器增益的理論值：A_v = ______ ($A_v \approx g_m R_C$，為何是正值？)。

傳輸電導g_m描述一個電晶體元件的輸入電壓變動時，輸出電流如何跟隨變動。除了信號的增益，共射極 (CE) 及共基極 (CB) 放大電路在中頻帶之一些參數亦與g_m有關聯，如下表列：

	輸入阻抗R_i	輸出阻抗R_o	電壓增益A_V	電流增益A_I	頻寬 ($f_H - f_L$)
CE	β_o/g_m	R_C	$-g_m R_C$	β_o	小 (Miller效應)
CB	$1/g_m$	R_C	$g_m R_C$	−1	大

參數 (R_i、R_o、A_V及A_I) 是由電路結構推導出來之近似表式，方便用實驗方法驗證。共射極CE的電流增益定義為$\beta_o = \Delta i_C/\Delta i_B$，或以電流相量表達，$\beta_o = I_c/I_b$，其數值$|\beta_o| \approx \beta_F$。參考後面問題7-4的練習。

4-2 同4-1節的接線，輸入端連接到信號產生器，送出弦波$v_i(t) = V_i \sin(2\pi ft)$，振幅$V_i$ = 5 mV，頻率f = 10 kHz。使用示波器的CH1及CH2觀測輸入$v_i(t)$及輸出$v_o(t)$，**記錄波形的相位關係**。逐次變動頻率f，由100 Hz變化至約1 MHz，找出中頻帶的f_H和f_L，記載：f_L = ______kHz，f_H = ______kHz，中頻帶頻寬($f_H - f_L$) = ______kHz。在中頻帶的振幅比值

V_o/V_i = _______。實驗量測的增益及頻寬是否符合理論預料？

4-3 觀察電容C_B對信號增益的影響。同4-2節的量測。在不同的C_B值，記錄小信號振幅的比值V_o/V_i：$C_B = 10\ \mu F$，V_o/V_i = _______；$C_B = 0.1\ \mu F$，V_o/V_i = _______；移開C_B，V_o/V_i = _______。

5. 連級放大電路的特性

在第2～4節的單級放大器實驗，示波器的CH1及CH2的輸入阻抗約為1MΩ。因此，以示波器的探針接觸放大器的輸出時，不會對放大器的負載發生影響。當兩級電路串聯時，前級的輸出阻抗 (負載) 與後級的輸入阻抗**形成並聯**；若後級的輸入阻抗不夠大時，會降低前級的負載。下面探討**兩級之間的阻抗匹配**問題。如下圖，使用耦合電容 (10 μF)，把第3節的CE及第4節的CB電路串聯成一個連級放大器，其中V_{CC} = 15 V來自同一電源。理論上，總電壓增益為兩級增益之乘積 (> 10^4)。

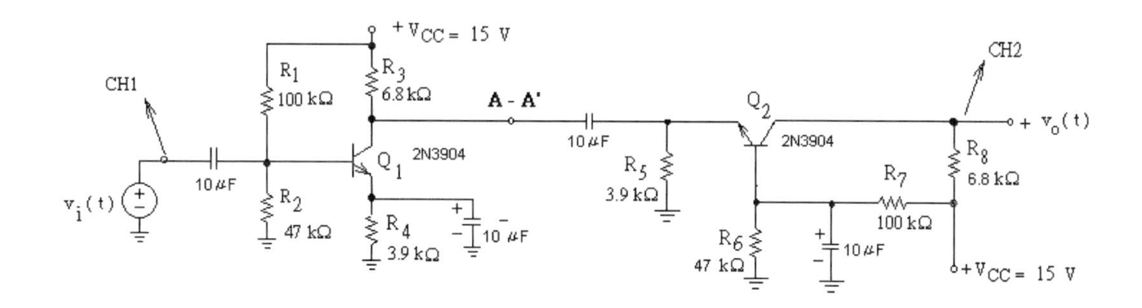

5-1 首先，試從理論計算此CE-CB連級電路之中頻帶電壓增益。假設Q_1的傳輸電導是g_{m1}，Q_2的是g_{m2}。**共射極電路的輸出阻抗從**R_3**變成**$R_3//R_5//R_{i2}$ **(並聯)**，其中$R_{i2} \approx 1/g_{m2}$是**由共基極之**Q_2**的射極看入的輸入阻抗，並且在這裡忽略與Early效應有關的**r_o。若**輸入**Q_1**的信號**是V_i，在Q_2的**輸出信號**是V_o，則$V_o \approx [-g_{m1}(R_3//R_5//R_{i2})][g_{m2}R_8]V_i$。整理得到**連級放大電路的總增益**式子，

$$V_o/V_i = -g_{m2}R_8\{(g_{m1}/g_{m2})/[1+(1/g_{m2})(1/R_3+1/R_5)]\}。$$

因為CE及CB的偏壓電路相同，則$g_{m1} = g_{m2}$。在數值計算，可以先由

偏壓電路，用$\beta_F = 180$ (2N3904) 及$V_{BE} = 0.7$ V的數值，分別計算Q_1及Q_2的集極電流：$I_{C1} =$ (1.0 mA)，$I_{C2} =$ ______。

因此，$g_{m1} =$ (40 mS)，$g_{m2} =$ ______。寫下信號增益的理論值：$V_o/V_i =$ (-269)。

顯而易見，由於$g_{m1} = g_{m2}$，連級的增益$V_o/V_i \approx -g_{m2}R_8$，約等於單級的放大，這是有待量測的驗證。按上面電路圖，**參考第3及第4節元件在麵包板排列的方式**接線。從信號產生器送出正弦波$v_i(t)$，選定頻率f及振幅V_i，例如f = 10 kHz及$V_i \leq 5$ mV，須確認頻率在電路中頻帶。電路輸出$v_o(t)$失真時，調小振幅V_i。若$v_o(t)$仍未符合正弦波形，進一步使用可變電阻 (VR) 衰減振幅$V_i < 0.1$ mV。

從示波器的CH1及CH2分別讀取交流信號的振幅V_i及V_o，記錄比值V_o/V_i：______。在頻率f = ______kHz，增益$V_o/V_i =$ ______。此實驗值是否符合理論的預測？試討論其意義。

5-2 重新調整電晶體Q_2偏壓電路，變動偏壓及負載電阻：$R_5 = 15$ kΩ，$R_6 = 100$ kΩ，$R_7 = 330$ kΩ，$R_8 = 47$ kΩ。如此改變了Q_2的**偏壓電流**，也變動其AC等效電路的參數值。比照5-1節，使用2N3904的$\beta_F = 180$及$V_{BE} = 0.7$ V**重新計算**Q_2的集極電流：$I_{C2} =$ (0.18 mA)。因此，$g_{m2} =$ (7.2 mS)。

把5-1節的g_{m1}及調整電阻後的g_{m2}代入

$$V_o/V_i = -g_{m2}R_8\{(g_{m1}/g_{m2})/[1+(1/g_{m2})(1/R_3+1/R_5)]\}。$$

因此，調整共基極電阻後，信號增益的理論值：$V_o/V_i =$ (-1825)。

完成上述的估算，進行連級放大電路的量測。從示波器的CH1及CH2分別讀取交流信號的振幅V_i及V_o，記錄電壓增益V_o/V_i：在f = ______kHz時，AC增益$V_o/V_i =$ ______。

此實驗值是否符合理論的預測？比較前面5-1節的實驗，並且試討論其意義。

5-3 把Q_2偏壓電路的電阻值**還原**，同5-1節量測時的標示。接著在CE及CB兩級之間 (A-A') 串接一個共集極 (CC) 結構，如下圖示意。共集級包括BJT元件Q_3及電阻R_E與R_B。

共集級 (CC) 的電壓增益接近1，電流增益$\beta_o = I_c/I_b \approx \beta_F$。從$Q_3$的基極看入的阻抗是$\beta_o R_E$。因此，這裡的共集級之輸入阻抗$R_i \approx R_B//(\beta_o R_E)$，以$\beta_o \approx \beta_F = 180$估算，$R_i = 220\ k\Omega//180\ k\Omega \approx 99\ k\Omega$。

當連結成CE-CC-CB，必須考慮R_E與R_5及R_{i2}的並聯。因此，輸入阻抗$R_i \approx R_B//\beta_o(R_E//R_5//R_{i2})$，其中$R_E//R_5//R_{i2} \approx 1/g_{m2}$。以$\beta_o = 180$及$g_{m2} = 40\ mS$估算，$R_i \approx R_B//\beta_o(1/g_{m2}) \approx 4.4\ k\Omega$。代入$V_o \approx [-g_{m1}(R_3//R_i)][g_{m2}R_8]V_i$，計算$V_o \approx -(40)(2.7)(40)(6.8)V_i \approx -2.9 \cdot 10^4 V_i$。以下試由實驗來驗證。

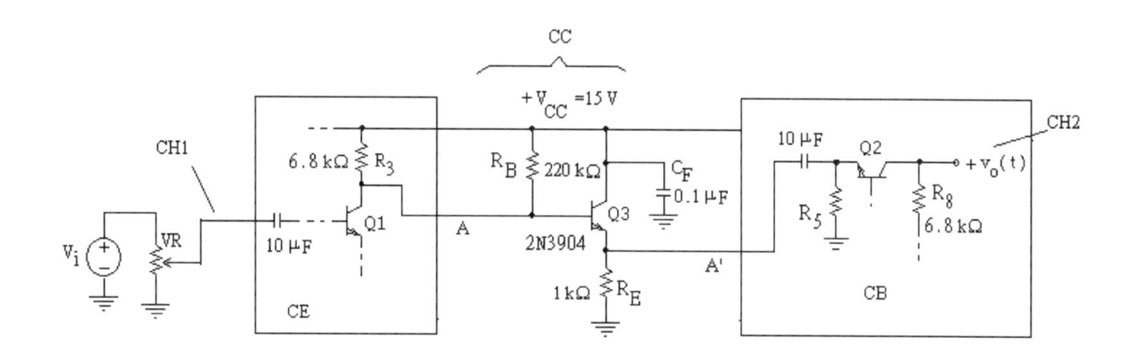

先按上面的電路圖完成接線，同5-1節的操作，以示波器的CH2讀取輸出之交流信號振幅V_o。在f = ______kHz時，記錄AC增益V_o/V_i = ______。檢驗實驗結果是否符合上述之理論預測。

注意：跨接在Q_3集極與接地之間的電容C_F有何意義？

❖6. 要點整理

放大電路的輸出信號包括直流量及交流量，例如，在MOS元件的情形是$i_D = I_D + \Delta i_D$，直流電流I_D與電源V_{DD}有關，由直流電路計算出來。交流量或小信號Δi_D與交流輸入有關，用**相量**表達$\Delta i_D = Re[I_d e^{j\omega t}]$，若知道元件的**傳輸電導**$g_m$，則有$I_d = g_m V_{gs}$的關係。加入Early效應，

$$I_d = g_m V_{gs} + V_o/r_o,$$

其中$g_m=(\Delta i_D/\Delta v_{GS})|_Q=2I_D/(V_{GS}-V_{th})$及$1/r_o=(\Delta i_D/\Delta v_{DS})|_Q=\lambda I_D$是MOS元件在飽和態的數值。

同理，在BJT元件的情形，輸入端V_{be}變動時，在輸出端的電流是$I_c=g_m V_{be}$。加入Early效應，

$$I_c=g_m V_{be}+V_o/r_o，$$

其中$g_m=(\Delta i_C/\Delta v_{BE})|_Q=I_C/V_T$及$1/r_o=(\Delta i_C/\Delta v_{BE})|_Q=I_C/V_A$，是由BJT在順向活動的電流$I_C$算出。

練習1

下圖(a)的電路，計算V_o/V_i。2N7000的$I_D=K(V_{GS}-V_{th})^2$，$K=0.03A/V^2$，$V_{th}=1.73$ V。

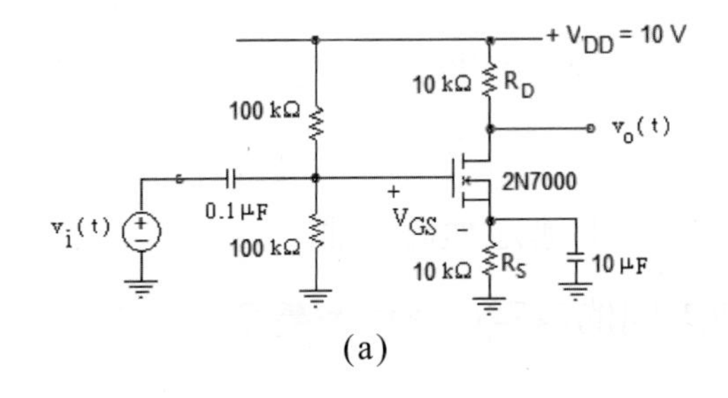

(a)

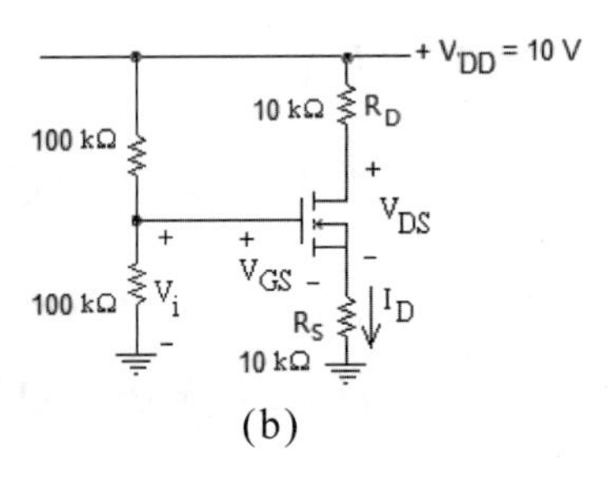

(b)

求解

先計算直流I_D。參考上圖(b)，從偏壓方程式$V_i=V_{GS}+R_S I_D$，得到$5=V_{GS}+10^4 I_D$。

先假設MOS元件在飽和態，則$I_D=0.03(V_{GS}-1.73)^2$或$V_{GS}=(I_D/0.03)^{1/2}+1.73$。因此，偏壓方程式改寫成$5=(I_D/0.03)^{1/2}+1.73+10^4 I_D$，整理得到$10^8 I_D^2-6.543\cdot 10^4 I_D+10.693=0$，求解得到直流電流$I_D=3.37\cdot 10^{-4}$及$3.17\cdot 10^{-4}$A。

檢驗(1)$I_D=3.37\cdot 10^{-4}$A，$V_{GS}=V_i-R_S I_D=5-3.37=1.63V<V_{th}=1.73$ V，

MOS元件不導通；

(2)$I_D = 3.17 \cdot 10^{-4}$A，$V_{GS} = 5 - 3.17 = 1.83V > V_{th}$，$V_{DS} = 10 - 3.17 \times 2 = 3.66\ V > (V_{GS} - V_{th})$，MOS元件飽和。

取(2)：$I_D = 3.17 \cdot 10^{-4}$A及$V_{GS} = 1.83\ V$，計算$g_m = 2I_D/(V_{GS}\text{-}V_{th}) = 2 \cdot 3.17 \cdot 10^{-4}/(1.83\text{-}1.73) = 6.34$ mS。

作交流量Δi_D計算時，考慮中頻帶的頻率，視電容的阻抗近似短路及$\Delta V_{DD} = 0$，化簡圖(a)的電路成為如下的AC分析電路，其中$V_i = V_{gs}$，並且把交流信號Δi_D寫成$I_d = g_m V_{gs}$。

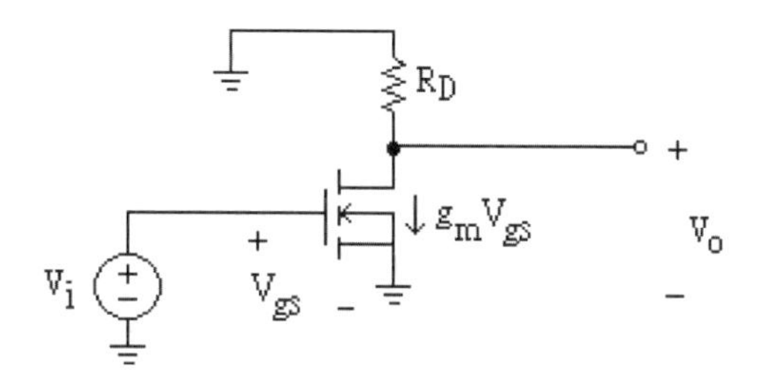

由$V_o = -R_D I_d = -R_D(g_m V_{gs})$及$V_i = V_{gs}$，得到$V_o/V_i = -g_m R_D$。代入數值，$V_o/V_i = -6.34 \cdot 10 \approx -63$。

練習2

假設BJT元件的$\beta_F = 180$及$V_{BE} = 0.6$ V，計算共基極的V_o/V_i。

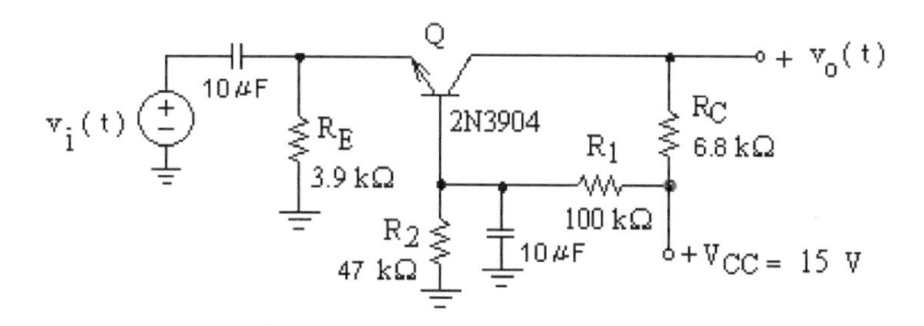

求解

先計算直流I_C。從Thevenin理論，可以簡化下面圖(a)的電路成為圖(b)，其中$V_B = V_{CC}R_2/(R_1 + R_2)$及$R_B = R_1R_2/(R_1 + R_2)$。依據KVL，寫下偏壓方程式$V_B = R_BI_B + V_{BE} + (I_C + I_B)R_E$。

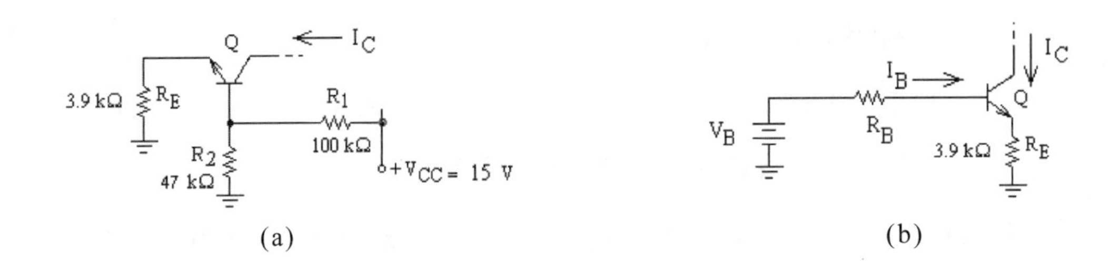

代入數值，$V_B = 15 \cdot 47/(100 + 47) = 4.79$ V，$R_B = 100 \cdot 47/(100 + 47) = 31.97$ kΩ。先假設電晶體Q在順向活動態，則$I_C = \beta_F I_B$，最後檢驗V_{CE}。偏壓方程式寫成$4.79 = 31.79 \cdot I_B + 0.7 + (1 + 180) \cdot I_B \cdot 3.9$，解出

$I_B = (4.79 - 0.7)/(31.79 + 181 \cdot 3.9) = 5.5 \cdot 10^{-3}$ mA；

$I_C = \beta_F I_B = 180 \cdot 5.5 \cdot 10^{-3}$ mA ≈ 1.0 mA；〔檢驗$V_{CE} = V_{CC} - I_C(R_C + R_E) = 4.3$，Q在順向活動態〕

使用$V_T = 25$ mV，計算傳輸電導$g_m = I_C/V_T = 1.0$ mA/25 mV = 40 mS。

作交流量Δi_C的計算時，考慮中頻帶的頻率，視電容的阻抗近似短路及$\Delta V_{CC} = 0$，可以化簡原始的電路成為下圖的AC分析電路，其中$V_i = -V_{be}$，並且把電流信號Δi_C寫成$I_c = g_m V_{be}$。

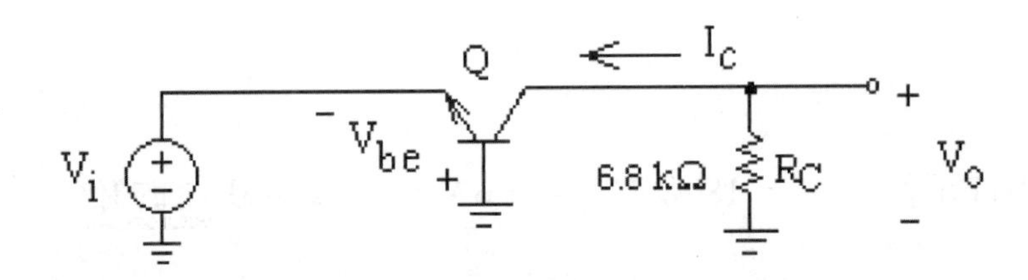

由$V_o = -R_C I_c = -R_C(g_m V_{be})$，得到$V_o/V_i = g_m R_C = 40 \cdot 6.8 \approx 270$。($V_o$及$V_i$是同相位！)

❖7. 問題與討論 (有*標示者較難回答)

7-1 從第2節及第3節的量測數據，比較MOS及BJT的電壓增益$|V_o/V_i|$何者為大？試說明理由。從放大器設計的觀點，MOS及BJT元件對放大器的性能有那些優劣之處？

*7-2 比較3-4節的量測結果與理論值的差異。若有不符合處，是否與g_m有關？計算時，一般使用$I_C = I_S exp(V_{BE}/V_T)$。實際上，$I_C = I_S exp(V_{BE}/nV_T)$，其中$n \geq 1$應是比較合符BJT元件的描述。試自行設計量測方法，以決定2N3904的n值，由$g_m = I_C/nV_T$計算V_o/V_i值，並且再與測量結果比較。

7-3 在3-5節探討電容C_E對共射極信號放大的影響。當移開電容C_E觀察到$|V_o/V_i|$變小。試簡要分析這個現象。

*7-4 試從電路結構，練習推導出下面表列之共射極 (CE) 及共基極 (CB) 放大器在中頻帶之參數：

	輸入阻抗R_i	輸出阻抗R_o	電壓增益A_V	電流增益A_I	頻寬 (f_H-f_L)
CE	β_o/g_m	R_C	$-g_mR_C$	β_o	小 (Miller效應)
CB	$1/g_m$	R_C	g_mR_C	-1	大

從表列，CB放大器之$R_i \approx 1/g_m$比CE的$R_i \approx \beta_o/g_m$為小。在5-1節同樣的偏壓條件之下，假設連級的順序是CB-CE，試求解其中頻帶的電壓增益。CB-CE的電壓增益是否比CE-CB的為大？可行的話，以實驗證明之。〔提示：CB-CE的增益$V_o/V_i \approx -g_{m1}R_3\{(\beta_o g_{m2}/g_{m1})/[1+(\beta_o/g_{m1})(1/R_8)]\}$。基於$g_{m2} = g_{m1}$，簡化成$V_o/V_i \approx -g_{m1}R_3\{\beta_o/[1+(\beta_o/g_{m1})/R_8]\}$。若以數值估算，$|V_o/V_i| > 10^4$。〕

8. 參考資料

8-1 Sedra/Smith：Microelectronic Circuits，關於偏壓電路，MOSFET及BJT的AC等效電路。

8-2 Millman/Grabel：Microelectronics，BJT的AC等效電路，電晶體放大電路 (中頻帶)。

筆記欄

實驗9　回授放大電路

目的：(1)認識回授放大電路；(2)回授傳輸函數及回授因數β；(3)聲頻放大器。

器材：示波器、信號產生器、直流電源、2N3904、2N3906、1N4148、R、C、揚聲器 (隨身聽)。

❖1. 說明

電子電路的功能參數，例如增益值，易受到電源供應及溫度等因素的影響而變動。為了提升電路的穩定性及線性度，常運用回授 (Feedback) 的技巧。圖1以信號流程說明回授電路的工作原理。

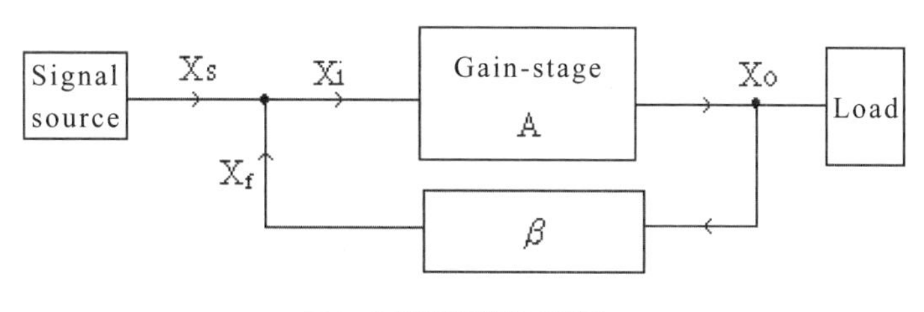

圖1　回授電路的示意圖。

圖1包括一個增益級A及標示β的方塊。方塊β連接電路之輸出和輸入兩個端點，最簡單的形式是一個電阻分壓電路。輸出X_o經由方塊β被轉變成為X_f，$X_f = \beta X_o$，這個過程稱為**取樣** (Sample)。把X_f饋入輸入端與信號X_s結合，成為增益級A實際的輸入信號X_i，這個過程稱為**混合** (Mixing)。從輸出信號的**取樣**，到**混合**成為新的輸入信號的過程，稱為**回授** (Feedback)，β是**回授因數** (Feedback factor)。混合方式有**正**及**負**兩種，各有其工程的意義。**正回授**定義為$X_i = X_s + X_f$，其意義將在下個實驗介紹。基於電路響應的穩定要求，一般的**類比放大電路**使用**負回授**，定義為$X_i = X_s - X_f$。

負回授時，從圖1的符號定義得到$X_o = AX_i = A(X_s - X_f) = A(X_s - \beta X_o)$。由$(1 + \beta A)X_o = AX_s$得到：

$$A_F = X_o/X_s = A/(1+\beta A)\text{，} \tag{1}$$

其中A_F為回授電路的增益函數，亦稱為**閉路增益** (Closed-loop gain)。另外，βA稱為**迴路增益** (Loop gain)。式(1)的增益A主要由電子元件決定，亦稱為**開路增益** (Open-loop gain)。若$|\beta A| \gg 1$，

$$A_F = (1/\beta)[1/(1+1/\beta A)] \approx (1/\beta)(1-1/\beta A) \approx (1/\beta)\text{，} \tag{2}$$

式(2)表示**閉路增益**A_F，變成主要由β或**回授電路的元件** (例如電阻)來決定。電阻或被動元件有較高的數值準確性及溫度穩定度，因此A_F穩定，較不易受到電源或半導體元件特性漂移的影響。

圖1內的**增益級**是由電子元件組成，其**增益 (傳輸) 函數**定義為$A = X_o/X_i$。X_o及X_i分別是電壓或電流。因此，**增益函數**A有四種形式，如圖2的示意，包括(1)電壓對電壓$A_v = V_o/V_i$，(2)電流對電壓$G_m = I_o/V_i$，(3)電壓對電流$R_m = V_o/I_i$及(4)電流對電流$A_I = I_o/I_i$。參考圖1及2，從**輸入端的聯結**可以辨識X_f，X_s及X_i的**物理屬性**，即X_f，X_s及X_i是電壓變量或是電流變量。只有**物理屬性**相同**的變量才能夠混合**。**從輸出端的聯結**可以辨識X_o的**物理屬性**。增益函數A的形式可以由**輸出端的信號**X_o**及輸入信號**X_i**的物理屬性**來獲知。**回授因數**β可以由**輸出端及輸入端**的聯結推導出來。

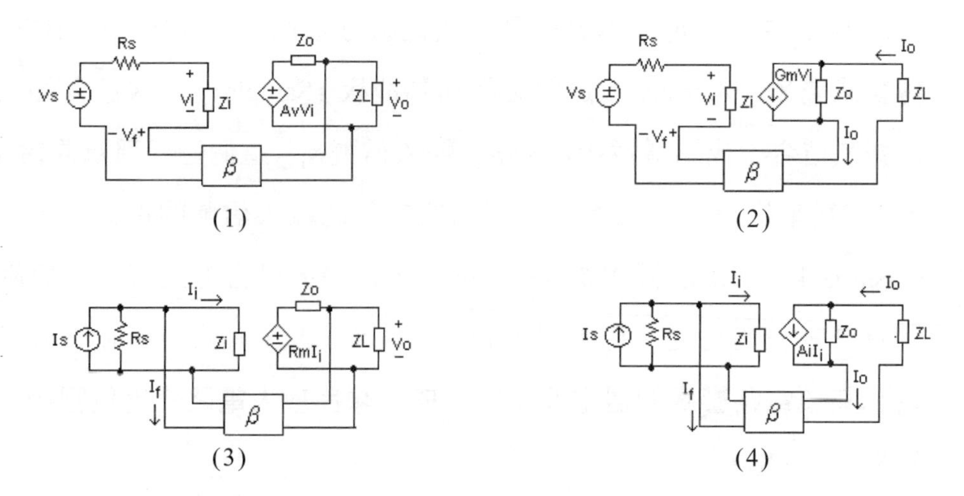

圖2　增益 (傳輸) 函數與各型負回授的連聯結方式。

從圖2所繪出的輸入/輸出的聯結方式及增益級的形式，可以歸納成為下面的表列：

電路	輸入端聯結 (變量)	輸出端聯結 (變量)	增益函數A的形式
(1)	串聯 (series，V_i)	並聯 (shunt，V_o)	$A_v = V_o/V_i$
(2)	串聯 (V_i)	串聯 (I_o)	$G_m = I_o/V_i$
(3)	並聯 (I_i)	並聯 (V_o)	$R_m = V_o/I_i$
(4)	並聯 (I_i)	串聯 (I_o)	$A_I = I_o/I_i$

聯結的方式會改變電路的輸入及輸出阻抗 (或電阻值)。以圖2的電路(1)為例，輸入阻抗因為**串聯**一個回授電路β而**變大**。設**開路輸入阻抗**為Z_i，則回授聯結後輸入阻抗變成Z_{iF}，

$$Z_{iF} = Z_i(1 + \beta A)。 \quad (3)$$

在電路(1)的**輸出**阻抗則因為**並聯**一個回授電路β而**變小**。假設增益級的**開路輸出阻抗**為Z_o，則由回授聯結後變成Z_{oF}，

$$Z_{oF} \approx Z_o/(1 + \beta A)。 \quad (4)$$

式(3)及(4)可以分別從圖2的**取樣/混合**的聯結方式推導出來。

回授電路的另一個課題是頻率響應。若電路中頻帶的增益是A_o，從式(1)可以證明負回授會使電路的**頻寬增大** $(1 + \beta A_o)$ 倍。另外，傳輸函數 (V_o/V_i或I_o/V_i等形式) 隨頻率產生大小及相位的變化。在一個負回授聯結的類比放大器，隨著頻率升高，相位反轉，可能使得βA逼近－1，則由式(1)知道會有$|A_F| \to \infty$的結果，放大器電路因而變成不穩定或發生振盪 (Oscillations)。要避免這型的不穩定性，放大電路必須採取頻率補償 (Frequency compensation) 的措施，這不屬於本實驗的範圍。

本實驗旨在探討低頻回授電路的原理。實作時，從回授的結構，辨識電路的**增益函數A的形式**及找出回授因數β。當**迴路增益**$|\beta A|$很大時，由式(2)看到電路增益約為1/β。因此，**不論電路的複雜性，運用**這個概念能夠**快速**估算電路的增益。從下面的電路實驗，可以自行探索這個技巧。

❖2. 回授電路的量測

下圖(a)是共射極 (CE) 電路，電晶體Q使用電阻R_2自動偏壓。與圖(a)比較，下圖(b)有相同的偏壓，不同處在於信號路徑上串接電阻R_3。V_s結合R_3可以轉換成Norton**等效電流源**的形式。參照圖2，圖(b)屬於第(3)型的回授聯結，輸入及回授信號在R_2及R_3的節點混合。對照圖2，$X_o = V_o$，$X_i = I_i$及$X_s = I_s$。因此，**增益函數**是$R_m = V_o/I_i$。如圖(b)的標示，$I_i = I_s - I_f$是**負回授**。從$I_f(= \beta V_o) \approx -V_o/R_2$，得到$\beta = -1/R_2$。把式$I_i = I_s - I_f$代入$V_o = R_m I_i = R_m(I_s - I_f)$，再代入$I_f = \beta V_o$，整理得到閉路增益

$$A_F = V_o/I_s = R_m/(1+\beta R_m)。$$

若$|\beta R_m| \gg 1$，$A_F \approx 1/\beta$。實際上，單獨以示波器不能直接量測I_s的數值。參考圖(b)，當R_3夠大時可以把V_s近似為$V_s \approx R_3 I_s$。最後，$V_o/V_s = (V_o/I_s)(I_s/V_s) \approx (1/\beta)/R_3 = -R_2/R_3$。因為$V_s$及$V_o$能夠直接從示波器量測得到，這樣可以用實驗驗證$V_o/V_s \approx -R_2/R_3$的推論。

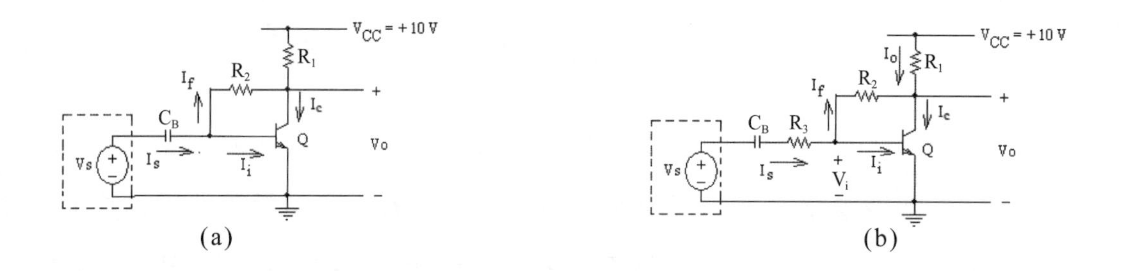

這裡有兩個基本問題：(1)因為電阻R_2連接輸出及輸入端，是否圖(a)亦可以視為回授放大電路？(2)從回授結構分析圖(b)的電路，其結果具有多大的準確度？以下分別探討問題(1)及(2)。

針對問題(1)的回答：雖然圖(a)的輸入端節點可以視為並聯連結，匯流I_s及I_f。但是輸入端直接與**電壓信號**V_s連結，電壓源V_s的電流不是獨立變量。因此，圖(a)不是V_o對I_s的回授放大電路。在中頻帶，寫下輸出節點的KCL方程式，$(V_o - V_s)/R_2 + V_o/R_1 = -I_c$，其中$I_c = g_m V_s$。求解得到$V_o/V_s = -g_m R_1[1 - 1/(g_m R_2)]/(1 + R_1/R_2)$。若偏壓電阻$R_2$很大，則簡化$V_o/V_s \approx -g_m R_1$。這個結果不同於圖(b)的$V_o/V_s \approx -R_2/R_3$。

針對問題(2)的回答：檢視圖(b)之輸出端及輸入端的節點，分別寫下在**中頻帶**的KCL方程式，

$(V_o - V_i)/R_2 + V_o/R_1 = -I_c$，其中$I_c = g_m V_i$，是元件Q對$V_i$響應的電流；

$(V_o - V_i)/R_2 + (V_s - V_i)/R_3 = I_i$，其中$I_i = I_c/\beta_o$，$\beta_o$是Q的交流電流增益。

第二式描述信號電流$I_s = (V_s - V_i)/R_3$與回授電流$I_f = -(V_o - V_i)/R_2$的混合方式。整理得到

$$V_o/V_s = (-R_2/R_3)/\{1 + (g_m/\beta_o)(1 + R_2/R_1)[1 + (\beta_o/g_m)(1/R_2 + 1/R_3)]/(g_m - 1/R_2)\}。$$

檢視上式，$g_m - 1/R_2 \approx g_m$。由於$\beta_o/g_m = r_\pi \approx 1\ k\Omega$，則$(\beta_o/g_m)(1/R_2 + 1/R_3)$之數量級約為1。因此，分母$\{1 + \cdots\} \approx \{1 + (1/\beta_o)(1 + R_2/R_1)(1 + \cdots)\}$。若$(1/\beta_o)(1 + R_2/R_1)(1 + \cdots) \ll 1$，即在較大$\beta_o$或較小$R_2/R_1$的條件之下，上式簡化成理想的$V_o/V_s \approx -R_2/R_3$，與元件的$g_m$及負載$R_1$無關。

綜合之，在圖(b)的電阻R_3定義出信號電流I_s，並且產生輸入與輸出信號之間的關聯。因此，在合理的條件之下，例如較大的β_o或較小的R_2/R_1，從回授結構得到$A_F \approx 1/\beta$，是有很好的準確度。

以下進行實驗。電路(a)及(b)的Q是2N3904，$R_1 = 470\ \Omega$，$R_2 = 33\ k\Omega$，$R_3 = 3.3\ k\Omega$及$C_B = 0.1\ \mu F$。在圖(a)電路，先以$V_{CC} = 10\ V$及$\beta_F = 180$計算Q的偏壓電流，I_C = ______。把I_C數值代入$g_m = I_C/V_T$，計算Q的傳輸電導g_m = ______。把g_m數值代入$V_o/V_s \approx -g_m R_1$，計算中頻帶增益的數值，V_o/V_s = ______。

2-1 單向信號傳輸：按圖(a)的電路接線。V_s是振幅10 mV的正弦波，以示波器量測在頻率50 kHz的增益數值V_o/V_s = ______，是否符合理論$V_o/V_s \approx -g_m R_1$？

檢驗50 kHz是否在中頻帶？掃瞄信號產生器的頻率，找出圖(a)之$|V_o/V_s|$頻率響應的3-dB頻率，並且記錄f_L = ______及f_H = ______。頻寬$f_H - f_L$ = ______。

在圖(b)的電路，Q的I_C同圖(a)的電路，即g_m = ______。把g_m及

$\beta_o \approx \beta_F(=180)$的數值代入上述的分析式，$V_o/V_s = -(R_2/R_3)/\{1+(g_m/\beta_o)(1+R_2/R_1)[1+(\beta_o/g_m)(1/R_2+1/R_3)]/(g_m-1/R_2)\}$，先計算分母$\{1+\cdots\}$ = ______，表示偏離 (R_2/R_3) 比值的量。最後，$V_o/V_s \approx (-R_2/R_3)/\{1+\cdots\}$ = ______。

2-2 **回授放大實驗**(A)：按圖(b)的電路接線，同上2-1節的量測方法。記錄在頻率50 kHz的增益V_o/V_s = ______。這個量測數值是否符合理論$V_o/V_s \approx (-R_2/R_3)/\{1+\cdots\}$的預估？

檢驗50 kHz是否在中頻帶？掃瞄信號產生器的頻率，找出圖(b)之$|V_o/V_s|$頻率響應的3-dB頻率並且記錄f_L = ______及f_H = ______。頻寬$f_H - f_L$ = ______。

在2-2節，從實驗檢驗$A_F \approx 1/\beta$的準確度，檢驗**設計的目標值** (Design target value) 是否符合理論的R_2/R_3比值。關於偏離$V_o/V_s = -(R_2/R_3)$的分析，除了從KCL方程式得到$V_o/V_s = -(R_2/R_3)/\{1+\cdots\}$的表式，另外也可以從求解增益函數$R_m$來探討。

$A_F \approx 1/\beta$的前提是$|\beta R_m| \gg 1$。已知$\beta = -1/R_2$，但是R_m如何？從定義，$R_m = V_o/I_i = (V_o/I_o)(I_o/I_i) = -R_1(I_o/I_i)$及$I_o/I_i \approx I_c/I_b = \beta_o$，得到$R_m = V_o/I_i = -\beta_o R_1$。以$\beta_o = 180$， $R_1 = 470\ \Omega$及$R_2 = 33\ k\Omega$代入計算，得到$|\beta R_m| = \beta_o R_1/R_2 = 2.56$。顯然提升$A_F \approx 1/\beta$的準確度必須增大$|\beta R_m|$。由$R_m = -\beta_o R_1$，預測經由**調整**$R_1$**或電流增益**$\beta_o$**可以增大**$|R_m|$。這個結論同上述以KCL方程式分析的結果。以下分別在2-3節及2-4節，藉由實驗來檢驗上述的結論。

2-3 **回授放大實驗**(B)：**增大**R_1。同圖(b)的電路接線，但是更換R_1電阻值3.3 kΩ及10 kΩ。同上2-2節的量測方法，記錄在頻率50 kHz的增益，並且檢驗其大小是否接近R_2/R_3：

$R_1 = 3.3\ k\Omega$，V_o/V_s = ______；$R_1 = 10\ k\Omega$，V_o/V_s = ______。

2-4 **回授放大實驗**(C)：**增大電流增益**。電流增益可以運用Darlington電路來增強，如下圖(c)的Q_1-Q_2配對，其電流增益$I_o/I_i \approx \beta_o^2$，因此$R_m = -\beta_o^2 R_1$。

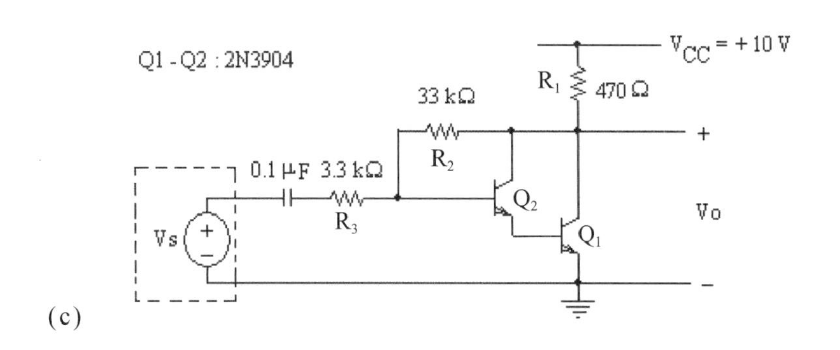

(c)

按圖(c)接線，同上2-2節的量測方法。記錄在頻率50 kHz的增益，V_o/V_s = ______，並且檢驗其大小是否接近R_2/R_3？

3. 聲頻放大電路

在上述2-1至2-4節，我們觀察回授電路的操作，從實驗來驗證關於電路增益及頻寬的理論。這裡運用回授電路組成一個聲頻放大電路，學習放大電路之**阻抗匹配**及**功率輸出**等問題。

聲頻放大器 (Audio amplifier) 的輸出負載是揚聲器 (Loudspeaker)，習稱為喇叭，是一種4～8 Ω的電感性負載。如何從一般高輸出阻抗 (kΩ數量級) 的放大電路把信號轉移到低阻抗 (4～8 Ω) 的揚聲器負載？檢視各型電晶體電路的性質，我們知道**射極跟隨器** (Emitter-follower) 或**共集極** (CC) 電路具有**高輸入阻抗，低輸出阻抗及大的電流增益**，常作為低阻抗負載的驅動級。揚聲器是電流驅動元件，常使用射極跟隨器來驅動。下圖(a)的電路由NPN及PNP元件Q_4-Q_5構成一個互補型射極跟隨器，亦稱推挽級 (Push-pull)，Z_L是負載。考慮低**功率損耗**的設計，把Q_4及Q_5偏壓在截止態，沒有輸入信號時是接近零功率。假設V_i是AC輸入信號。在V_i的正半週，Q_5截止，信號電流從Q_4的射極流向負載Z_L；在V_i的負半週，Q_4截止，信號電流從負載Z_L流向Q_5的射極。V_o-V_i的傳輸函數包括三個線段，是基極-射級的切入電壓 (V_{BE}及V_{EB}) 造成，稱為**跨越零點的信號失真** (Crossover distortion)。

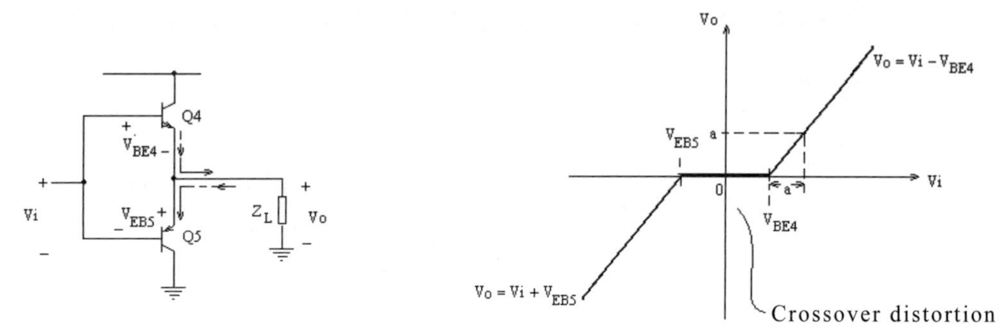

(a)Complementary emitter follower. Push-pull stage

若把V_o-V_i傳輸函數在$V_i > 0$的線段從右側向左平移$V_{BE4} + V_{EB5}$，連接成為一條連續的直線，可以解決信號失真。實際的作法是在Q_4的基極端串接兩個二極體，產生$2V_D = V_{BE4} + V_{EB5}$，如下圖(b)。

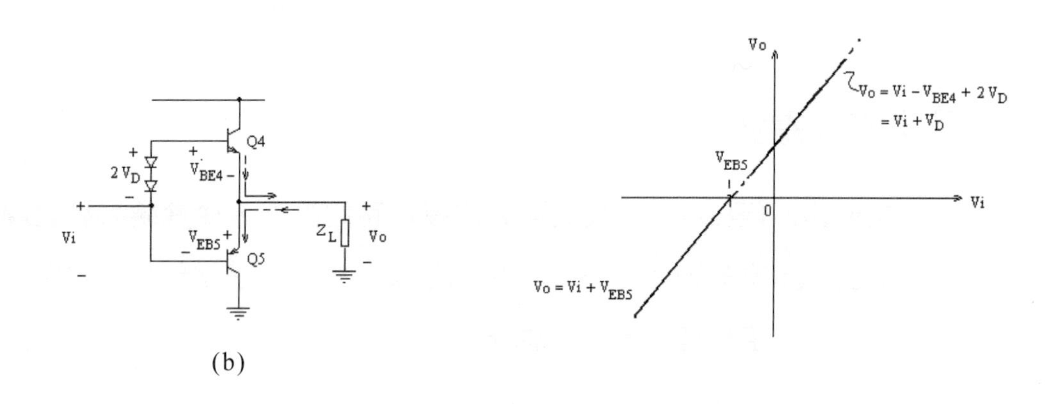

(b)

3-1 聲頻放大電路：根據上述組成下圖電路。電晶體Q_2-Q_3構成互補射極跟隨器，負載Z_L是一個8 Ω的揚聲器。串接在Q_2-Q_3射極的3.9 Ω電阻是作為限電流之用。電晶體Q_1結合RC元件構成聲頻信號V_i的前端放大級，其中R_C影響信號的增益，R_E決定Q_1的工作點電流I_C。一般選用合適的R_C及R_E數值，使在標示V_{o1}位置的直流電位約為$V_{CC}/2$。另外，二極體D_1及D_2的端點電壓V_D與工作點電流I_C有關。因此，在跨越零點低失真的設計，須選用R_C及R_E來實現$V_D \approx V_{BE2} \approx V_{EB3}$。

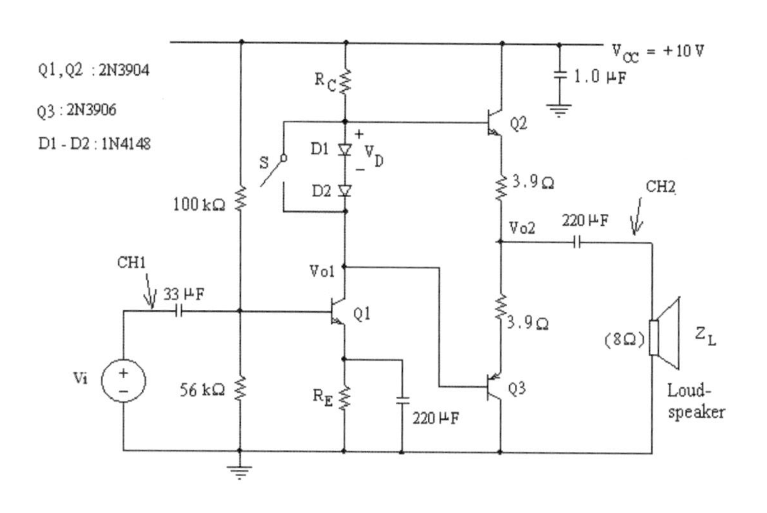

按圖接線，由信號產生器輸出正弦波V_i，頻率1 kHz，振幅50 mV，以示波器的CH1觀測V_i。選用兩組R_C及R_E，以示波器的CH2量測V_{o1}及V_{o2}信號波形，並且用數位電錶讀取V_D及V_{BE2}：

(1) $R_C = 6.8$ kΩ，$R_E = 3.3$ kΩ：繪製V_{o2}波形，記錄D_1的電壓V_D = ______ 及Q_2的V_{BE2} = ______。

(2) $R_C = 560$ Ω，$R_E = 220$ Ω：繪製V_{o2}波形，記錄D_1的電壓V_D = ______ 及Q_2的V_{BE2} = ______。

描述在(1)及(2)觀察到的V_{o2}波形，兩者是否有差異？**跨接在V_{CC}與接地之間的1.0 μF電容有何意義？**

失真實驗：在$R_C = 560$ Ω及$R_E = 220$ Ω的實驗，介於二極體D_1-D_2之間跨接一條導線，模擬一個短路開關S。使用S把二極體D_1-D_2短路，記錄輸出波形V_{o2}，描述所看到的**跨越零點信號失真**。

***3-2** 把音樂信號輸入聲頻放大電路：從3-1節的實驗，進一步組構完整的聲頻放大電路。如下圖示，J_1是接面場效電晶體，型號是K30A (參考實驗6)，其源極電阻R_E與輸出端的電阻R_F連接。

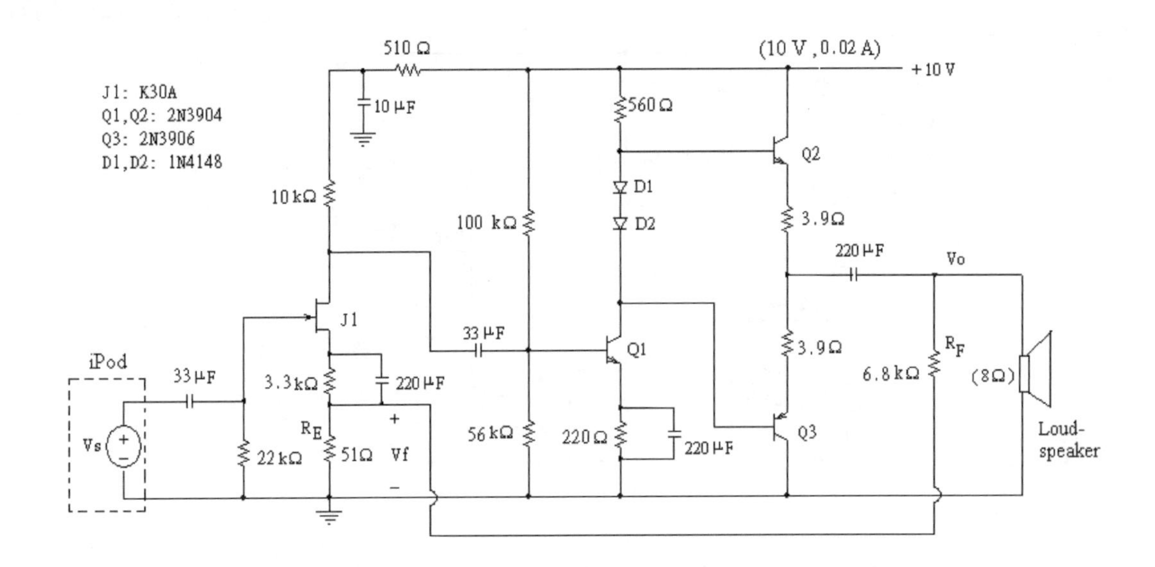

J_1與Q_1～Q_3組成回授放大電路，如標示，$V_f \approx [R_E/(R_F + R_E)]V_o$，則回授因數$\beta = R_E/(R_F + R_E)$。設$J_1$的輸入信號是$V_i$，則$V_i = V_s - V_f$。因此，增益函數的形式是是$A_v = V_o/V_i$。由閉路增益$A_F = V_o/V_s = A_v/(1 + \beta A_v) \approx 1/\beta$，得到電路的增益$V_o/V_s \approx 1/\beta = 1 + R_F/R_E \approx R_F/R_E$ (參考7.附錄之7-2例二)。

按電路圖接線，用正弦波驗證$V_o/V_s \approx R_F/R_E$。把信號源V_s連接到實際的樂器聲源，例如，J_1連接到一個iPod。試從揚聲器輸出的音質，評估這個聲頻放大電路的效能並且構想如何改善電路的設計。

❖4. 要點整理

雙埠電路的傳輸函數H(s)有四種形式，表達端點電壓(V_o，V_i)及電流(I_o，I_i)的關係，包括(1)電壓對電壓$A_V = V_o/V_i$，稱A_V為電壓增益；(2)電流對電壓$G_m = I_o/V_i$，稱G_m為傳輸電導；(3)電壓對電流$R_m = V_o/I_i$，稱R_m為傳輸電阻；及(4)電流對電流$A_I = I_o/I_i$，稱A_I為電流增益。

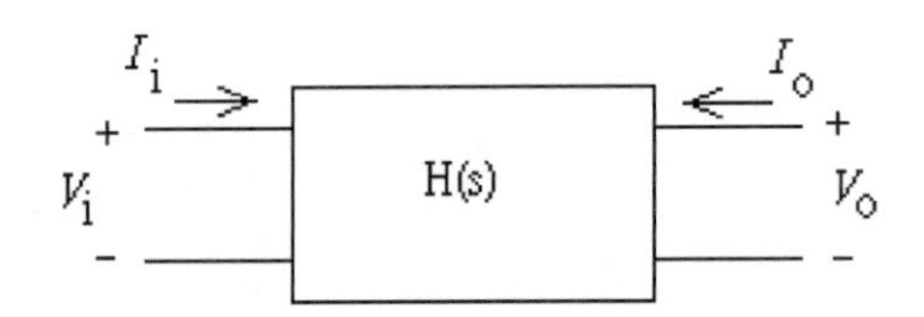

從雙埠電路組成回授放大電路，輸出X_o對輸入X_s之關係可以寫成$X_o/X_s = H(s)/[1+\beta H(s)]$。依據回授聯結方式，決定$X_o$及$X_s$的屬性，以及回授因數β與傳輸函數H(s)的形式。在電路的中頻帶，若$|\beta H(s)| \gg 1$，$X_o/X_s \approx 1/\beta$。

練習

(略，參考問題5-2及7.附錄的練習)

5. 問題與討論

*5-1 在2-4節之**回授放大實驗**(C)，運用Darlington電路來增強電流增益。如下圖，(a)求解Darlington電路的傳輸電導$G_m = I_o/V_i$，(b)從KCL方程式求解V_o/V_s，並且使用2-4節之圖(c)的電路參數值計算V_o/V_s，作為由實驗檢驗理論的依據。

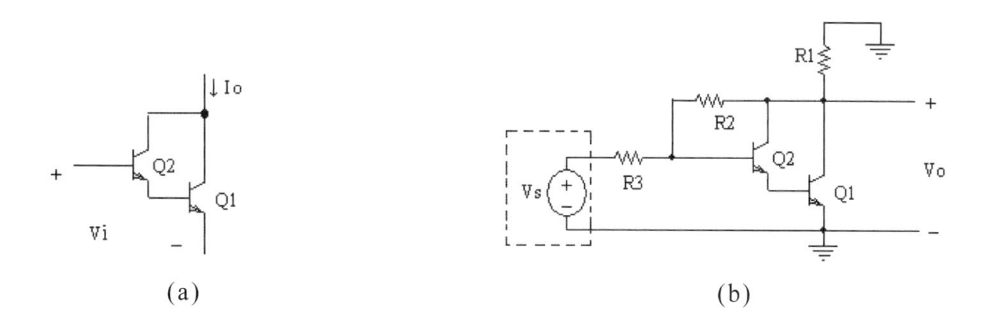

(a)　　　　(b)

*5-2 下圖電路是一個CB-CE的連級放大電路，其**電壓增益** > 10^4。電阻R_F連結輸出端及輸入端。參照圖2，這個電路屬於第(3)型的回授聯結，**增益函數**是$R_m = V_o/I_i$，**不是**$A_V = V_o/V_i$！

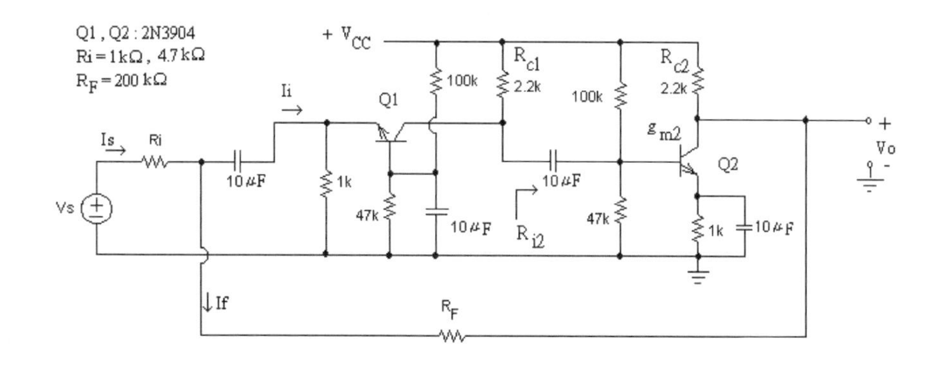

(a)求解增益函數$R_m = V_o/I_i$的表式，(b)這個電路是否能夠實現增益$V_o/V_s \approx -R_F/R_i$？說明其理由。

〔提示：CB-CE的連級，$R_m = V_o/I_i \approx -g_{m2}R_{c2}(R_{c1}//R_{i2})$。根據回授的聯結方式，增益函數是$R_m$。因此，簡化$X_o/X_s = H(s)/[1+\beta H(s)] \approx 1/\beta$時，是用$H(s) = R_m$，而不能用$H(s) = A_V$。比較CE-CB的連級，$R_m = V_o/I_i \approx -g_{m1}R_{c1}\beta_o(R_{c2}//R_{i1})$，顯然，使用CB-CE的連級，來組構第(3)型的回授聯結，是不適宜。從這個問題的求解，看到回授電路是基於一個嚴謹但是簡單的數學模式。〕

5-3 以PSpice模擬3-1節的聲頻放大電路。藉由模擬，探討R_C及R_E的選用對輸出V_{o2}波形的影響。

6. 參考資料

1. Sedra/Smith：Microelectronic Circuits，關於回授及頻率響應。

7. 附錄

這裡舉例說明如何**辨識回授結構**及**找出回授因數**β，電路之中頻帶增益即可以從**增益函數的型式**及β估計出來。依據回授理論所預測的結果，其正確性可以用實驗或PSpice模擬檢驗。

7-1 例一

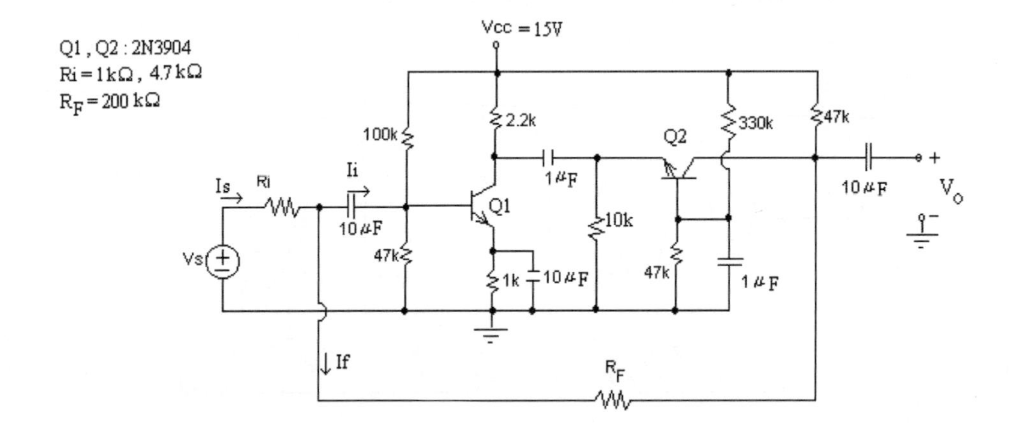

輸入/輸出的聯結方式：增益級是CE串接CB的電路。先判斷輸入是並聯聯結$I_i = I_s - I_f$，回授量是電流I_f。在輸出端是並聯聯結，從V_o取樣，經由R_F回授電流$I_f \approx -V_o/R_F$。根據定義，$\beta = -1/R_F$。這是屬於圖2之第(3)型的電路，即並聯-並聯結構。增益函數$R_m = V_o/I_i$。若$|\beta R_m| \gg 1$，$A_F = V_o/I_s = 1/\beta = -R_F$。選足夠大的$R_i$，可以有$V_s \approx R_i I_s$。因此，$V_o/V_s = (V_o/I_s)(I_s/V_s) \approx -R_F/R_i$。

7-2 例二

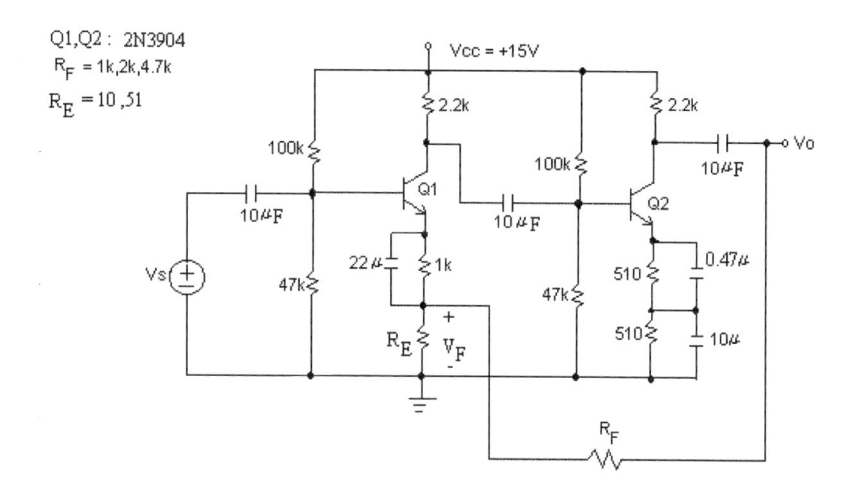

輸入/輸出的聯結方式：這是兩級CE放大電路。先判斷輸入$V_i = V_s - V_F$是串聯聯結。因此，回授量是電壓V_F。在輸出端是並聯聯結，從V_o取樣，經由R_F產生回授電壓$V_F \approx [R_E/(R_E + R_F)]V_o$。根據定義，$\beta = [R_E/(R_E + R_F)]$。這是屬於圖2之第(1)型的電路，即串聯-並聯結構。增益函數型式$A_V = V_o/V_i$。若$|\beta A_V| \gg 1$，回授增益$A_F = V_o/V_s \approx 1/\beta = 1 + R_F/R_E$。

7-3 例三

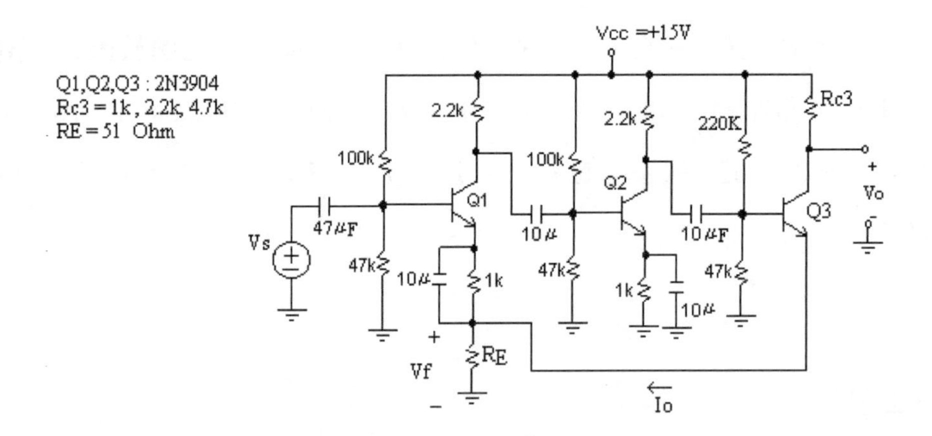

輸入/輸出的聯結方式：這是三級CE放大電路。先判斷輸入$V_i = V_s - V_f$是串聯聯結。因此，回授量是電壓V_f。在輸出端是串聯聯結，從I_o取樣，經由R_E產生回授電壓$V_f \approx R_E I_o$。根據定義，$\beta = R_E$。這是屬於圖2之第(2)型的電路，即串聯-串聯結構。增益函數型式$G_m = I_o / V_i$。若$|\beta G_m| \gg 1$，回授增益$A_F = I_o / V_s = 1/\beta = 1/R_E$。輸出$V_o = -R_{C3} I_o$，得到$V_o / V_s \approx -R_{C3}/R_E$。

7-4 例四

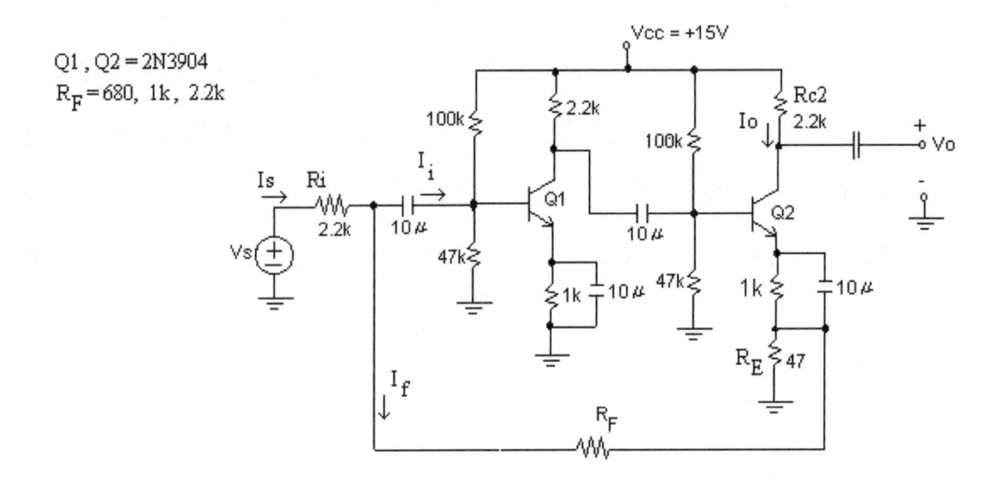

輸入/輸出的聯結方式：這是兩級CE放大電路。先判斷輸入$I_i = I_s - I_f$是並聯聯結。因此，回授量是電流I_f。在輸出端是串聯聯結，

從I_o取樣，經由R_F產生回授電流$I_f \approx -(R_E/R_F)I_o$。根據定義，$\beta = -(R_E/R_F)$。這是屬於圖2之第(4)型的電路，即並聯-串聯結構。增益函數型式$A_I = I_o/I_i$。若$|\beta A_I| \gg 1$，回授增益$A_F = I_o/I_s = 1/\beta = -(R_F/R_E)$。輸出$V_o = -R_{C2}I_o$，輸入可近似取$V_s = R_iI_s$，得到$V_o/V_s \approx R_{C2}R_F/(R_iR_E)$。

筆記欄

實驗10　振盪與波型產生電路

目的：認識(1)正回授；(2)振盪及正弦波信號；(3)多諧振電路。

器材：示波器、直流電源供應器、信號產生器、741、IC555、2N3904、LED、R、C。

❖1. 說明

回顧實驗4運算放大器。圖1(a)是一個電壓跟隨器，V_s是輸入信號，**輸出端**V_o連接到運算放大器的**負輸入端**。依據$V_i = V_s - V_o$，是負回授接線。放大器的傳輸函數$V_o = A(V_i)$有一個線性區：$V_o = AV_i$，及兩處飽和區：$V_o = +V_{CC}$及$V_o = -V_{EE}$。從方程式$V_o = -V_i + V_s$，V_o對V_i是直線關係，若用圖表示，此直線之斜率為-1且與座標橫軸交在V_s位置。圖1(b)是圖解法，把傳輸函數$V_o = A(V_i)$與**負回授**$V_o = -V_i + V_s$的函數疊放在一起，發現一個交點，是電路的解。此交點靠近座標縱軸，即$V_i \approx 0$，因此$V_o \approx -0 + V_s = V_s$。$V_o \approx V_s$是電壓跟隨器的輸出。

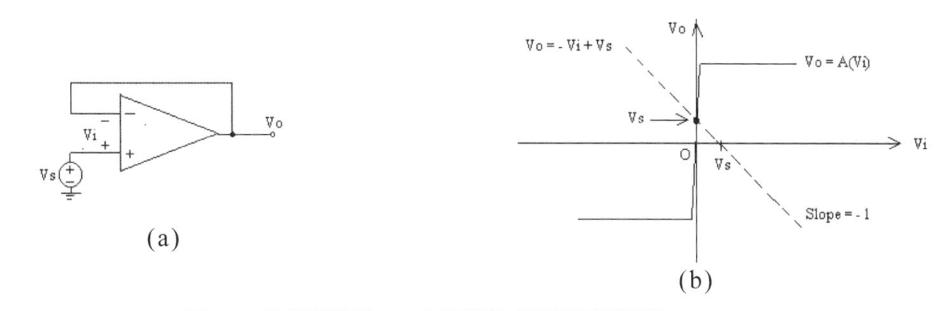

圖1　(a)負回授連結，(b)以圖解法求解電壓跟隨器$V_o = V_s$。

若把運算放大器的接線更改為圖2(a)的連結，會有甚麼結果？與圖1(a)差異在輸出端V_o連接到放大器的正輸入端。依據$V_i = (-V_s) + V_o$是**正回授**接線，$-V_s$視為反相的輸入。從方程式$V_o = V_i + V_s$，V_o對V_i是直線關係，用圖表示，此直線之斜率為1且與橫軸交在$-V_s$。圖2(b)是圖解法，把傳輸函數$V_o = A(V_i)$與直線$V_o = V_i + V_s$疊放在一起，看到三個交點。從實驗量測，這個電路只存在一個飽和的電路態。雖然，交點$V_o \approx V_s$也是一個可能的求解，實際上觀察不到。

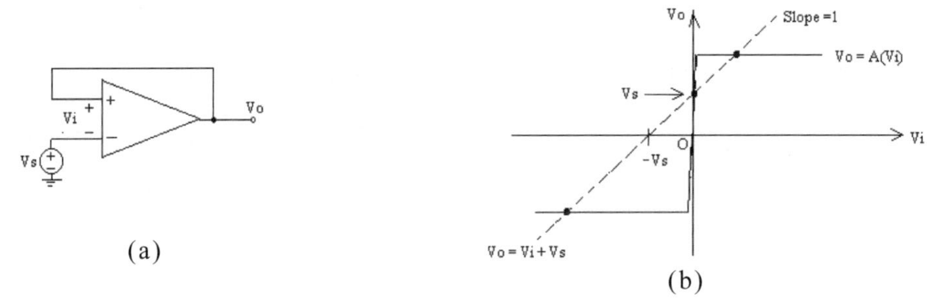

圖2 (a)正回授連結，(b)電路不存在$V_o = V_s$的解

上述之圖1及2舉例說明**正及負回授**的電路接線及以圖解法求解電路。類比電路，如電壓跟隨器或信號放大器，運用負回授是為了穩定信號，達成信號增益的設計值。電路若有正回授連結，電路態易呈現飽和，覆蓋掉輸入信號，這是放大器必須避免的情況。然而，正回授具有不同於負回授的物理意義。這個實驗單元運用正回授的概念，產生正弦波及方波信號，其中正弦波信號是由**工作在線性區的主動元件**產生，方波是由**工作在非線性區的主動元件**產生。以下**從幾個觀點**說明正回授的性質，及如何運用正回授的方法來產生波形信號。

參考實驗9，**負回授**電路的增益函數是$A_F(s) = A(s)/[1 + T(s)]$，其中定義$T(s) = \beta A(s)$為**迴路增益，並且**$s = j\omega$**是頻率**。若$|1 + T(s)|$不為零，輸出與輸入有明確的函數關係$V_o = A_F(s)V_i$，此即在時間值域，放大器電路**是穩定的。與之對照，正回授的增益函數是**$A_F(s) = A(s)/[1 - T(s)]$，容易發生$1 - T(s) = 0$的情形，則$|A_F(s)| \to \infty$，代表電路的輸出與輸入的關係不確定。參照圖3(a)的信號流程，$1 - T(s) = 0$相當於一個信號V_o，通過β值的取樣成為V_i，再放大A倍回到原先的V_o，即$(\beta V_o)A = V_o$。若信號V_o的頻率是ω_o，$T(\omega_o) = 1$是表示信號V_o在迴圈內不衰減，**不須要輸入信號**，電路內就有頻率ω_o的信號，此稱為**正弦**振盪。圖3(b)示意迴路增益$T(\omega)$的Bode圖，若存在正弦振盪ω_o，條件是$T(\omega_o) = 1$，等於$\theta(\omega_o) = 0$及$|T(\omega_o)| = 1$。這是設計正弦振盪電路的依據，稱之Barkhausen準則。實作時，考慮可能存在的迴路損耗，設計$\theta(\omega_o) = 0$時的迴路增益稍大於1，即$|T(\omega_o)| > 1$。

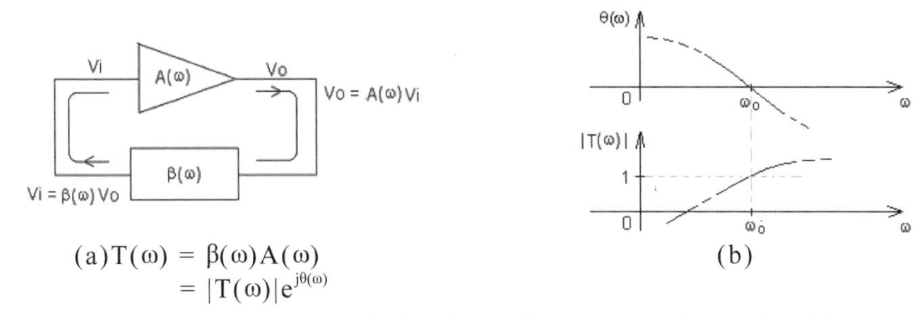

(a) $T(\omega) = \beta(\omega)A(\omega)$
$= |T(\omega)|e^{j\theta(\omega)}$

(b)

圖3　(a)信號流程；(b)$T(\omega)$頻率響應示意圖，使用Barkhausen準則設計正弦振盪器。

❖2. 正弦波振盪電路

各種形式的振盪電路皆有正回授的連接。在此選擇兩型不含電感元件的振盪電路，經由實驗，探討電路振盪的條件及檢視振盪的波形。

2-1 溫氏橋式振盪器 (Wien-bridge oscillator)

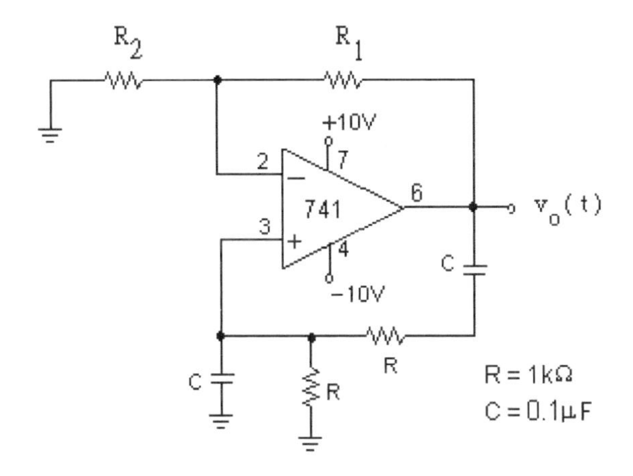

電路使用運算放大器741作為增益級，R_1及R_2是待設計的電阻，提供電路增益$1 + R_1/R_2$。電路接線只連接到直流±10 V電源，**不連接信號產生器**。這裡嘗試使用Barkhausen準則設計振盪電路。首先考慮介於輸出與輸入的RC組件構成正回授路徑，計算出回授因數$\beta = V_i/V_o$。接著從β及增益$A = (R_1 + R_2)/R_2$，得到$T(\omega) = \beta(\omega)A$。從頻率函數$T(\omega)$求解$\theta(\omega) = 0$及$|T(\omega)| = 1$的$\omega_o$，得到

$$\omega_o = 1/RC \text{及} \beta(\omega_o) = 1/3 \text{。} \quad (1)$$

實作時，因為須要$|\beta A| > 1$，則$A > 3$。因此，調整$R_1/R_2 > 2$。設$R_2 = 1\ k\Omega$，選取$R_1 =$ ______。使用示波器觀測輸出$v_o(t)$的波形，繪製*正弦波形圖及記錄頻率，f = ______Hz。檢驗量測的數據是否符合上述的式(1)的理論值，$f_o = 1/2\pi RC =$ ______Hz。

*可以用DSO的信號儲存功能。按下GDS-2062主功能的 SAVE/RECALL 鍵。按下 F4 鍵儲存信號波形，及 F3 鍵儲存到USB記憶體。用電腦把信號波形從USB記憶體取出列印。

2-2 T(ω) 的頻率響應對振盪器的影響

類似2-1節的實驗電路，但是更改了RC組件的連接方式。實驗之前，先判斷正回授的路徑，求解迴路增益T(ω)的**頻率函數**。使用Barkhausen準則，從類似圖3(b)的函數$|T(\omega)|$及$\theta(\omega)$，尋找出這個振盪電路的設計參數，並且決定電阻R_1及R_2的大小。注意下圖的接線並未標示出741運算放大器兩個**正/反輸入**的腳位。試根據**正回授路徑**的判斷，選擇腳位，完成電路接線。

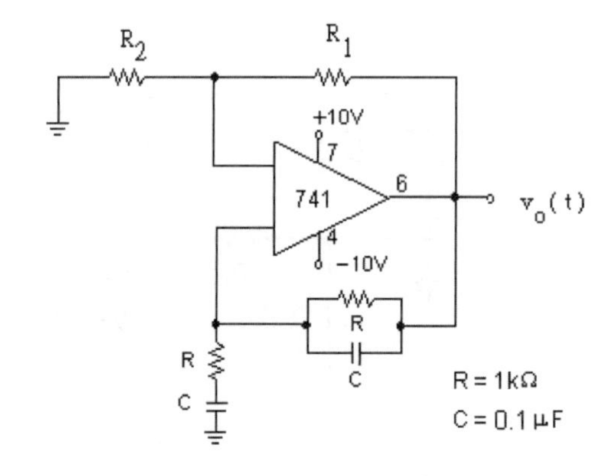

實作時，記錄運算放大器的腳位接線。設$R_2 = 2.0\ k\Omega$或$2.2\ k\Omega$，選取$R_1 =$ ______。使用示波器觀測$v_o(t)$波形，繪製正弦波形圖及記錄頻率，f = ______Hz。振盪頻率是否符合理論的預測值？

2-3 相位移振盪器 (Phase-shift oscillator)

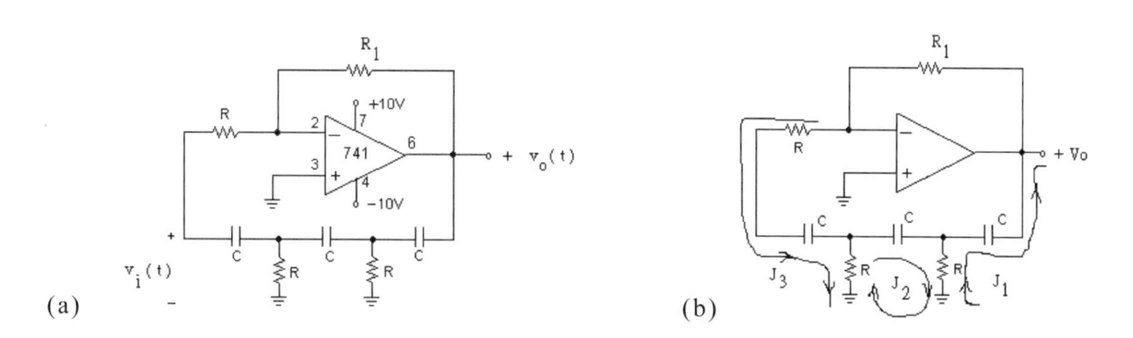

上圖(a)是相位移振盪器，741電路的反相增益是$A = -R_1/R$，電路之輸出與輸入之間的RC梯形電路構成回授路徑。利用Barkhausen準則，計算$T(\omega) = \beta(\omega)A$，先求得$\theta(\omega) = 0$之$\omega_o$，亦即$\beta(\omega)$在相位移為180°的$\omega_o$，得到$\omega_o = 1/[\sqrt{6}RC]$及$|\beta(\omega_o)| = 1/29$。因此，$R_1/R > 29$。

另外，如上圖(b)，可以以順時針方向定義電流J_1，J_2及J_3，寫下KVL方程式：

$$(R + 1/sC)J_1 - RJ_2 + V_o = 0，$$
$$-RJ_1 + (2R + 1/sC)J_2 - RJ_3 = 0，$$
$$-RJ_2 + (2R + 1/sC)J_3 = 0。$$

代入$V_o = R_1J_3$，從上述J_1，J_2及J_3的KVL方程式，得到行列式：

$$\begin{vmatrix} R + 1/sC & -R & R_1 \\ -R & 2R + 1/sC & -R \\ 0 & -R & 2R + 1/sC \end{vmatrix} = 0$$

振盪發生在$s = j\omega$。把$s = j\omega$代入上面的式子，經過推演計算 (試自行練習)，得到振盪條件：

$$\omega = 1/[\sqrt{6}RC]及R_1 = 29R。\tag{2}$$

從式(2)，設計一個相位移振盪器，其振盪頻率在1 kHz～10 kHz，挑選R = _______Ω及C = _______μF。因此，理論的的頻率f = _______Hz。實作時，$R_1 > 29R$，選用R_1 = _______Ω。記錄量測的頻率f = _______Hz。

2-4 起振過程 (Onset of oscillations)

由上面兩種電路的實驗，可以歸納出一個振盪電路的基本組成含有：

(一)一個**增益級**，提供足夠的回授放大，例如在2-1節的$R_1/R_2 > 2$及2-3節的$R_1 > 29R$；

(二)一個**回授電路**，具有濾波選頻的功能，決定振盪頻率。

另外，非常重要的是有一個寬頻的**雜訊源** (White noise)，透過**回授電路**的選頻，提供一個電路響應的初始值。此雜訊源是電子擾動，在接通電源時存在電路內。假若沒有雜訊會發生振盪嗎？

從雜訊源啟動，若增益級沒有針對特定頻率的信號提供足夠的增益，是不會發生持續的振盪 (Sustained oscillations)。若電路的增益夠大，則特定頻率的$v_o(t)$之振幅會隨時間增大，並且振幅大到一個程度之後，隨即受限於電路增益的**變小**，$v_o(t)$變成$\exp(j\omega t)$的形式。一般，若是持續振盪，從示波器只看到連續的正弦信號。至於如何觀察振盪電路開始起振的過程，是這裡的實驗課題。

這裡使用一個**同步觀察**的技術。下圖是2-1節的振盪電路，放大器741的負電源V_{EE} (= －10 V)由直流電源供應器供給，但是運算放大器741的**正電源**V_{CC}**來自信號產生器輸出的方波**，**方波的**DUTY**設為** 80 ~ 90 %，**從接地電位**(0V)算起，**方波之高度**為10 V，**寬度**10~15 ms。方波出現時，V_{CC}從0 V變成10 V，電路才能有效運作。此**方波亦輸入到示波器的**CH1**作為觸發源**，由CH2觀測$v_o(t)$。這樣，**方波的前緣啟動示波器的掃瞄顯示，準確鎖住電路開始振盪的時間點**。

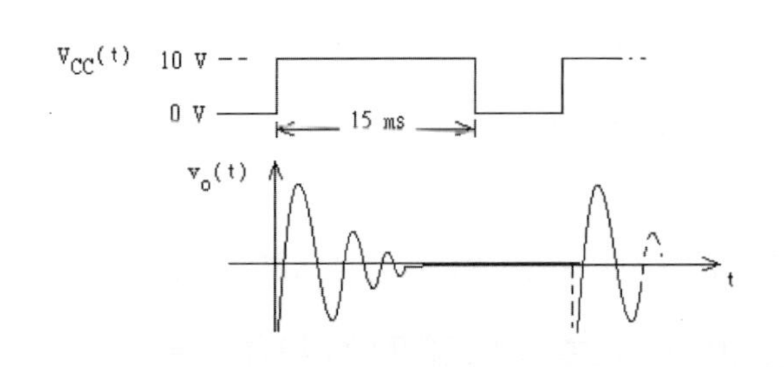

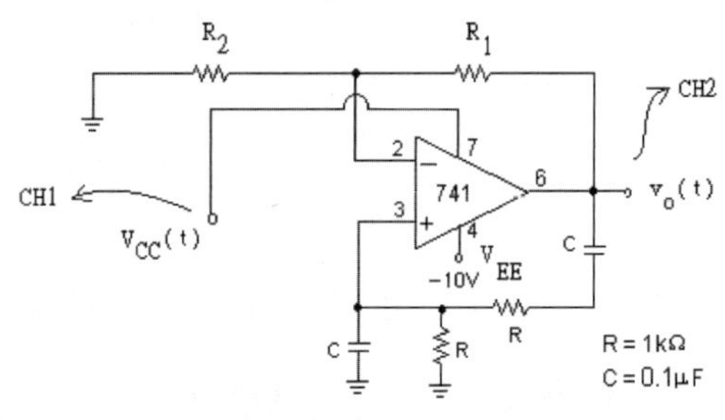

接續2-1節，固定$R_2 = 1\ k\Omega$，變動$R_1 = 2\ k\Omega$，2.2 kΩ及3.3 kΩ。分別就不同的R_1值，在信號產生器輸出$V_{CC}(t) = 10\ V$的時段內，觀察並且記錄輸出$v_o(t)$的波形。$v_o(t)$之振幅呈現$\exp(\sigma t)$的形式，試就各個R_1值**估計σ的正負值及大小**。當$R_1 = 3.3\ k\Omega$時，$v_o(t)$是非線性波形，試說明原因。

使用示波器的觀測，一般只能夠看到電路的穩態響應。上述之實作，運用示波器**同步掃瞄**的技術來觀測電路的**暫態**或者**過渡態**。這種同步掃瞄的概念可以用來量測快速的物理現象。

3. 多諧振電路

正弦波振盪器屬於**線性振盪**，除了運算放大器，也可以運用BJT及FET元件組成，問題6-2是由BJT元件組成的相位移振盪器。這裡介紹電子元件工作在**非線性區域**的振盪。下圖(a)是電晶體Q_1及Q_2分別組成反相器，串聯在一起。考慮輸出V_o與輸入V_i的傳輸函數，$V_o = A(V_i)$，有一段正斜率的線性區域。再考慮把輸出端與輸入端連結，則形成正回授，$V_o = V_i$。下圖(c)示意圖解法，把$V_o = A(V_i)$與$V_o = V_i$的曲線疊放在一起，可以看到有三個交點。實際上，在正斜率線性區的一個交點的電路態是不存在。從BJT電晶體的特性可以看出輸出V_o有兩個可能的數值，此即分別代表Q_1飽和及Q_2截止，或Q_1截止及Q_2飽和時的V_{CE}電壓。因此，$V_o = V_{CC}$或$V_o = 0$是圖(a)電路的解。這表示圖(a)的電路只有兩個電路狀態，這型電路稱為**雙穩態** (Bistable)，電晶體在非線性區工作。圖(b)同圖(a)的電路，是常見的對稱排列。圖(b)也是**鎖定器** (Latch) 的基本電路。鎖定器常見於**數位電路**。在數位電路，穩定態$V_o = V_{CC}$定義為邏輯值1，另一穩定態$V_o = 0$定義為邏輯值0。

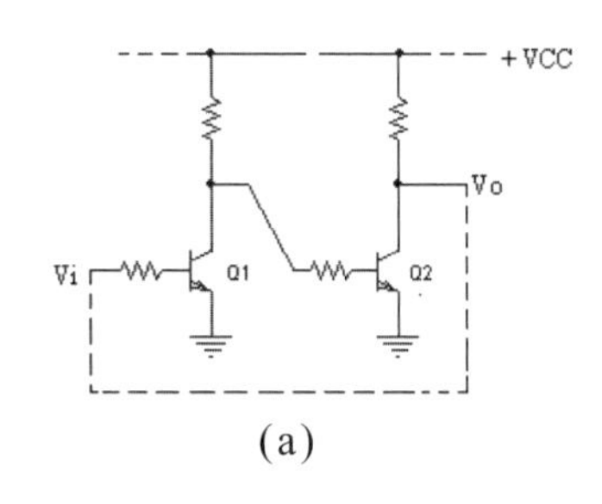

(a)

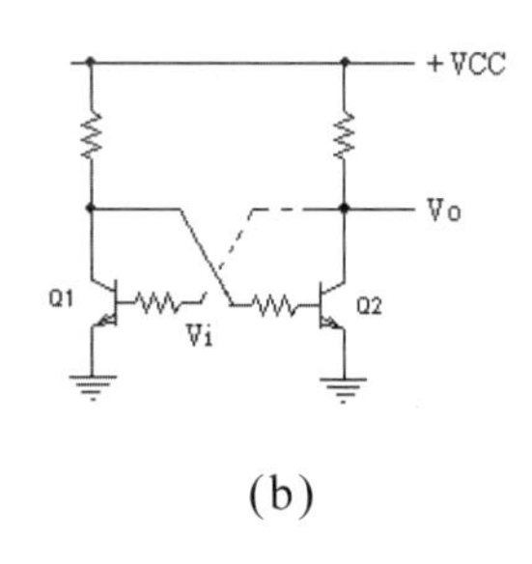

(b)

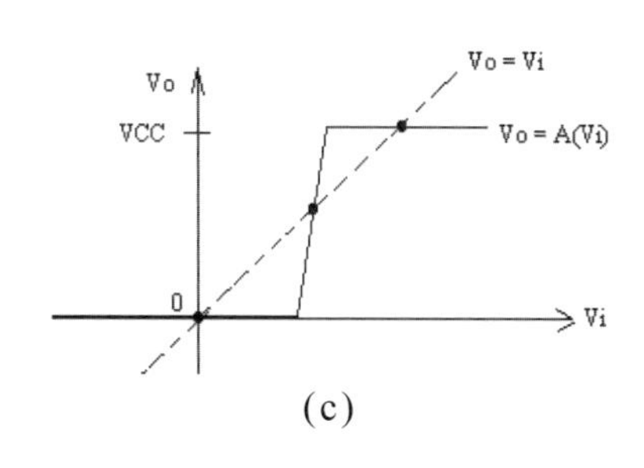

(c)

在圖(a)或(b)的雙穩態電路，可以經由外接電路來改變電路態，詳下面3-3節的探討。下面圖(d)及(e)的電路分別由BJT及FET元件組成，RC元件連接成正回授，藉由電容的充放電，電路態以$v_o = V_{CC}$及$v_o = 0$交替變動，即輸出v_o是方波。這型電路稱為**不穩態** (Astable)，詳下面3-1節。

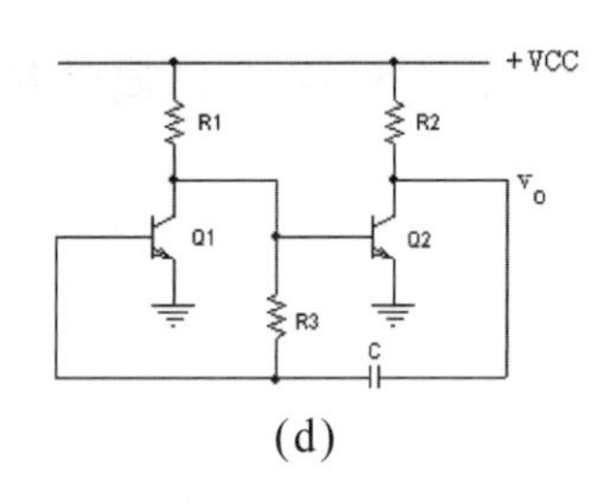

(d)

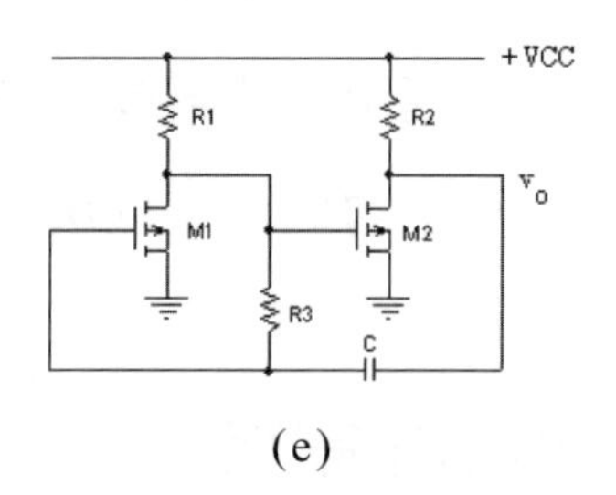

(e)

若正回授電路的電子元件在線性區域工作，產生單諧波 (Simple harmonic waves)，這型電路稱為正弦波振盪電路。如果正回授電路的電子元件在非線性區域工作，產生高階諧波，此型電路稱為多諧振電路 (Multivibrator)，包括**不穩態** (Astable)，**單穩態** (Monostable) 及**雙穩態**。在多諧振電路，由於正回授的電路增益很大，電路態能夠**快速切換** (Switching)，這是我們期望數位電路應有的特性。

3-1 不穩態

上述圖(d)及(e)的電路，其中電容充放電的路徑不同，產生不對稱方波。下圖的不穩態電路可以產生**對稱方波**。這裡，從實驗認識多諧振電路，探討正回授的構造，學習RC電路的分析方法。

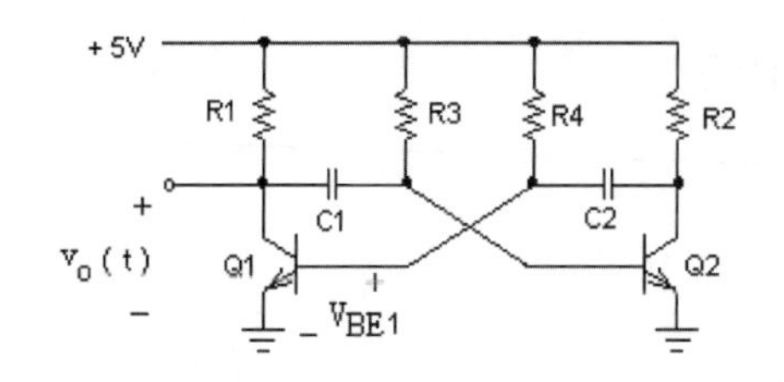

Q1 , Q2 : 2N3904
C1 = C2 = 0.1 μF
R1 = R2 = 910 Ω ; R3 = R4 = 15 kΩ

電晶體Q_1及Q_2的基極及集極各以電容C_1及C_2交叉連接。注意：**電阻R_1及R_4或R_2及R_3的數值讓Q_1或Q_2若導通時確定在飽和態**。先從Q_1**飽和**及Q_2**截止**開始：因為C_1經由電阻R_3充電，使得Q_2的基極的電壓上升，至

$V_{BE\gamma}$時Q_2導通。若Q_2快速**飽和**，Q_2集極的電位從V_{CC}下降到$V_{CE(sat)} \approx 0$ V。因為C_2**已先經由**R_2**充電**至$V_{CC} - V_{BE}$的電壓，就把Q_1的基極瞬間變成負電位$-V_{CC} + V_{BE}$，Q_1立即截止。接著C_2**經由**R_4反向**充電**，當Q_1基極的電壓從$-V_{CC} + V_{BE}$逐漸升至$V_{BE\gamma}$，Q_1切入導通，就回到先前Q_1**飽和**及Q_2**截止**的狀態。重覆這個過程，在Q_1的集極端的電壓$v_o(t)$分別以V_{CC}及$V_{CE(sat)} \approx 0$ V交互變化。另外，在Q_2的集極端的電位則反相變動。下面是$v_o(t)$及Q_1之基極V_{BE1}的波形圖：

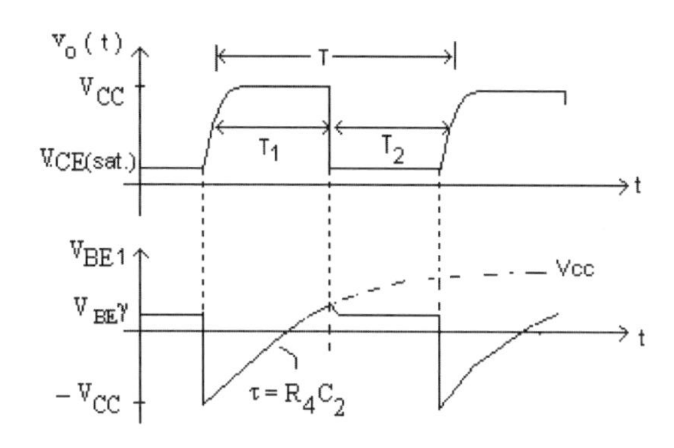

在波形圖，**方波**$v_o(t)$的週期T包括T_1及T_2兩個時段：

$$T = R_4 C_2 \ln\frac{2V_{CC} - V_{BE}}{V_{CC} - V_{BE}} + R_3 C_1 \ln\frac{2V_{CC} - V_{BE}}{V_{CC} - V_{BE}} \text{。}$$

這裡說明如何推導週期T的公式，$T = T_1 + T_2$。T_1時段內，Q_1**截止**並且Q_2**飽和**。因為Q_1的基極連接到電容C_2，考慮電容C_2經由電阻R_4充電，參考實驗2，Q_1基極對地的電壓$v_{BE1}(t)$可以寫成：

$$v_{BE1}(t) = a\exp(-t/R_4C_2) + b,$$

$v_{BE1}(t)$有初始值$v_{BE1}(0) = -V_{CC} + V_{BE}$及極限值$v_{BE1}(\infty) = V_{CC}$。初始時，$v_{BE1}(0) = a + b = -V_{CC} + V_{BE}$。時間極大時，$v_{BE1}(\infty) = b = V_{CC}$。代入a及b的解，$v_{BE1}(t) = (-2V_{CC} + V_{BE})\exp(-t/R_4C_2) + V_{CC}$。經過$T_1$時間，$Q_1$基極的電壓上升到切入電壓，則有$v_{BE1}(T_1) = V_{BE\gamma} = (-2V_{CC} + V_{BE})\exp(-T_1/R_4C_2) + V_{CC}$。因為$V_{BE\gamma} \approx V_{BE}$，整理得到$T_1 = R_4C_2\ln[(2V_{CC} - V_{BE})/(V_{CC} - V_{BE})]$。比照$T_1$，可以類推$T_2$的表式。若$R_3 = R_4$及$C_1 = C_2$，則這個不穩態電路輸出**對稱方波**，其週期約為$2R_3C_1\ln2$：

$$T = 2R_3 C_1 \ln\left[\frac{2V_{CC} - V_{BE}}{V_{CC} - V_{BE}}\right] \approx 2R_3 C_1 (\ln 2) \quad 。 \tag{3}$$

按上述的電路圖接線，以示波器觀測$v_o(t)$及$v_{BE1}(t)$的電壓信號，記錄及描繪波形。由示波器顯示，量測方波輸出的週期T = ______。檢驗式(3)的計算值T = ______，與量測的結果差ΔT = ______。

3-2 單穩態

單穩態電路只有一個穩定態，當電路被訊號觸發時，電路過渡到一個不穩態，產生一個固定寬度的方波，經過一段由RC電路主導的時間後，回復到被觸發前的電路態。此寬度固定的方波可為正電壓或負電壓，常運用在**定時控制**，因此也稱為**閘波** (Gating) 或**單射波** (One-shot)。下面的單穩態電路仍以BJT元件2N3904構成。

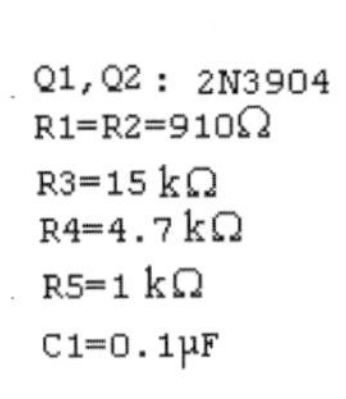

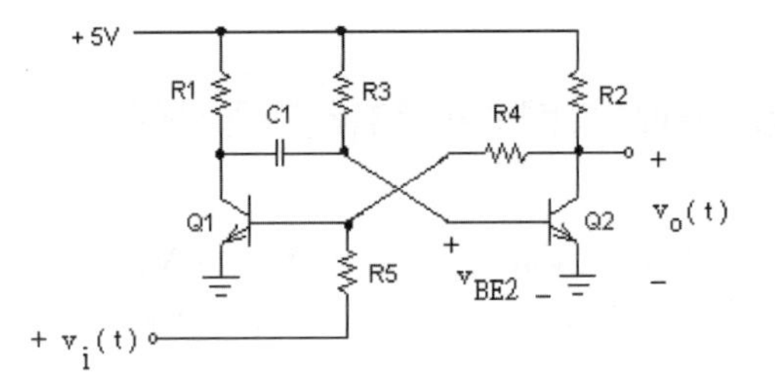

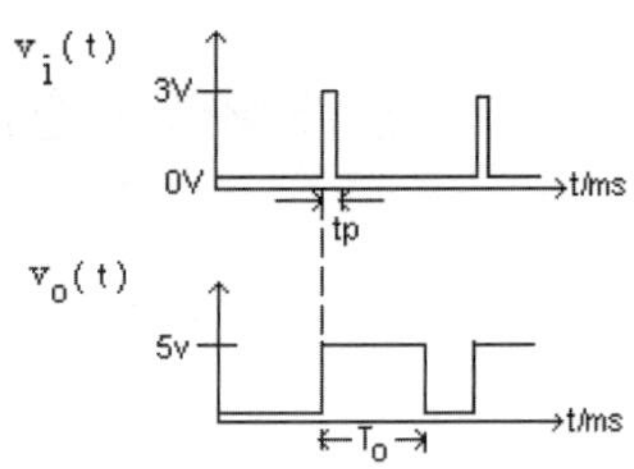

3-2-1 如上圖的接線，從信號產生器送出脈衝信號 $v_i(t)$ 到 Q_1 的基極，設定脈衝的**零電位**是**接地電位**，高度約 2 ~ 3 V，寬度 t_p = 0.1 ~ 0.2 ms，週期 5 ~ 10 ms。脈衝 $v_i(t)$ 觸發電路時，從 Q_2 的集極輸出閘波 $v_o(t)$，寬度為 T_o。用示波器觀察並且記錄 $v_i(t)$，$v_o(t)$ 及 $v_{BE2}(t)$ 的波形圖。注意：在脈衝 $v_i(t)$ 的**前緣**位置，$v_o(t)$ 從 0 V 躍遷至 5 V。量取閘波 $v_o(t)$ 的寬度，記錄 T_o = ______。閘波寬度可以從公式 $T_o = R_3C_1\ln[2V_{CC}/(V_{CC} - V_{BE\gamma})]$ 估算，其中 $V_{BE\gamma}$ = 0.5 V。計算 T_o = ______，是否符合量測的結果？

3-2-2 選用 C_1 = 220 μF，閘波寬度變成用秒計量，這樣不宜使用示波器觀測閘波。實作時，另外以一個發光二極體 (LED) 串連一個 51 Ω 電阻來替代電阻 R_1。從 LED 發光的時間，估計閘波 $v_o(t)$ 的寬度。若信號產生器輸出脈衝的頻率不能調低，可以用一條連接到 V_{CC} 的**導線替代**，**短暫**碰觸 $v_i(t)$ 的端點，來觸發電路。量測 LED 發光的時間，T_o = ______。對照 $T_o \approx R_3C_1\ln 2$ 的計算值 = ______。

3-3 雙穩態

雙穩態電路亦稱為**正反器** (Flip-Flop)。在BJT元件的雙穩態，電路分別以V_{CC}及$V_{CE(sat)}$代表兩個穩定態的電位，並且藉由外接電路接收觸發信號來改變電位。觸發信號發生時，電路態被改變並且維持在一個穩定態電位，一直到下個觸發信號發生時，電路態才被改變而輸出另一個電位。

在下圖的雙穩態電路內，電晶體Q_1及Q_2分別處於反相的電路態。例如，若Q_1是截止，由於Q_1的集極為高電位 (V_{CC}，標示H)，使得Q_2是飽和導通 ($V_{CE(sat)}$，標示L)。另外，Q_1及Q_2的基極分別連接到由二極體D_1、D_2及電容C_1、C_2組成的觸發電路。二極體D_1及D_2是否為順向導通或逆向截止，全看在集極端的電壓之高低。觸發信號$v_i(t)$是窄寬度的方波，通過C_1及C_2之後，產生一個正向及一個負向的尖峰信號，只有負向尖峰信號會循著順向導通的二極體傳送到已導通的電晶體的基極，而將此電晶體切換成截止態，另外的一個電晶體則反向變成飽和態。這樣的狀態持續到下一個觸發信號來臨時，兩個電晶體的狀態再次反向被切換。

Q1 , Q2 : 2N3904
C1 = C2 = 1 nF
R1 = R2 = 910 Ω
R3 = R4 = 15 kΩ
R5 = R6 = 100 kΩ
D1 , D2 : 1N4148

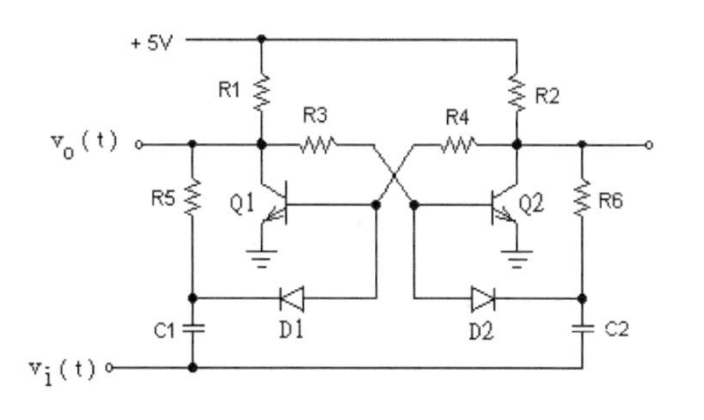

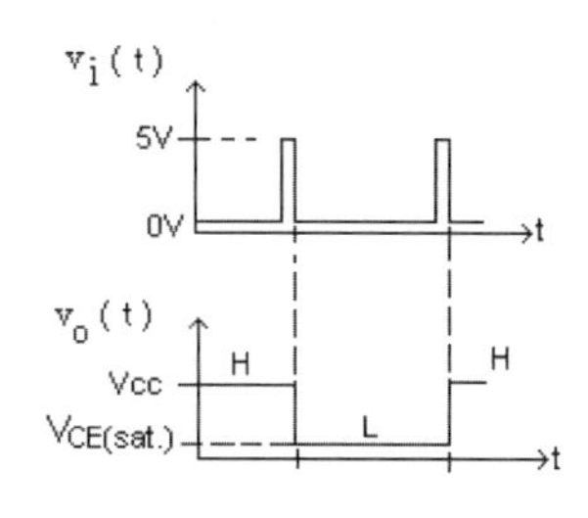

3-3-1 在麵包板上，按上面的雙穩態電路圖接線。$v_i(t)$ 是信號產生器輸出的**脈衝**，作為**觸發信號**，其高度 5 V，寬度 0.4 ms，週期 1 ～ 2 ms。使用示波器同時觀測在 Q_1 及 Q_2 集極的電壓信號，繪出兩者信號的相位關係。記錄輸出信號 $v_o(t)$ 如何對應觸發信號 $v_i(t)$ 的響應，標示出前後的時序。

3-3-2 同 3-3-1 節的電路，探討電路的觸發。下圖 (a) 是電晶體 Q_1 導通時，觸發電路的簡圖，其中電阻 R_5 連接 Q_1 之集極的一端可視為接地。**脈衝** $v_i(t)$ 傳遞到節點 A 的波形 v(A)，由 RC 的時間常數 $\tau = R_5C_1$ 及**脈衝**寬度 t_p 來決定，參考實驗 2 之 練習 2 。下圖 (b) 之 v(A) 是理想的觸發信號波形，如圖 (a) 的標示，經由導通的二極體 D_1 整流出**負向**的電壓信號，送到 Q_1 的基極，用來截止 Q_1。

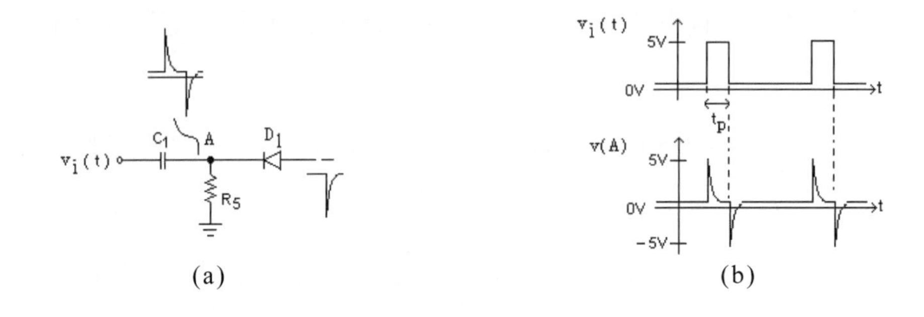

(a) (b)

實作之前，假設脈衝$v_i(t)$的寬度$t_p = 0.4$ ms，試預測觸發電路在不同的電容值，所產生的電壓波形v(A)是否符合理想的觸發信號，依據的準則是比值t_p/τ。把預作的分析記錄在下面的表列。

C_1，C_2	1 μF	10 nF	100 pF	
$\tau = R_5C_1$				
t_p/τ				
符合觸發 ?				

實作時，設脈衝$v_i(t)$的寬度為0.4 ms，但分別使用$C_1 = C_2 = 1$ μF，10 nF及100 pF，以示波器觀測在節點A的電壓波形v(A)及輸出信號$v_o(t)$。由實驗，檢驗上表列的預料，亦即何者電容值始能夠正確觸發雙穩態，使得$v_o(t)$在**脈衝**$v_i(t)$的**後緣 (負向邊緣)** 交替發生H-L及L-H的切換？

4. 再生電路

當運算放大器採取正回授時，亦可實現多諧振盪電路。這型的電路亦稱為再生電路 (Regenerative circuits)。

4-1 雙穩態電路

下圖(a)之電路，若$v_i > 0$則$v_o = V_A$，反之$v_i < 0$，則$v_o = -V_{A'}$。因此，電路具有兩個穩定態。考慮v_s從負值朝向正值變化，當$v_i \geq 0$時，v_o從$-V_{A'}$切換成$+V_A$。由$(v_s - v_i)/R_1 = (v_i - v_o)/R_2$，代入$v_o = -V_{A'}$及$v_i \approx 0$，切換點發生在$v_s = (R_1/R_2)V_A'$。同理推導，當$v_s$從正值朝向負值變化，在$v_s = -(R_1/R_2)V_A$時，$v_o$從$+V_A$切換成$-V_{A'}$。因此，發生$v_o$切換的兩個$v_s$數值之間的差為

$$\Delta v_s = (R_1/R_2)(V_A + V_{A'})。 \quad (4)$$

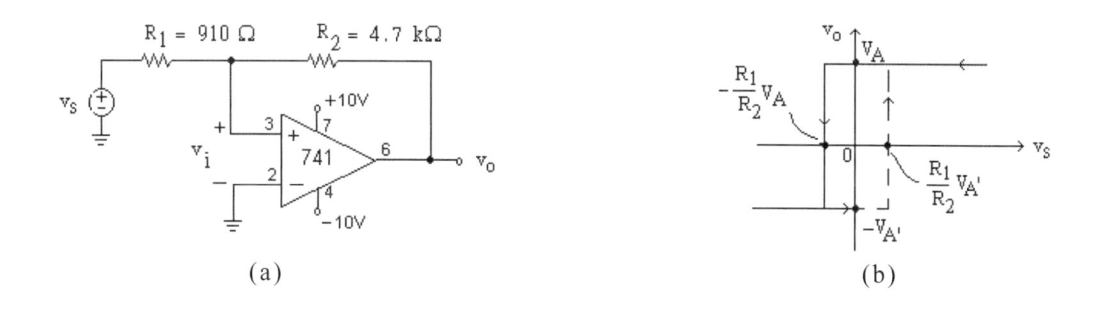

(a) (b)

此電路與一般的比較器 (Comparator) 的不同點，在於切換點發生在不同的輸入信號值。因此，電路的傳輸曲線呈現滯回 (Hysteresis) 圈，如上圖(b)的示意。這型電路又被稱為Schmitt觸發器。一個比較器是Schmitt觸發器的形式時，利用不同臨界電壓的觸發，可以有效防制雜訊或電磁的干擾。實作之前，先從式(4)計算Δv_s，據以檢驗理論。代入V_A = ______及$V_{A'}$ = ______，理論值Δv_s = ______。

4-1-1 量測 Schmitt 觸發器。在麵包板，依照上圖 (a) 的電路接線。v_s是可變的直流電源，在 −5 V 至 +5 V 的範圍分別作正向及反向變動。自行選擇 v_s 變動的級距，使能夠正確讀取 v_o 電位切換時的 v_s 值。記

錄並且繪製v_o相對v_s的曲線圖，標示出滯回圈，記錄Δv_s = ______，試比較理論值。

4-1-2 自動掃瞄傳輸函數。同 4-1-1 節的電路，v_s是信號產生器，輸出對稱三角波，其高度為 −5 V至 +5 V，頻率為 100 Hz。以示波器的 CH1(X) 及 CH2(Y) 分別顯示 v_s及 v_o；設定時基「TIME/DIV」在 X-Y 位置，顯示出 Lissajous 圖，此即 v_o對應 v_s的傳輸特性。從掃瞄圖形，量測 Δv_s = ______。

4-2 方波產生電路

下圖(c)是常見於電子學教科書的一個電路。基於Schmitt觸發的結構，電容的電壓v_C分別在不同的數值觸發電路，產生方波v_o，如下圖(d)。從電容充放電的分析，可以推導出對稱方波的週期T，

$$T = 2RC\ln\frac{1+\beta}{1-\beta} \quad , \tag{5}$$

其中的$\beta = R_1/(R_1 + R_2)$。

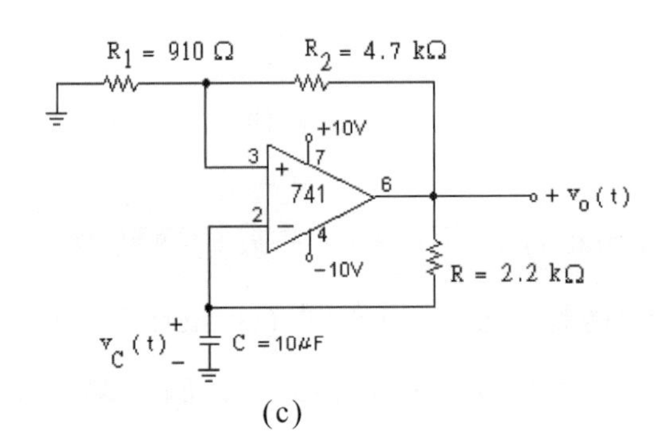

(c)

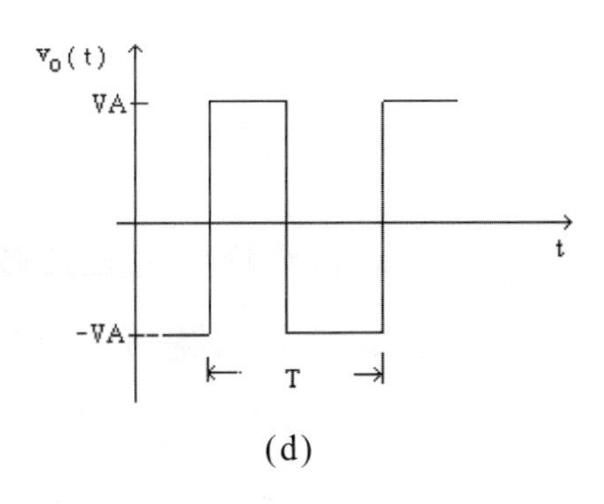

(d)

按上圖(c)的電路接線。以示波器的CH1及CH2量測輸出$v_o(t)$及電容C的電壓$v_C(t)$。記錄週期T，並且與式(5)的理論值比較：實驗值T = ______，理論值T = ______。

若C = 0.1 μF，重覆上面的量測，注意$v_o(t)$的波形變化，並且探討原因。

對照之前3-1節之不穩態電路，理論上，這裡的方波週期不隨放大

器的工作電壓變動。在3-1節的式(3)，未簡化之前，包含電源V_{CC}，而式(5)則只跟β有關。檢驗式(5)，選不同的電壓 (±5 V～±15 V)，從示波器的量測，觀察週期T是否與電路的工作電壓有關。記錄觀察的結果。

4-3 555計時器

IC 555計時器 (Timer) 是常見的積體電路，可以產生多諧振的信號。下面圖(a)是555組成的單穩態電路，其輸出端 (接腳3) 連接到一個BJT元件的基極，用來推動發光二極體 (LED)。開關S短暫短路時，接腳2瞬間接地，作為觸發信號。以下先以單穩態電路為例，說明555的工作原理。

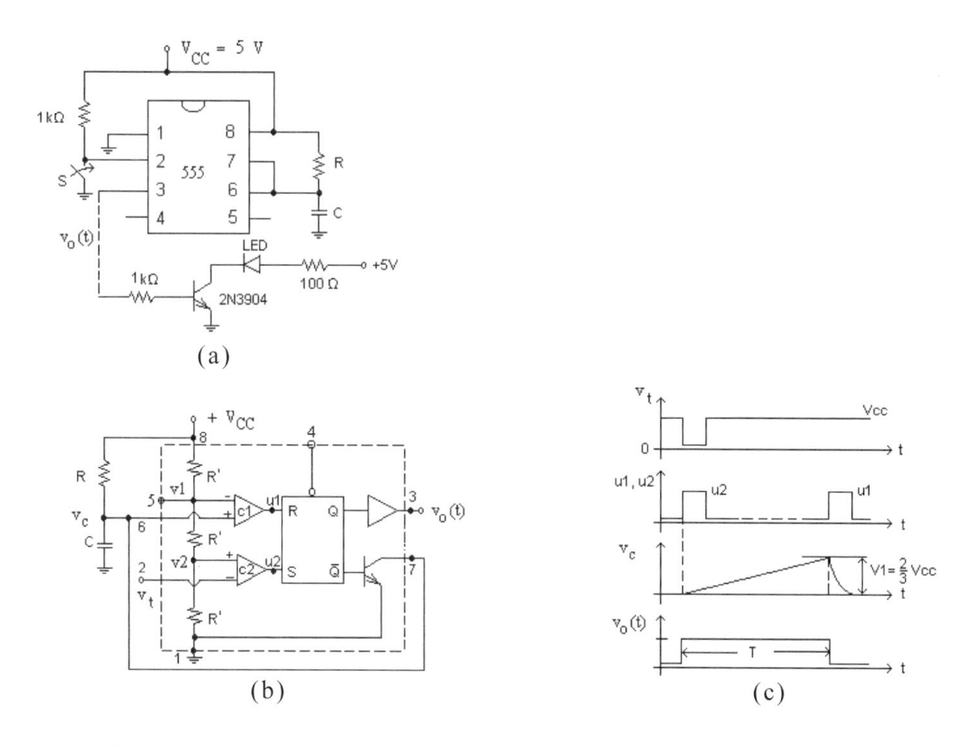

(a)

(b) (c)

參照上面圖(b)，555電路內有兩個比較器c1、c2及一個RS正反器或鎖定器 (Latch)。比較器c1和c2的參考電位是$v1 = 2/3V_{CC}$和$v2 = V_{CC}/3$。當接腳2及6的電位分別比v2低及比v1高時，各別產生一個高電位來改變正反器的輸出Q。以上面的電路為例，參照上面圖(c)的波形圖，當開關S短暫短路，接腳2短暫接地 ($v_t = 0$)，從比較器c2產生一個短暫方波u2，把正反器設定在Q = 1，輸出$v_o(t) = V_{CC}$。同時，連接到反相Q輸出端的電晶體被截止，電容C開始經由電阻R充電，即接腳6的電壓以函數

$v_c(t) = V_{CC}[1 - \exp(-t/RC)]$上升。時間$t = T$時，$v_c(T) = 2/3V_{CC}$，比較器c1產生u1，使正反器回復到$Q = 0$，輸出$v_o(t) = 0$。因此，單穩態輸出的波寬T為$T = RC\ln 3$。

實作時，按上面圖(a)的電路接線，設$C = 10\ \mu F$，分別選取$R = 1\ k\Omega$，$10\ k\Omega$及$100\ k\Omega$。使用示波器量測在555接腳2、3及6的電壓信號。觀測並且以下面的表格記錄在不同R值的單穩態波寬T及理論計算值。若T以秒計量時，不宜用示波器量測，但是可以從LED的發光時間估算。

R	1 kΩ	10 kΩ	100 kΩ	
實驗T值				
$T = RC\ln 3$				

下圖是以555組成的不穩態電路，從接腳3輸出方波，其週期$T = (R_1 + 2R_2)\ C\ \ln 2$。

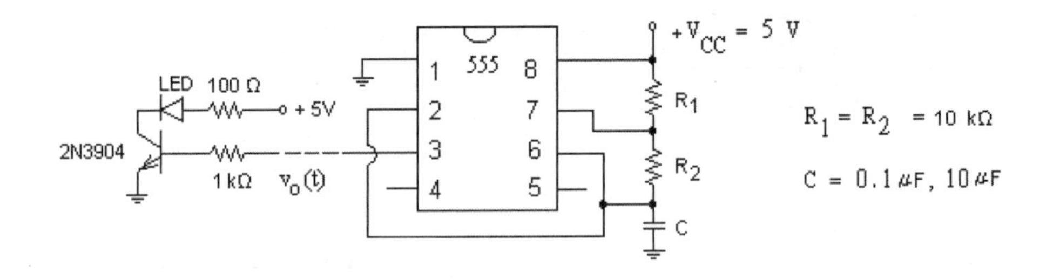

實作時，分別選$C = 0.1\ \mu F$及$10\ \mu F$，以示波器觀測在555的接腳2及3的信號，繪製波形圖並且標示方波的週期長度。記錄量測的方波週期T及理論值於下面的表列數據。

C	0.1 μF	10 μF
實驗T值		
$T = (R_1 + 2R_2)\ C\ \ln 2$		

下圖是以555組成的不穩態電路，使用一個$10\ k\Omega$可變電阻VR供給接腳5電壓V_c，則不穩態電路的方波週期可由電壓控制，成為一個電壓控制振盪器 (VCO，Voltage-controlled oscillator)。調整可變電阻VR，以示波器及電錶分別讀取$v_o(t)$信號的週期T及接腳5的電壓V_c。從數據繪製週期

T對直流電壓V_c的關係圖。

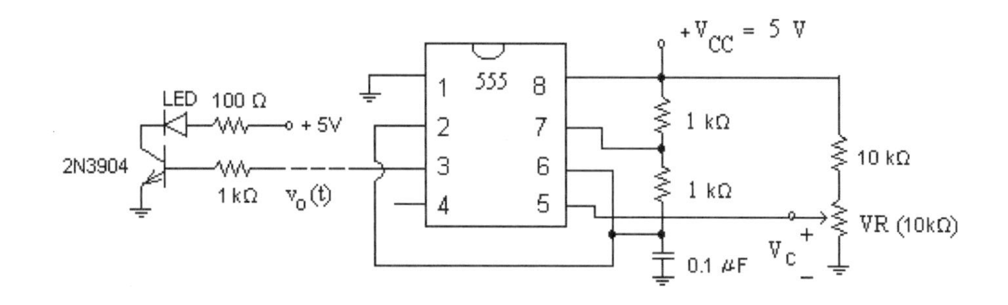

試由555內部的電路結構，說明這個電壓控制振盪器的工作原理。

5. 要點整理

振盪電路由一個增益級及一個正回授選頻電路組成。若電路元件在線性區域工作，由正回授選頻電路主動產生單諧波，這型電路稱為弦波振盪器，輸出固定頻率的正弦波信號。若電路元件在非線性區域工作，產生高階諧波，這型電路稱為多諧振電路，其特徵是電路輸出一個高電壓或一個低電壓，這種二位元信號是數位電路的特有的信號形態。在數位電路，高電壓信號定義為邏輯1，低電壓信號定義為邏輯0。

波型產生電路，包括振盪電路，可以使用電子元件、運算放大器及IC555設計組成。

練習1

假設BJT元件有相同的參數β_F及$V_{BE\gamma}$，並且$V_{CE(sat)} = 0$，求解輸出信號$v_o(t)$。

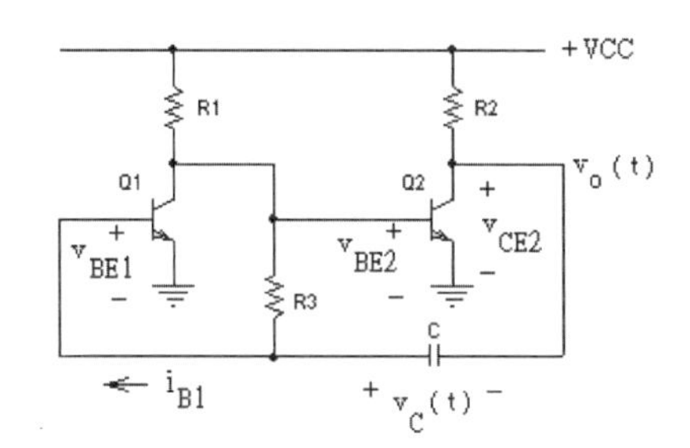

求解

初始之電容電壓$v_C(0) = 0$，Q_2導通並且$V_{CE2(sat)} = 0$，得到$v_{BE1} = 0$，Q_1是截止。這時$v_o = 0$。

考慮電容C經由R_3充電，Q_1的基極電壓v_{BE1}上升至$V_{BE\gamma}$之後，Q_1導通及Q_2截止，這時$v_o = V_{CC}$。

從$v_o = 0$切換成$v_o = V_{CC}$，電容C改經由R_2充電，充電電流為Q_1基極的電流i_{B1}。電壓$v_C(t)$逼近$-V_{CC}$時，電流i_{B1}變小，終至Q_1截止，並且Q_2導通。輸出從$v_o = V_{CC}$切換成$v_o = 0$，電容回到經由R_3充電。在這個電路，電容C構成正回授路徑，$v_C(t)$之極性根據Q_1及Q_2的狀態交互變化。

設$v_o = V_{CC}$的時間為T_1，$v_o = 0$的時間為T_2。在T_1時段，電容C經由R_2充電，使得$v_o(t)$緩慢上升。在T_2時段的初始時，$v_{BE1}(t) = v_C(t) + v_o(t) < 0$。綜合之，繪製$v_o(t)$及$v_{BE1}(t)$的波形圖如下：

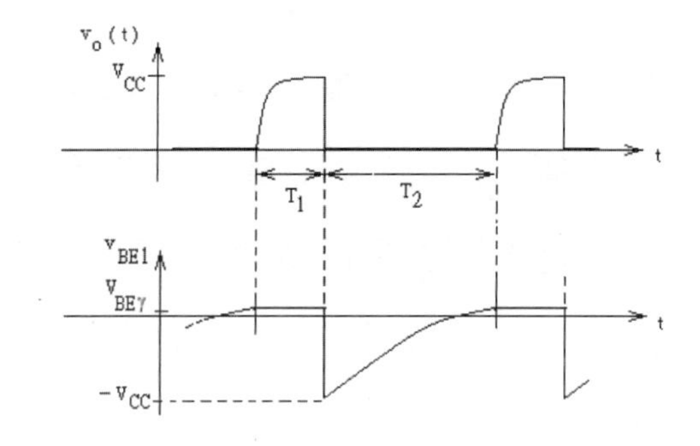

計算T_1，考慮電容C經由R_2充電，Q_2的集極電壓以函數$v_o(t) = a\ \exp(-t/R_2C) + b$變動，初始$v_o(0) = a + b = V_{CE(sat)} \approx 0$及最大時間後$v_o(\infty) = b \approx V_{CC}$，得到$v_o(t) = V_{CC}[1 - \exp(-t/R_2C)]$。

在T_1時段Q_1導通，其基極電流以$i_{B1}(t) = [V_{CC} - v_o(t)]/R_2 = (V_{CC}/R_2)\exp(-t/R_2C)$變動。當$i_{B1}$變小，並且$\beta_F i_{B1} \le i_{C1} = V_{CC}/R_1$時，不能繼續維持$Q_1$導通，$Q_1$從飽和態切換成截止態，並且促使$Q_2$導通。因此，$\beta_F i_{B1}(T_1) = V_{CC}/R_1$，求解得到$T_1 = R_2C \cdot \ln(\beta_F R_1/R_2)$。

計算T_2，電容C經由R_3充電，Q_1的基極電壓以函數$v_{BE1}(t) = a\ \exp(-t/R_3C) + b$變動。從$v_o = V_{CC}$切換成$v_o = 0$時，電容已充電接近$V_{CC}$，電容電壓$v_C \approx -V_{CC}$。則初始$v_{BE1}(0) = a + b \approx -V_{CC}$及最大時間後$v_{BE1}(\infty) = b = V_{BE2} > V_{BE\gamma}$，得到

$$v_{BE1}(t) \approx -(V_{CC}+V_{BE2}) \cdot \exp(-t/R_3C)+V_{BE2}。$$

Q_1的基極電壓上升至$V_{BE\gamma}$，Q_1導通並且Q_2離開飽和態，$v_o(t)$上升至約V_{CC}。因此，$v_{BE1}(T_2) = V_{BE\gamma}$，解出得到

$$T_2=R_3C \cdot \ln[(V_{CC}+V_{BE2})/(V_{BE2}-V_{BE\gamma})]，$$

其中$V_{BE2}- V_{BE\gamma}\approx 0.1$ V。

上述是一個簡略的分析，估算方波的波寬T_1及週期 $(T_1 + T_2)$。詳細的$v_o(t)$波形可以由PSpice模擬檢驗。PSpice模擬時，設V_{CC} = 5 V，$R_1 = R_2 = R_3$ = 1 kΩ，C = 0.1 μF，BJT元件為2N3904。

6. 問題及討論 (有*標示者較難回答)

*6-1 正弦波的振盪是值得探討的物理現象。在2-4節的起振過程觀察，可以看到信號的振幅以exp(σt)的形式隨時間增大。試從溫氏橋振盪器的起振波形，估計σ值的大小。

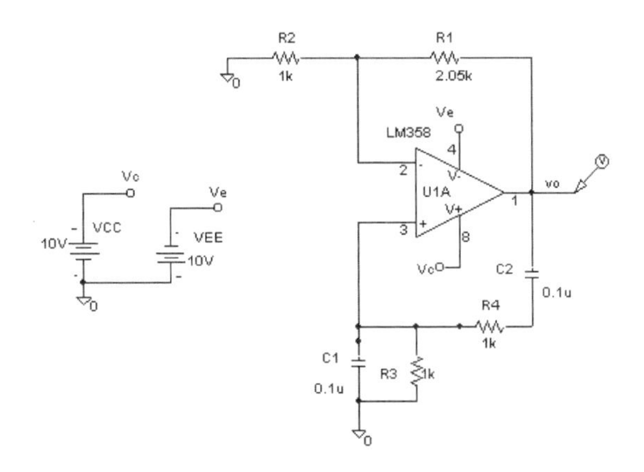

下面是PSpice的模擬。先以Schematics編輯電路，使用運算放大器LM358。設R_1 = 2.05 kΩ，則$R_1/R_2 > 2$。模擬溫氏橋振盪器時，在Analysis對話方塊內的Transient設定⊗skip initial transient solution (這個選項設定電容之初始電荷Q = 0)。從模擬看$v_o(t)$以exp(σt)增大，需時約40 ms才達到持續振盪。試按照上面的電路，使用不同的R_1/R_2比值，作Transient模擬，從模擬的波形計算出σ的大小。

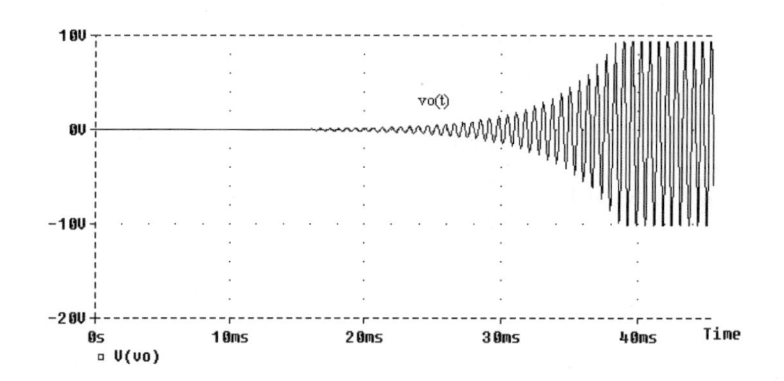

從上述的模擬，在起振過程看到信號從$\mathrm{Re}[\exp(\sigma t + j\omega t)]$的形式過渡成為$\mathrm{Re}[\exp(j\omega t)]$。實際的σ隨著振盪信號的振幅V增強而變小，可以用$\sigma(V) = \sigma_o(1 - V/V_m)$描述，$\sigma_o$是對應起振時的小信號增益的參數。當振幅V達到最大值V_m時，因振幅V操作在電路主動元件的非線性區域，小信號增益降低，使得$\sigma(V) \to 0$。這裡有一些等待解答的問題：例如，如何證明$\sigma(V) = \sigma_o(1 - V/V_m)$？除了與振幅V有關係，σ可能也是頻率ω的函數，則$\sigma = \sigma(V, \omega)$是甚麼形式？

*6-2 下圖電路是一個振盪器。從迴路增益函數$T(\omega) = \beta(\omega)A$試證明：(1) $\theta(\omega_o) = 0°$時，$\omega_o = 1/[\sqrt{6}RC]$；(2) 振盪條件為$29/30 < A < 1$ (因為$\beta(\omega_o) = 30/29$，但為何$A < 1$？)。

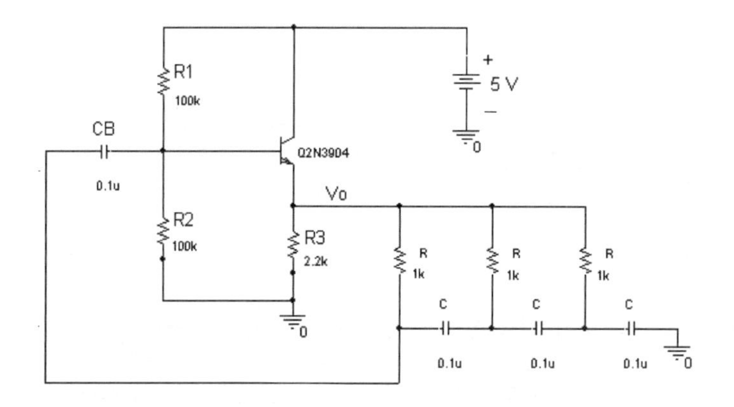

產生增益A使用共集極電路，其電壓增益小於1，但是必須大於29/30。試設計共集極電路之R_1，R_2及R_3的數值。

如電路標示的數值，當$R_1 = R_2 = 100\ \mathrm{k\Omega}$及$R_3 = 2.2\ \mathrm{k\Omega}$時是否發生振盪？振盪頻率是由$R = 1\ \mathrm{k\Omega}$及$C = 0.1\ \mu\mathrm{F}$決定。以實驗觀察$V_o$，如果

存在振盪，其頻率是否符合理論預測？

6-3 試以PSpice模擬3-1節的不穩態電路輸出。

〔提示：參考問題6-1的正弦波振盪的Transient模擬。〕

*6-4 下圖電路包括兩級反相器，以電容作回授連接，試探討在輸出端可能出現的波形$v_o(t)$。

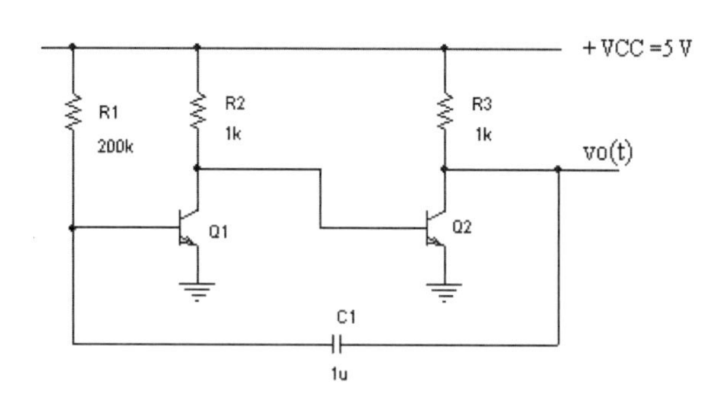

〔提示：以PSpice模擬電路的工作機制。實作觀察時，Q_1及Q_2使用2N3904。〕

6-5 回到3-1節的不穩態電路。下圖是從Q_1輸出的方波，方波緩慢上升，停留約T_1的時間，之後快速下降。方波**前緣** (Front edge) 顯示電晶體Q_1從導通變成截止的過程，方波**後緣** (Rear edge) 則對應到Q_1從截止切入導通的時段。試解釋方波之前緣的變動速率為何比後緣的速率慢？

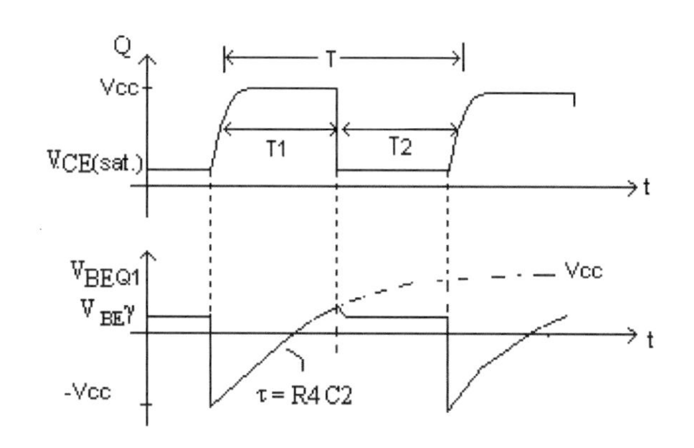

對照3-1節的不穩態電路，下面的電路使用二極體D跨接在電容C_2及Q_2的集極之間，從Q_2輸出方波$v_o(t)$，其前緣上升的速率可以增快。理由為何？實作觀察時，二極體D可以選用IN4148。

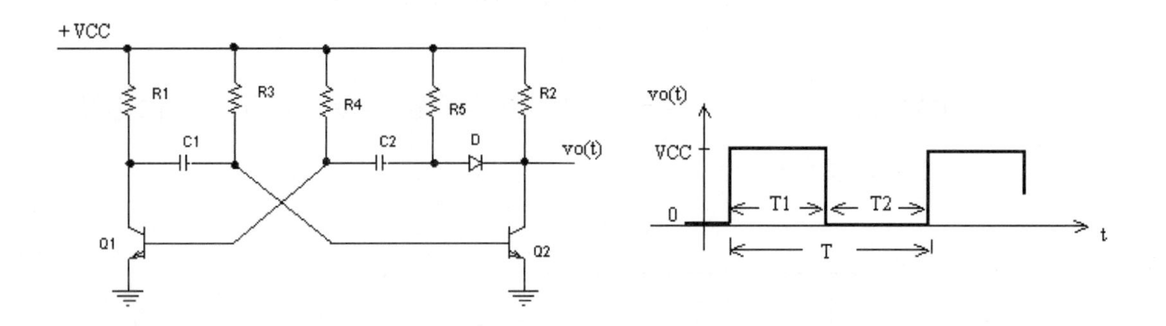

6-6 在4-3節第三個電路接線，555計時器的接腳5連接一個可變電阻VR，可作為VCO。試從$v_o(t)$信號周期及接腳5的電壓的量側，說明其工作原理。

*6-7 試以555計時器設計一個上升波產生器 (Ramp generator)，其上升時段為1 ms，上升的電壓高度有5 V。完成電路圖，並作測試。

❖7. 參考資料

7-1 Sedra/Smith: Microelectronic Circuits，介紹Op-amp的多諧振電路及振盪電路。

7-2 W. G. Jung: IC Timer Cookbook，介紹更多IC555計時器的應用電路。

實驗11　數位（邏輯）閘路

目的：(1) 認識數位 IC；(2) 數位閘路之電路結構，閘路的傳輸函數及特性參數。

器材：示波器、直流電源供應器、信號產生器、TTL(7400)、CMOS(4011)。

❖1. 說明

數的表達習慣用十進位 (Decimal) 的方式來計數，在電子計算系統則使用二進位 (Binary)。兩者之間的轉換方式如下：

十進位	二進位
$12 = 1\times 10^1 + 2\times 10^0$	$1100 = 1\times 2^3 + 1\times 2^2 + 0\times 2^1 + 0\times 2^0$
$35 = 3\times 10^1 + 5\times 10^0$	$100011 = 1\times 2^5 + 0\times 2^4 + 0\times 2^3 + 0\times 2^2 + 1\times 2^1 + 1\times 2^0$

十進位數系的位元是0，1，2，・・・，9等10個。二進位數系的位元只有0及1。電子電路可以用**兩個清楚的電路態來**代表位元0及1。例如，實驗10的BJT雙穩態，有兩個穩定態的輸出，$V_{CE(sat)} = 0.2$ V及$V_{CC} = 5$ V，分別是BJT元件飽和及截止時的輸出電壓。因此，可以定義較低電壓 (L) 代表位元0或邏輯0，較高電壓 (H) 為位元1或邏輯1。據此設計電路，輸出位元0或1的電壓，成為數位或邏輯電路，實現Boolean代數的運算。在數位電路，電子元件以非線性模式工作。

Boolean代數有AND，OR及NOT等運算。執行這些基礎運算的電路單元稱為邏輯閘路 (Logic gate)。圖1(a)是二極體「及閘」 (AND gate)，圖1(b)說明邏輯位元的定義，二極體的切入電壓是V_γ，定義電壓V_γ為邏輯0及電壓V_{DD}為邏輯1，這是正邏輯 (Positive logic)。若定義V_{DD}為邏輯0及V_γ為邏輯1，是為負邏輯。圖1(c)是及閘的符號及邏輯函數。A及B是輸入，Y是輸出，則$Y = A \cdot B$是AND運算。圖1(d)是及閘的真值表。真值表 (Truth table) 是依據閘路之輸入A、B及輸出Y的電壓，對照其邏輯數值所製作成的表格，用0及1表達函數關係。例如$Y = A \cdot B$，是$0 = A \cdot 0 = 0 \cdot B$及$1 = 1 \cdot 1$。

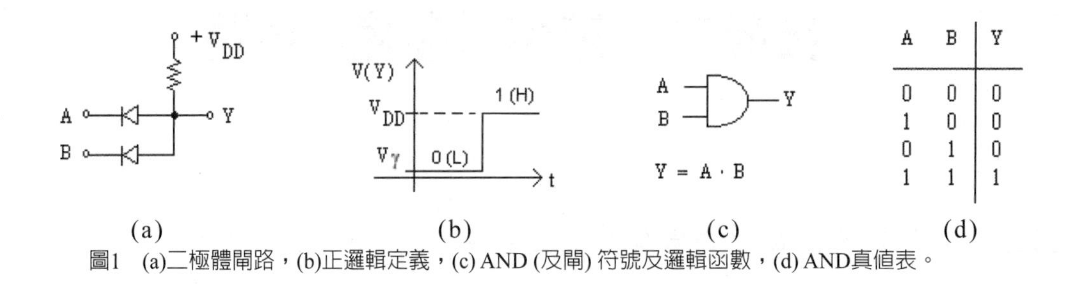

A	B	Y
0	0	0
1	0	0
0	1	0
1	1	1

圖1 (a)二極體閘路，(b)正邏輯定義，(c) AND (及閘) 符號及邏輯函數，(d) AND真值表。

在二極體閘路內，若輸出端Y連接更多的閘路或負載，易導致代表邏輯1的電壓下降，造成邏輯誤判。改善的方法是在Y端點串聯一個BJT元件作為緩衝並且提供負載電流，成為一個二極體-電晶體閘路 (DTL，Diode-Transistor Logic)，例如圖2(a)是「**非及閘**」 (NAND gate)。圖2(c)是「非及閘」的符號及邏輯函數，Y = (A · B)'，用「'」表示「非」。圖2(d)是「非及閘」的真值表。

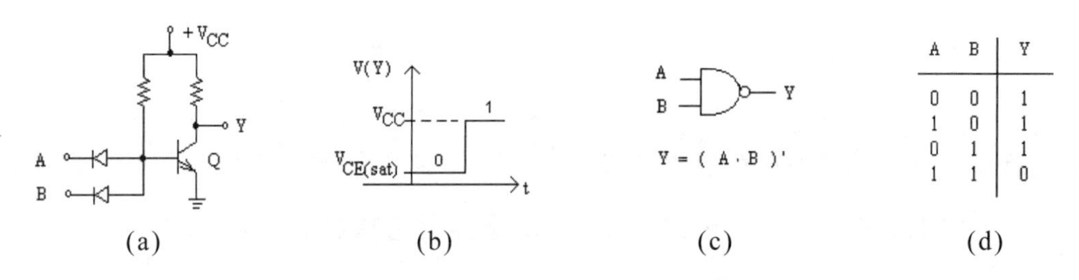

A	B	Y
0	0	1
1	0	1
0	1	1
1	1	0

圖2 (a) DTL閘路，(b)正邏輯定義，(c) NAND (非及閘) 符號及邏輯函數，(d) NAND真值表。

在圖2(a)的DTL閘路，由於BJT元件Q提供電流，輸出Y能夠外接更多的閘路數目。因為BJT元件是在飽和態及截止態之間作切換，為了降低BJT元件**的載子儲存效應**，提昇閘路的切換速度，及同時實現低功率損耗，進一步演變成為全部BJT元件組成的邏輯閘路 (Transistor-Transistor Logic，TTL)。圖3(a)的電路是一個TTL的NAND閘路。電晶體Q_1-Q_2的連結有效降低BJT元件的載子儲存效應。電晶體Q_4及二極體D_0組成Q_3的負載。當Y = 0時，Q_2及Q_3在飽和態，由於Q_2的集極電壓 (0.2 V + 0.7 V) 小於Q_4及D_0的最小導通電壓 (0.5 V + 0.6 V)，Q_3的集極電流約為零。則Y = 0時，Q_3有很低功的率損耗。當從Y = 0切換成Y = 1時，由於100 Ω的負載而有很小的時間常數，加快切換速率。Q_4及D_0構成一個非線性的主動負載 (Active load)，疊放在Q_3上面，類似美國印地安人部落的圖騰標桿，一般稱Q_4-D_0-Q_3的輸出級為圖騰級 (Totem-pole)。在圖3(b)的電路，把Q_4及D_0省略，變成集極開路閘 (Open-collector)，由使用者自行跨接一個合宜的電阻，用來驅動特殊負載。

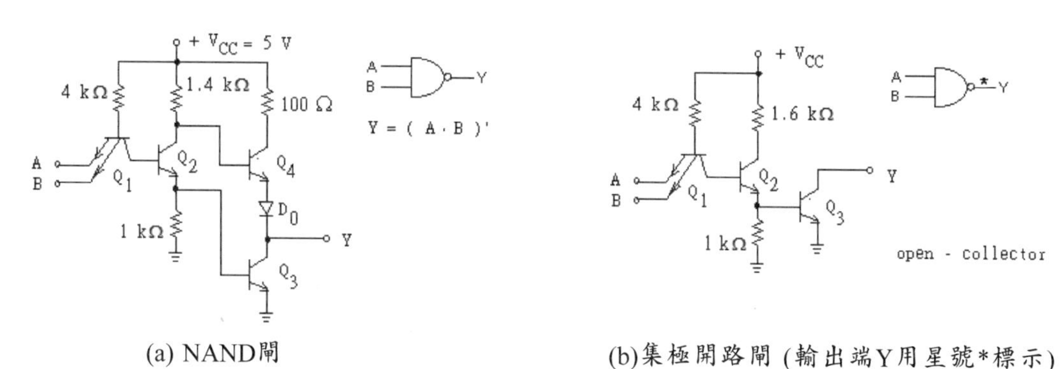

(a) NAND閘　　(b)集極開路閘 (輸出端Y用星號*標示)

圖3　TTL閘路。

除了BJT元件組成的TTL，還有MOSFET組成的閘路，例如CMOS閘路 (Complementary MOS)，由互補型的PMOS及NMOS元件組成。圖4(a)是「**非閘**」 (NOT gate)，其中M_1是NMOS元件，M_2是PMOS元件。設非閘的輸入是A，輸出是Y，寫成邏輯函數Y = A'。圖4(b)是「**非及閘**」。如圖4，CMOS閘路沒有電阻元件。從元件的特性及IC的製程，CMOS閘路優於TTL閘路。

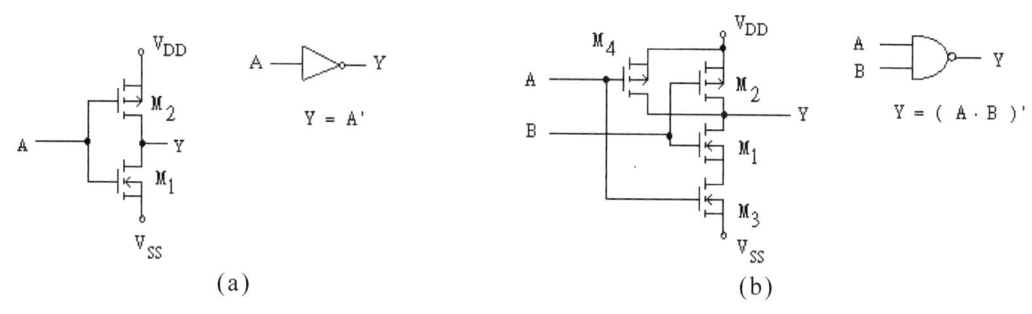

(a)　　(b)

圖4　CMOS閘路：(a) NOT閘，(b) NAND閘。

圖5列出其他的基本閘路的符號及真值表。圖5(a)是NOT閘，邏輯函數Y = A'。圖5(b)是「或閘」(OR gate)，邏輯函數Y = A + B。圖5(c)是「**非或閘**」(NOR gate)，邏輯函數Y = (A + B)'。

A — Y

A	Y
0	1
1	0

(a)Y = A'

A, B — Y

A	B	Y
0	0	0
1	0	1
0	1	1
1	1	1

(b)Y = A + B

A, B — Y

A	B	Y
0	0	1
1	0	0
0	1	0
1	1	0

(c)Y = (A + B)'

圖5　(a) NOT閘，(b) OR閘，(c) NOR閘。

Boolean代數的變量只有0及1，從閘路的真值表，可以歸納出基本的Boolean運算式：

(1) OR運算：$A+0=A$，$A+1=1$，$A+A=A$，$A+A'=1$。

(2) AND運算：$A\cdot 0=0$，$A\cdot 1=A$，$A\cdot A=A$，$A\cdot A'=0$。

(3) $A+A\cdot B=A$，$A+A'\cdot B=(A+A\cdot B)+A'\cdot B=A+(A\cdot B+A'\cdot B)=A+B$。

(4) De Morgan定理：$(A\cdot B\cdot C\cdot ...)'=A'+B'+C'+...$；$(A+B+C+...)'=A'\cdot B'\cdot C'\cdot ...$。

這個實驗旨在認識TTL及CMOS閘路的電性，主要包括：(1)傳輸函數 (邏輯電壓的定義) 及(2)切換速率 (閘路的傳遞延遲)。TTL從1970年代開始發展，有完整的54及74系列規格。54XX系列是軍用規格，以陶瓷材料封裝，具有較大的操作溫度範圍。現在已經很少見到54XX系列。74XX系列是商用規格，以塑膠材料封裝。在74系列，有附加英文字母，代表不同的操作速度和結構，例如：

74LSXX　低功率及以Schottky二極體嵌夾在BJT的集極和基極之間，是快速數位IC。

74ALSXX　進階的低功率Schottky TTL。

2. 閘路的傳輸函數

實驗用的數位電路IC的封裝型式是雙並排 (DIP，Dual-In-line Package)。使用數位IC之前先要認識DIP封裝及接腳的排列，詳細可參閱TTL或MOS的專用規格書 (Data book)。例如，74LS00是Schottky二極體嵌夾的TTL，這個積體電路封裝含有四個NAND閘路，接腳的排列如下面圖(a)。

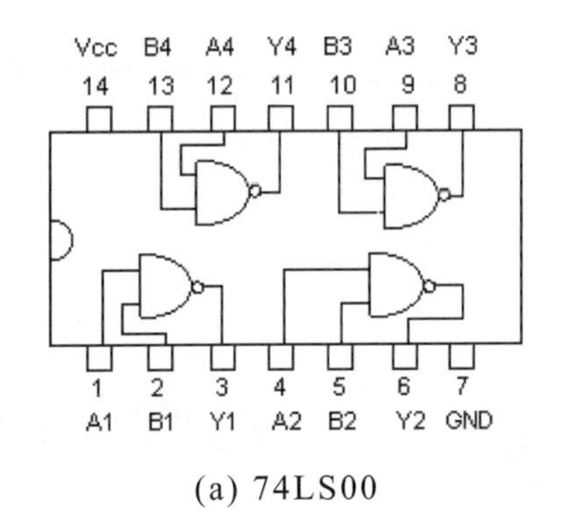

(a) 74LS00

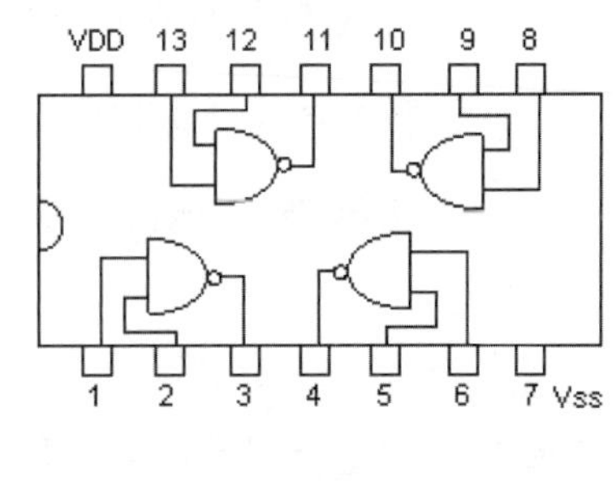

(b) CD4011

另外，CD4011是CMOS電路，內含有4個NAND閘路，其接腳標示是上面的圖(b)。TTL的標準工作電壓V_{CC} = 5 V。CMOS的工作電壓V_{SS}可為負值。一般設V_{SS} = 0 V及V_{DD} = 5～15 V。TTL的接腳可以**懸浮** (Floating)，即不接線，懸浮時的電位為H，即被判為邏輯1。CMOS的接腳宜連接到固定電位 (接地或V_{DD})。

量測閘路的傳輸函數時，把NAND閘的兩隻輸入接腳連在一起，成為一個NOT閘，如下圖(c)。

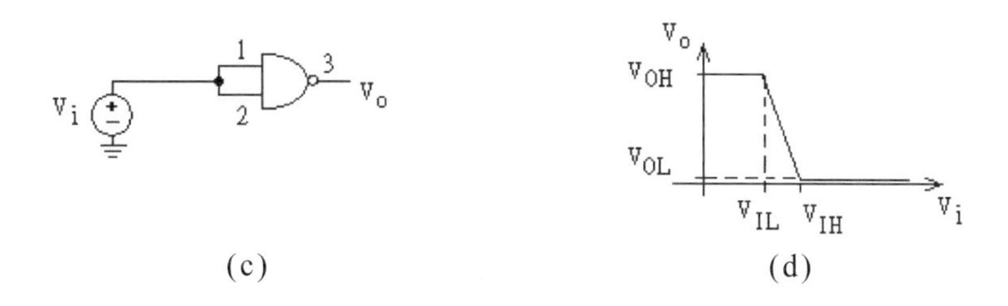

(c)　(d)

上圖(d)是NOT閘路的傳輸函數示意圖。V_{OH}及V_{OL}分別是閘路最大及最小的輸出電壓。V_{IL}定義為$V_i < V_{IL}$時，$V_o = V_{OH}$。V_{IH}定義為$V_i > V_{IH}$時，$V_o = V_{OL}$。在理想的閘路，V_{IL}的數值非常接近V_{IH}。

2-1 如上圖(c)的接線，量測74LS00的第一個閘路。電源供應V_{CC} = 5 V。V_i為一可變的DC電源，由0 V以級距0.2 V變化到5 V。實作時，逐次變動V_i，同時使用三用電錶讀取V_o。繪製V_o-V_i的傳輸函數。從V_o-V_i的特性曲線，標示出此74LS00閘路的V_{OH}，V_{OL}，V_{IH}及V_{IL}數值。

2-2 閘路的接腳懸浮時對輸出的影響如何？當V_{CC} = 5 V時，設74LS00的第2隻接腳不接線，並且第1隻接腳 (設為輸入A) 接地，用三用電錶表讀取第2接腳 (設為輸入B) 的電壓，______V，及第三接腳 (即輸出Y) 的電壓，______V。因此A = 0，B = ______則Y = (A · B)' = ______。再把第1隻接腳(A)接到V_{CC}，量取第2隻接腳(B)懸浮的電壓：______V；此時A = 1，B = ______，則Y = (A · B)' = ______。

從2-2節的實驗，討論TTL接腳懸浮時是否仍然有正確的閘路運算。

2-3 同2-1節的接線，量測CD4011的第一個閘路。設V_{SS} = 0 V及V_{DD} = 5

V，同2-1節的量測方式，讀取數據。作V_o-V_i的傳輸函數曲線圖，並且標示出V_{OH}，V_{OL}，V_{IH}及V_{IL}的數值。

2-4 探討傳輸函數對閘路的意義。從2-1及2-3節的實驗，看到在相同的工作電壓$V_{DD} = V_{CC}$，TTL及CMOS的NAND閘路有不同的V_{OH}，V_{OL}，V_{IH}及V_{IL}值。這裡定義雜訊空隙 (Noise margin) 為$NMH = V_{OH} - V_{IH}$及$NML = V_{IL} - V_{OL}$，如下圖的示意：

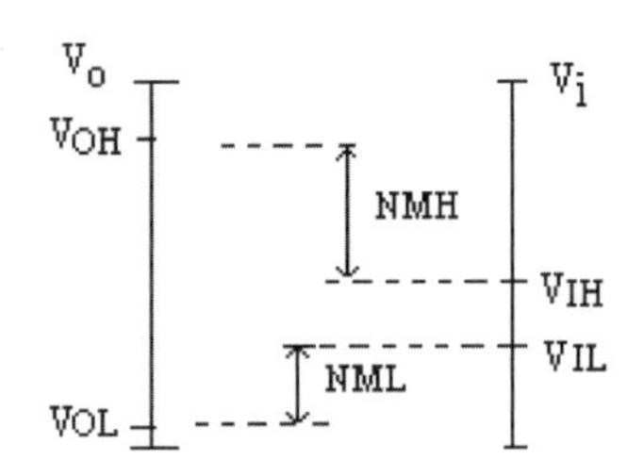

整理2-1及2-3節的數據，記錄

74LS00：NML = ______，NMH = ______；

CD4011：NML = ______，NMH = ______。

NML是邏輯0有效的電壓範圍，NMH是邏輯1有效的電壓範圍。試從NML及NMH的數值，說明這兩型閘路承受負載的能力，亦即輸出端能夠連接閘路數目的多寡。

3. 閘路的傳遞延遲

在TTL及CMOS閘路，輸出與輸入信號之間存在時間延遲，稱為傳遞延遲 (Propagation delay)。以一個非閘 (NOT) 為例，其輸出$v_o(t)$相對於輸入$v_i(t)$波形的時間順序如下圖。描述傳遞延遲常用的方式是標示出輸出及輸入波形上升或下降50 %的時間間隔，例如：t_{pHL}指輸出波形$v_o(t)$由H變成L的延遲，t_{pLH}指$v_o(t)$由L變成H的延遲。傳遞延遲時間t_p定義為$t_p = (t_{pHL} + t_{pLH})/2$。傳遞延遲時間$t_p$對快速閘路的操作十分重要。設計數位電路時，要避免多個閘路累積的傳遞延遲產生邏輯誤判。

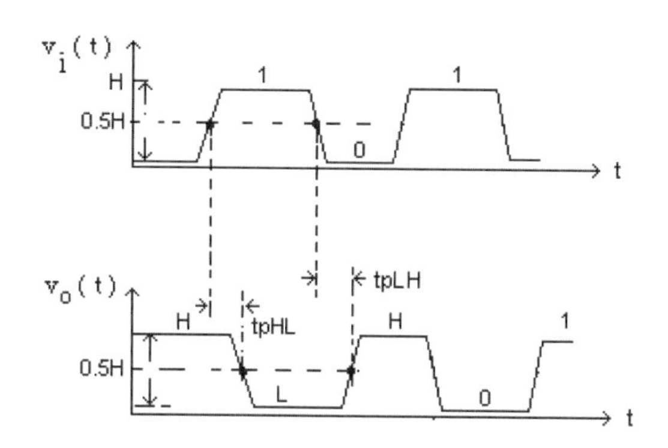

根據TTL的Data Book，74LS00在負載R_L = 2 kΩ和C_L = 15 pF時，分別有t_{pLH} = 9 ns及t_{pHL} = 10 ns。分析TTL的輸出級可以估算出t_{pLH}及t_{pHL}。圖3之Totem pole的輸出電阻100 Ω，可以加速由L至H的切換，縮短t_{pLH}。因為74LS00的t_p皆在ns範圍，受限於示波器GDS-2062的頻寬是60 MHz，1DIV = 16.7 ns，此短時間的延遲不容易從示波器的顯示被準確觀測到。

對CMOS而言，若PMOS及NMOS的匹配相等，無論由L至H或由H至L，其等效的RC時間常數一樣，因此$t_{pLH} \approx t_{pHL}$。例如，根據MOS的Data Book，CD4011的t_{pLH} = 110 ns (V_{DD} = 5 V)，t_{pHL} = 120 ns (V_{DD} = 5 V)。下圖是分析傳遞延遲t_{pLH}和t_{pHL}的等效電路，其中 $v_o(t) = \frac{1}{C_L}\int_0^t i_D(t')\,dt'$。以MOS的$i_D - V_{DS}$輸出特性說明，下圖(a)$t_{pLH}$是，當$M_1$導通及$M_2$截止時，$M_1$的$i_D(t)$循路徑C-B-A變化的時間；下圖(b)$t_{pHL}$是，當$M_2$導通及$M_1$截止時，$M_2$的$i_D(t)$循路徑C-B-A變化的時間。

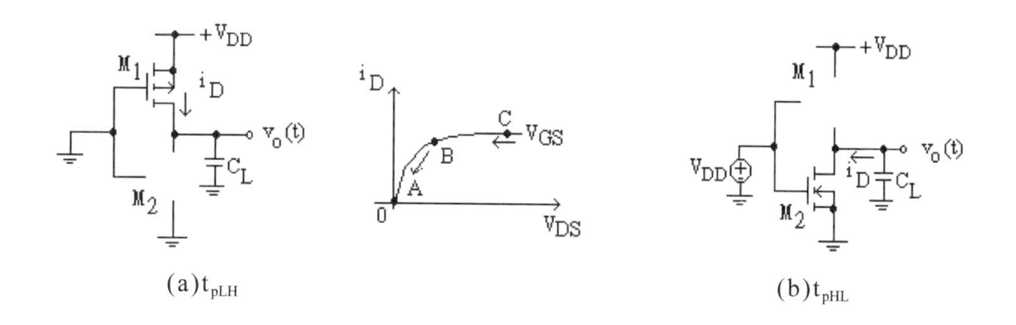

(a)t_{pLH} (b)t_{pHL}

3-1 量測TTL閘路的時間延遲。按下圖的電路，在麵包板上串連74LS00的四個NAND閘路。調整信號產生器輸出方波，高度5 V，週期1 μs，作為第一個閘路的輸入信號$v_i(t)$。進行實驗時，以示波器的CH1及CH2分別觀測閘路輸出v_{01}，v_{02}，v_{03}及v_{04}對輸入$v_i(t)$響應的波形。

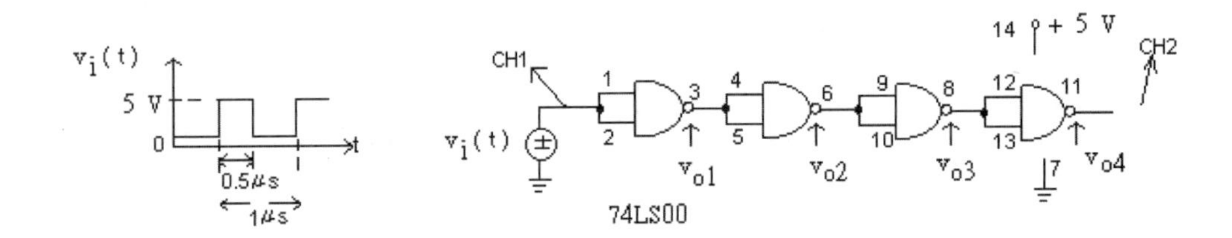

在下面的表格，記錄串連N個閘路後的t_{pHL}及t_{pLH}。在v_{04}經過四個閘路的時間延遲是否等於單一閘路延遲 (t_p) 的四倍 ($4t_p$)？在這個實驗，**那些因素影響時間延遲量測的準確度**？試討論之。

閘路數目N	1	2	3	4	
t_{pHL}/ns					
t_{pLH}/ns					

3-2 同3-1節的方式，量測CMOS閘路的時間延遲。CD4011的傳遞延遲約為100 ns，可以在60 MHz的示波器量測到。實驗時，直接量測單一閘路及兩至三個串接閘路的t_{pHL}及t_{PLH}，得到平均時間延遲t_p。在v_{03}經過三個閘路的時間延遲是否等於單一閘路延遲 (t_p) 的三倍 ($3t_p$)？

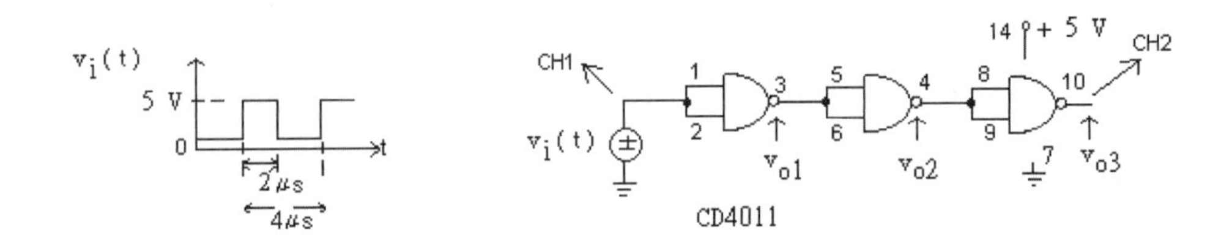

試討論影響時間延遲量測的因素。

〔提示：在3-1及3-2節的量測，除了麵包板接線的寄生電容，還須考慮CH1及CH2量測探針的電容負載。綜合之，顯然不適宜以上述的量測設置進行閘路時間延遲的量測，必須以另外的方式實施。〕

4. 簡易的邏輯電路

由基本閘路構成**組合邏輯** (Combinatorial logic)，步驟是：(1)使用真值表設計電路的功能；(2)從真值表推導出邏輯函數；(3)簡化邏輯函數的項目；(4)根據邏輯函數，使用基本閘路組成電路。

這裡以TTL編號7486的「唯或閘」(XOR，Exclusive OR) 為例，說明數位電路設計的原則，更複雜的組合邏輯，在實驗12探討。下圖(a)是XOR閘的符號，邏輯函數$Y = A \oplus B$，圖(b)是真值表。

A
B
Y

$Y = A \oplus B$

(a)

A	B	Y
0	0	0
1	0	1
0	1	1
1	1	0

(b)

唯或閘只允許$1 \oplus 0 = 0 \oplus 1 = 1$。因此，從上圖(b)的真值表，考慮Y＝1的情形有兩項：1・0'及0'・1，以OR結合，寫成$Y = A \cdot B' + A' \cdot B$。從邏輯函數的運算項目，組成XOR閘需要兩個NOT閘，一個OR閘及兩個AND閘。

兩次的NOT運算等同原來的形式，即$Y = (Y')'$。利用De Morgan定理，可以改寫$Y = [(A \cdot B' + A' \cdot B)']' = [(A \cdot B')' \cdot (A' \cdot B)']'$。這樣，XOR閘可以使用NAND閘組成，意即使用單一型的基本閘路，即可以組成。實驗之前，先計算NAND閘的數目。

4-1 使用NAND閘組成一個XOR閘。實作時，使用兩顆74LS00，依據邏輯函數

$$Y = [(A \cdot B')' \cdot (A' \cdot B)']'，$$

繪製閘路的接線圖，如下圖(a)。參考下圖(b)，在麵包板上排列兩顆74LS00及完成接線，記得74LS00的第14支腳接V_{CC} = 5 V及第7支腳接地。分別在A及B端點輸入0 V及5 V，以電錶量測Y端點的輸出電壓，記錄A = ______，B = ______，Y = ______。檢驗電路的響應，是否符合XOR閘的真值表。

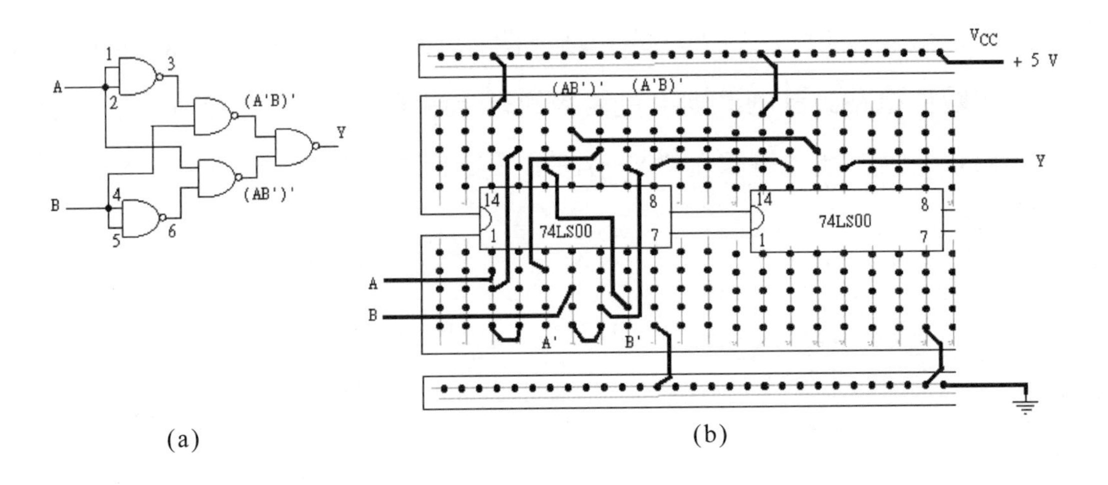

(a) (b)

數位閘路的基本組成是共射極或共源極電路，這些電路若操作在線性範圍即是類比放大器，反之若在非線性範圍則成為數位或邏輯電路。把共射極或共源極電路回授連接，可以造成類比回授 (實驗9)，或多諧振電路 (實驗10)。在4-1節，直接的數位閘路連接可以實現組合邏輯。若經由回授連接可形成鎖定器 (Latch) 或雙穩態電路，詳實驗12。以下從簡易的閘路的回授連接，認識鎖定器的工作原理。

4-2 如下圖的閘路連接，使用CD4011的兩個NAND閘，交叉連接成一個鎖定器電路。輸入A_1和A_2分別以0 V及5 V代表邏輯的0及1。在真值表，輸入若同時出現邏輯0，兩個輸出皆為邏輯1。試經由量測，證明下面的真值表。

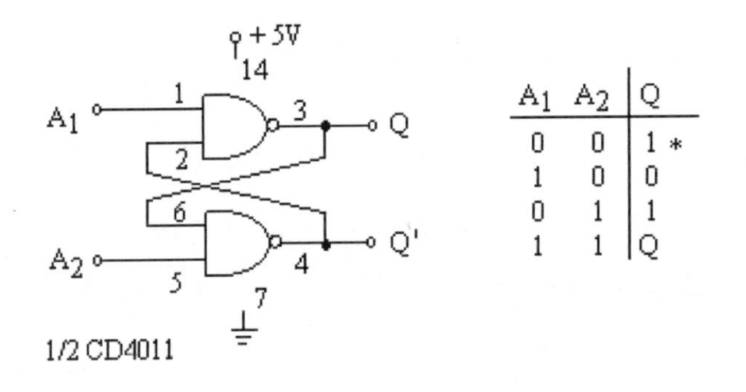

A_1	A_2	Q
0	0	1 *
1	0	0
0	1	1
1	1	Q

5. 要點整理

在數位或邏輯電路，電子元件以非線性模式工作，輸出位元0或1的電壓，實現AND，OR及NOT等Boolean運算。執行這些基礎運算的電路單元稱為閘路。基於Boolean代數的數位電路，電路的傳輸函數稱為邏輯函數，一般寫成「乘積和」(Sum of product) 的形式，例如，Y = A · B + A' · B · C，或者省略AND的符號，Y = AB + A'BC。邏輯函數的變量只有0及1的數值。

根據De Morgan定理，邏輯函數可以改寫成為NAND運算的形式。因此，可以使用單一型的閘路，構成複雜的組合邏輯。從實作的觀點，7400及4011是最基礎的數位IC，內含四顆NAND閘路。

練習1

設計一個電路，作兩個位元的加法運算，其規則是：0 + 0 = 0，0 + 1 = 1，及1 + 1 = 0產生進位1。

求解

兩個位元A及B相加，得到「和」S及「進位」是C，其真值表如下：

A	B	S	C
0	0	0	0
1	0	1	0
0	1	1	0
1	1	0	1

從真值表，得到邏輯函數S = A · B' + A' · B及C = A · B，以NAND閘路組成一個組合邏輯，如下圖。這是一個半加法器 (Half-adder)。

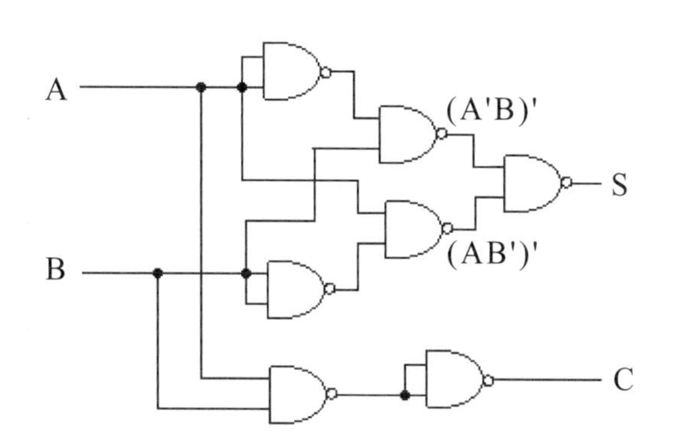

❖6. 問題及討論

6-1 試以PSpice，練習圖3 Totem-pole級之直流 (DC) 分析，電晶體使用2N3904。直流分析的V_o-V_i傳輸特性是否不同於2-1節量測到的74LS00的傳輸曲線？試討論其間的差異。〔提示：在實際的數位IC，74LS00閘路的Q_2之射極不連接電阻，而是連接到一個主動負載 (Active pull-down)。〕

6-2 在4-2節，使用CD4011組成一個鎖定器或雙穩態。如何分析數位電路？一般在設計及分析數位電路是使用VHDL程式語言，專門於數位電路的課程講授。PSpice也提供分析數位電路的能力。

PSpice分析**數位電路**的步驟與類比**電路**相同。先從Schematics編輯電路。一顆數位IC含有多個閘路，例如CD4011有四個閘路，在「U?A」的標示上面以滑鼠點兩下，進入Gate的選項方塊，選出A及B兩個閘路，即U1A及U1B，如下圖。數位的模擬，不須明顯設置5 V的直流電源，但是輸入信號源DSTMx取自SOURCSTIM.slb，如下圖的DSTM1及DSTM2，分別連接到A1及A2的輸入端。DSTM1和DSTM2的波形分別在「Edit PSpice Stimulus」設定，屬性選Digital。自行練習其餘的設定細節。編輯完成電路之後，接著在「Analysis」的對話方塊內設定模擬的方式，有Digital Setup及Transient的設定。

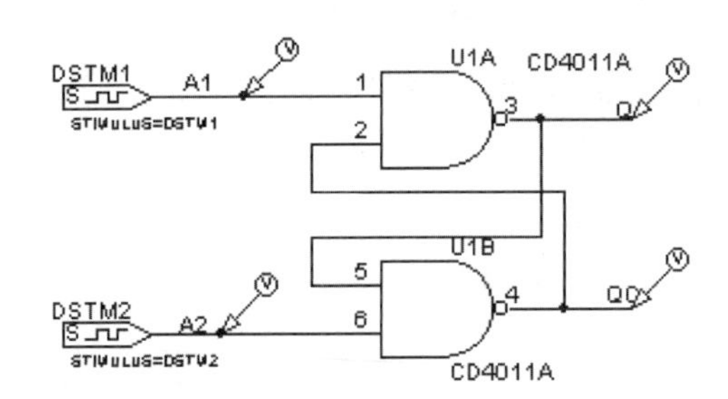

模擬使用的信號源DSTM1及DSTM2分別是10 kHz及5 kHz的數位定時脈衝 (Clock)。下圖是Probe顯示模擬的結果，A1及A2**兩者皆從邏輯**0**開始**，對應的鎖定器輸出是Q及QC(Q')。

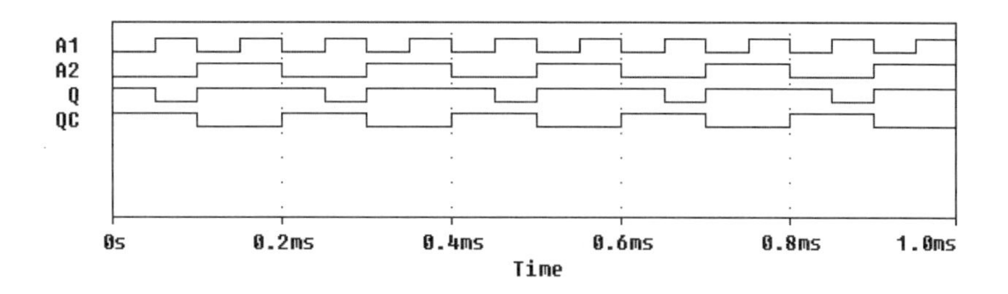

試依照上述的操作步驟模擬4-2節的鎖定器。試從Probe的顯示，檢驗真值表。

7. 參考資料

7-1 Texas Instruments: The TTL Data Book, vol. 2; National Semiconductor Corporation: CMOS Databook.

7-2 Sedra/Smith: Microelectronic Circuits，關於MOS和BJT數位電路。

筆記欄

實驗12　組合及循序數位電路

目的：介紹 (1) 邏輯電路之設計；(2) Karnaugh 映值法；(3) JK 正反器；(4) 計數器。

器材：類比三用電錶、示波器、直流電源供應器、信號產生器、74系列IC(7400、7403、7405、7408、7410、7447、7476、7486、7493)、七段顯示器。

❖1. 說明

數位電路依據閘路的連接方式，可以區分為**組合邏輯或組合電路** (Combinatorial circuits) 及**循序電路** (Sequential circuits)。組合電路由基本閘路直接連結構成，其輸出不具有時序關係，亦即電路態與先前時段無關，例如：**加法器** (Adder)，**比較器** (Comparator)，**譯碼器** (Decoder)，**多工器** (Multiplexer) 等。74系列的組合電路有：7445是四線對十線之BCD (Binary-coded decimal) 譯碼器，7447是BCD對七段顯示之譯碼/驅動器，7482是二位元全加法器。循序電路雖然也是由基本數位閘路構成，但是具有正回授連結，電路的輸出與先前的電路狀態有關，例如：**鎖定器** (Latch) 及**正反器** (Flip-flop)。

七段顯示器 (Seven-segment display) 由七條發光二極體 (LED) 或液晶 (LCD) 構成「日」字形排列，含小數點，常被運用在數位電路的顯示。圖1標示各條發光段及接腳。七段顯示器各段發光元件獨立發光，但各段之一端連接在一起，區分為**共陽極** (即P端連接在一起，Common anode) 及共陰極 (即N端連接在一起，Common cathode) 兩類，**使用之前必須先確定其結構**，始能設計出合宜的驅動電路。例如，**共陽極的顯示器使用集極開路閘** (Open-collector) **來驅動** (**參考實驗11的相關介紹**)。

假設有一個二位元信號轉換十進位數字的TTL譯碼器 (BCD decoder)，驅動共陽極的七段顯示器。此譯碼器有四個輸入 (A，B，C及D) 及七個集極開路輸出 (a，b，…，g)，分別對應到七段顯示器同樣標示的發光段 (a，b，…，g)。當DCBA = 0000代表十進位的0，圖1的顯示

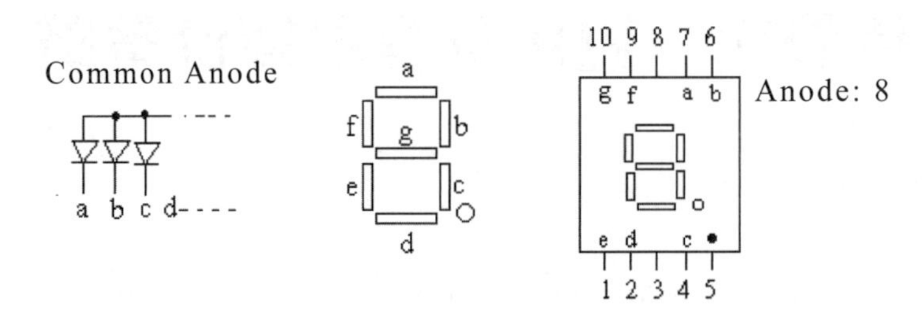

圖1　共陽極之七段顯示器，各條發光段之標示及其接腳。

器只有g段不發亮，其他段皆發光。因係以集極開路閘驅動，欲電流導通發光，則連接a，b，c，d，e，及f的閘路之集極輸出邏輯0電壓 (即$V_{CE(sat)}$)，連接g的閘路之集極輸出邏輯1電壓 (即V_{CC})。據此得到下面表1的第一行。又如第四行，DCBA = 0011顯示十進位的3，則只有e及f不發光，即e = 1及f = 1，其他皆為0。DCBA由0000至1111有十六 ($2^4 = 16$) 個不同組合，依序完成表1的真值表。

表1　BCD七段顯示之譯碼／驅動器真值表

BCD輸入				字元	七段顯示之譯碼器輸出						
D	C	B	A		a	b	c	d	e	f	g
0	0	0	0	0	0	0	0	0	0	0	1
0	0	0	1	1	1	0	0	1	1	1	1
0	0	1	0	2	0	0	1	0	0	1	0
0	0	1	1	3	0	0	0	0	1	1	0
0	1	0	0	4	1	0	0	1	1	0	0
0	1	0	1	5	0	1	0	0	1	0	0
0	1	1	0	6	1	1	0	0	0	0	0
0	1	1	1	7	0	0	0	1	1	1	1
1	0	0	0	8	0	0	0	0	0	0	0
1	0	0	1	9	0	0	0	1	1	0	0
1	0	1	0	W_{10}	1	1	1	0	0	1	0
1	0	1	1	W_{11}	1	1	0	0	1	1	0
1	1	0	0	W_{12}	1	0	1	1	1	0	0
1	1	0	1	W_{13}	0	1	1	0	1	0	0
1	1	1	0	W_{14}	1	1	1	0	0	0	0
1	1	1	1	W_{15}	1	1	1	1	1	1	1

從表1看出有八種 (DCBA) 的輸入組合產生a = 1。因此，輸出a的邏輯函數可以寫成乘積和 (SOP)，

$$a = D'C'B'A + D'CB'A' + D'CBA' + DC'BA' + DC'BA + DCB'A' + DCBA' + DCBA \quad (1)$$

式(1)的A'是A互補量，即A + A' = 1，其他類此。式(1)能夠進一步簡化，常使用Karnaugh映值表。如下表格，把式(1)的八個項用「v」標示在映值表內對應的方格。根據A + A' = 1的關係，在映值表內可以合併的項用括弧結合在一起。從這個映值表能快速縮減式(1)的項數。

DC\BA	00	01	11	10
00		v		
01	{v			v}
11	{v		[v	v]}
10			[v	v]

下面之式(1)'是最後完成的a函數的形式，也根據De Morgan定理寫成以NAND閘實現的形式，

$$a = D'C'B'A + CA' + DB = [(D'C'B'A)' \cdot (CA')' \cdot (DB)']' 。 \quad (1)'$$

同理，

$$b = CB'A + CBA' + DB = [(CB'A)' \cdot (CBA')' \cdot (DB)']' \quad (2)$$

$$c = C'BA' + DC = [(C'BA')' \cdot (DC)']' \quad (3)$$

$$d = CB'A' + CBA + C'B'A = [(CB'A')' \cdot (CBA)' \cdot (C'B'A)']' \quad (4)$$

關於函數e，f及g則自行練習推導。從式(1)'組構譯碼器輸出端a的組合電路，如圖2。

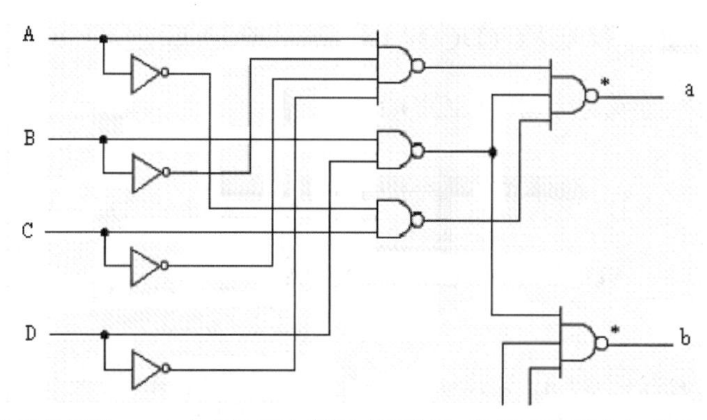

圖2　組合數位電路：BCD七段顯示之譯碼／驅動器 (這裡只圖示輸出a的閘路接線)。

上述的舉例說明數位電路設計的方法及步驟，即(1)**設計真值表**，(2)**寫下邏輯函數及簡化**，(3)**以閘路實現邏輯函數**。圖2是74系列之編號7447的內部電路。7447是七段顯示器的驅動器，有四個位元輸入(ABCD) 及七個**集極開路**輸出(a，b，...，g)，其接腳標號如下面的圖3。

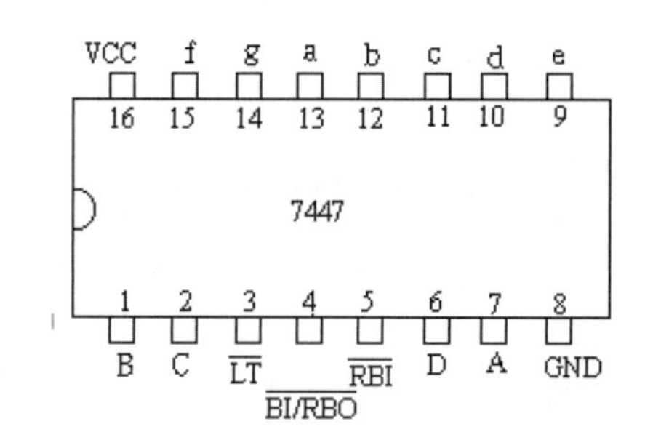

圖3　BCD驅動七段顯示器之譯碼器7447及其接腳標示。
(顯示時，$\overline{LT}=1$或開路，$\overline{BI/RBO}$及$\overline{RBI}$開路；不顯示時$\overline{BI/RBO}$及$\overline{RBI}=0$)

循序電路也是由基本閘路組成，但是具有正回授連接，使得電路態會與先前時段的狀態有關，如實驗10之正反器。正反器是基於鎖定器的電路。圖4是一個鎖定器，含兩個NAND閘，彼此的輸出連接到另一個NAND閘之一個輸入，而成回授結構 (參考實驗11)，其中A_1及A_2是輸入，Q及Q'為互補之輸出。由圖4的閘路看出，當$A_1 = A_2 = 0$時，Q及Q'皆為1，這是違反Q及Q'互為反相的關係，在真值表以*表之。另外，當$A_1 = A_2 = 1$時，Q值維持不變。鎖定器是一個雙**穩態電路**，**可存入**0或1的位元，常作為**記憶單元**。在74系列，編號7475是四個位元的鎖定器。

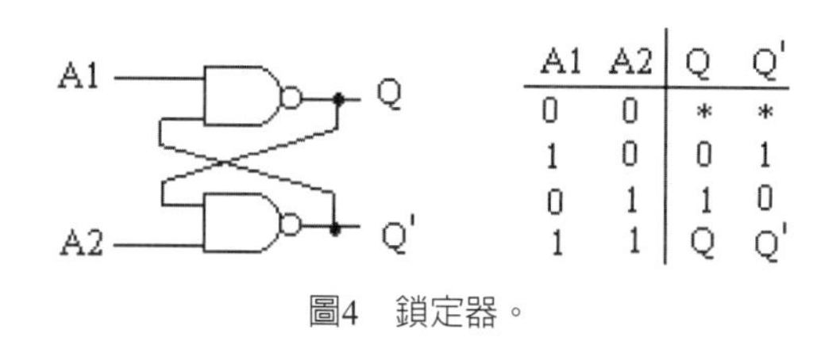

圖4 鎖定器。

在鎖定器的輸入端加上一個控制閘，如圖5(a)，成為一個SR正反器，如圖5(b)，具有設定 (Set) 及重設定 (Reset) 兩個輸入。另外，從控制閘輸入窄方波信號Ck，稱為**定時脈衝** (Clock)，簡稱**時脈**，如圖5(c)，用來改變鎖定器的電路態。圖5(d)是SR正反器的真值表。

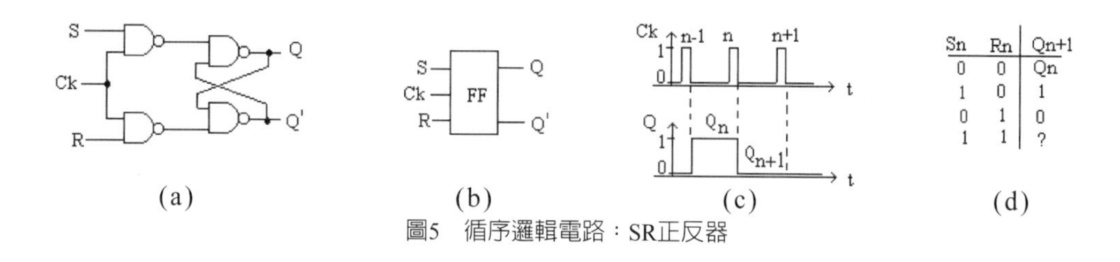

圖5 循序邏輯電路：SR正反器

圖5的控制閘在定時脈衝Ck = 1 (邏輯1電壓) 時才能有效作用，更動正反器的Q值。Q_n是第n個時脈出現時的狀態，Q_{n+1}是第n + 1個時脈出現時的狀態，其值根據第n個Ck = 1出現時在S及R端點的狀態 (即S_n及R_n值) 而定。注意：當S = R = 1且Ck = 1，鎖定器的輸入皆為0；但Ck由1回到0，鎖定器的輸入變為1而無法決定輸出Q_{n+1} (參照圖4)，在圖5(d)的真值表以Q_{n+1} = ? 標示。

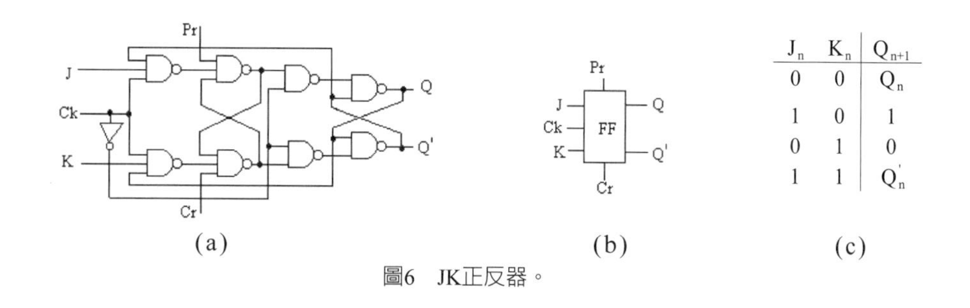

圖6 JK正反器。

排除SR正反器兩個輸入S及R同時為1的限制，圖6的JK正反器則允許其兩個輸入J及K同時為1。圖6(a)是JK正反器的閘路連結，具有主從 (Master-Slave) 兩級，只在脈衝Ck的**負緣** (Negative-edge) 發生電路態的躍遷，是**負緣觸發** (Negative-edge trigger)，例如7476。另外有正反器，例如7470及7474，是正緣觸發 (Positive-edge trigger)。圖6(b)是JK正反器的符號，具有先設定Pr (Preset) 及清除Cr (Clear) 的接腳，可設定或洗除電路態，例如，Pr = 0及Cr = 1是設定，即Q = 1；Pr = 1及Cr = 0是清除，即Q = 0。若Pr = 1及Cr = 1時，Q依照圖6(c)的真值表變化。不同於SR正反器，$J_n = K_n = 1$時，$Q_{n+1} = Q_n'$。雖然一般認為Pr及Cr開路時視同Pr = Cr = 1，**實作時恆設**Pr = Cr = 1。在電路的應用，常見的JK正反器接線有D (Delay) 及T (Toggle) 兩型，如圖7。圖7(a)是D型接線，J = K' = D，第n個Ck的D(n)決定第n + 1個Ck的輸出Q(n + 1)，寫作Q(n + 1) = D(n)，或者$Q_{n+1} = D_n$；把D型接線運用在位移記錄器(Shift register)，可作成位元的暫存器。圖7(b)是T型接線，J = K = 1，則$Q_{n+1} = Q_n'$，運用在計數器 (Counter)。另外，計數器亦可以由D型正反器來實現。

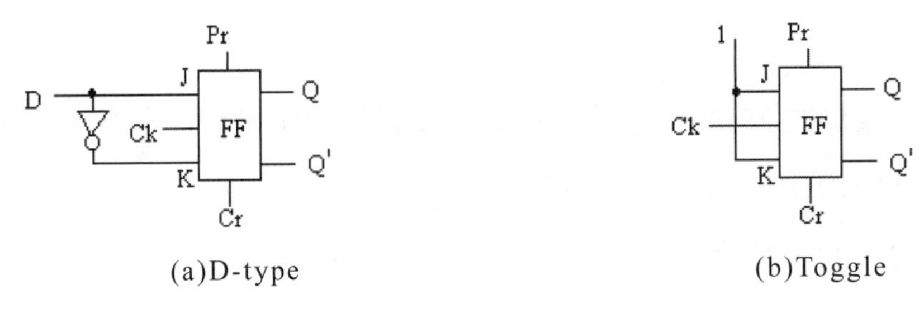

圖7　D型及T型正反器。

圖8是T型正反器的波形圖。基於一般之JK正反器是負緣觸發，**脈衝信號下降的時段↓，即其負緣**，是Q發生變化的時間點，例如，標示↓的時間點$Q_n = 0 \rightarrow Q_{n+1} = 1$。

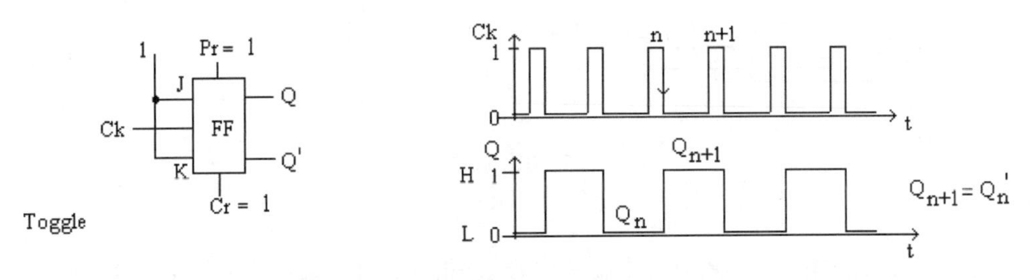

圖8　T型正反器相對於脈衝的時序波形圖。

組合及循序電路是基本的數位電路的課題。本實驗旨在介紹這二類型電路的工作及設計原理，並且練習TTL數位IC的用法。下一個單元，實驗13介紹基礎的微控器 (Microcontroller) 原理。另外，進階的數位電路課程可以學習到可程式數位IC及微處理機 (Microprocessor) 的原理及設計。

2. 組合電路的實驗

數位電路基本的設計步驟是：(1)建立真值表，並且將之寫成Boolean函數；(2)簡化Boolean函數，例如利用Karnaugh映值表；(3)根據簡化的函數，製作閘路接線圖；(4)以閘路IC合成電路。以下數位電路的實作，使用74系列的數位IC、包括7400、7404、7447、7476及7486等編號。

2-1 使用類比三用電錶測試共陽極的七段顯示器。先把類比三用電錶的**量測檔**設在×10的歐姆檔位，使用−COM的探棒 (＋3 V) 碰接七段顯示器的第八隻腳，即各條發光二極體共用的陽極，另外P(＋)的探棒依序碰接第七，六，五，……等接腳，以檢視各段發光的狀況。如下圖示，當＋探棒接觸第四隻腳時，可以看見到c段發出 (紅) 光。

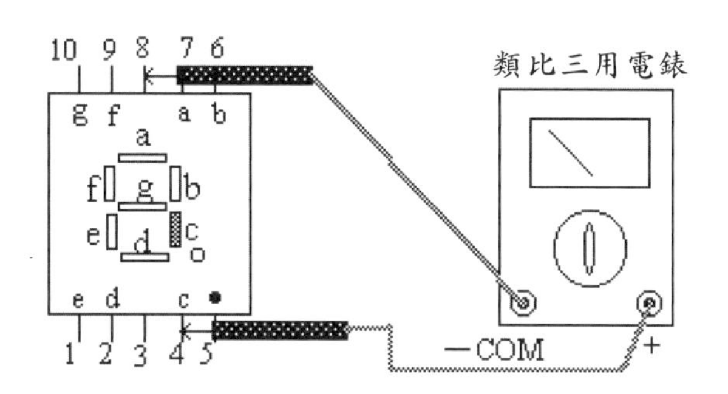

上圖標示的接腳號碼是否對應a、b、c、d等各段。這項測試是否可以使用三用電錶×1 k或更高的歐姆檔位？理由？試經由目視，判斷每段發光二極體發出**適當亮度**所需的電流 (約______mA)。

2-2 根據2-1節的亮度，選用七顆電阻R (100～500 Ω)，如下圖，在麵包板上面連接譯碼器7447及七段顯示器。按照圖3的7447的接腳標示，**先在實驗記錄簿繪出完整的接線圖**，再完成接線，其中$\overline{LT}$，

$\overline{BI}/\overline{RBO}$及$\overline{RBI}$宜連接邏輯1的電壓（5 V）。試由DCBA = 0000變化至DCBA = 1111，記錄七段顯示器的數字。測試畢，保留此部分驅動七段顯示器的接線，運用到後面第4節計數器的顯示。

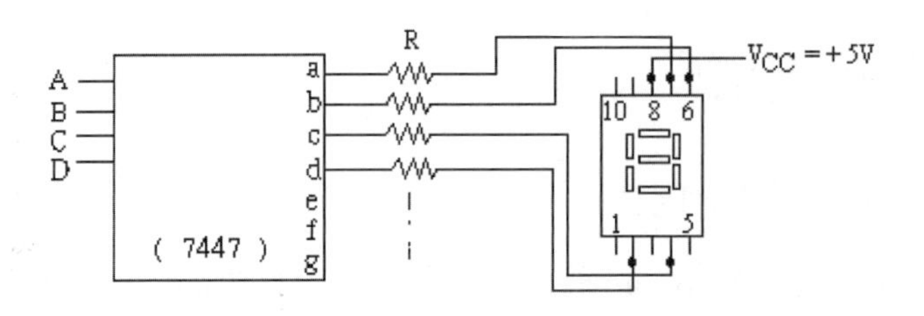

3. 測試正反器

3-1 認識 JK 正反器及 T 型接線

7476含兩個獨立的JK正反器，接腳標號如下圖。當$\overline{PRE}$及$\overline{CLR}$皆為1(H)時，J，K及Q的關係如圖6(c)的真值表。若$\overline{PRE}$ = 0(L)，為設定，輸出Q = 1；另外，$\overline{CLR}$ = 0(L)，為清除，輸出Q = 0。

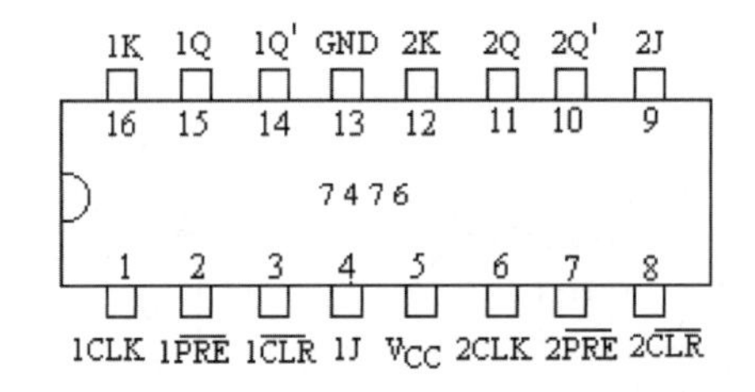

使用7476其中之一個JK正反器FF0，如下圖接線，設V_{CC} = + 5 V。把J和K接連到 + 5 V，成為T型正反器，其中阿拉伯數字代表7476之接腳標號。由信號產生器送出定時脈衝Ck，設其寬度t_p = 100 μs，週期T = 0.5 ms，高度5 V。脈衝Ck連接到JK正反器的CLK接腳，作為正反器的時脈。**在數位實驗，時脈也可以從信號產生器的TTL/CMOS埠端輸出，**恆為高度5 V的方波信號；5 V電壓代表Ck = 1，零電壓，即接地0 V代表Ck = 0。以示波器的CH1監視Ck的信號，CH2量測Q的信號，並記錄波形圖，標示出Ck與Q之間的時序關係。此正反器是正緣或負緣觸發？

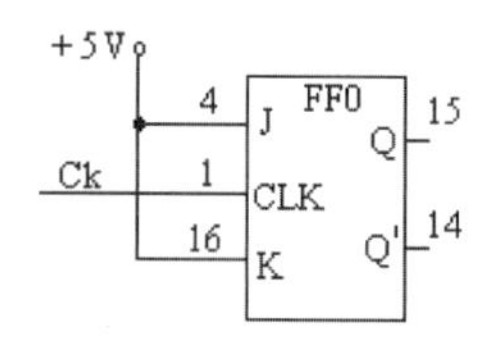

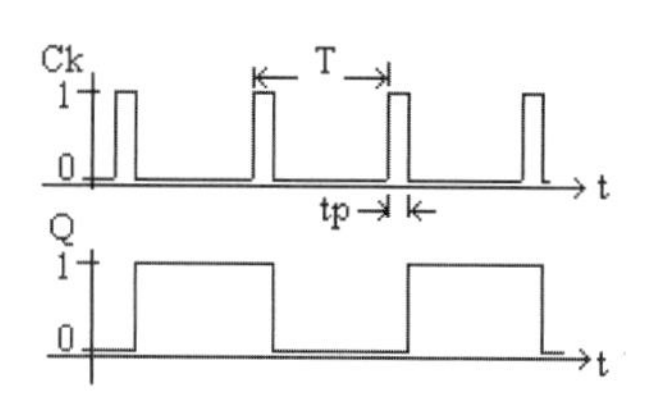

3-2 D型正反器的實驗

使用兩顆JK正反器7476，一顆NOT閘7404及一顆XOR閘7486，在麵包板上如下圖連接。先查看7404，7476及7486的接腳，**在實驗記錄簿繪出完整的接線圖**。接線時，每顆IC先從連接V_{CC} = 5 V及接地開始，再按照接線圖串連成為四個D型正反器，依序標示為FF0～FF3。由信號產生器送出定時脈衝Ck，同步觸發正反器。FF0及FF3的Q端經過XOR運算後作為FF0的D值。如圖7(a)，D型正反器依照Ck的次序傳輸位元：$Q_1(n+1) = Q_0(n)$，$Q_2(n+1) = Q_1(n)$，$Q_3(n+1) = Q_2(n)$，並且$Q_0(n+1) = D_0(n) = Q_0(n) \oplus Q_3(n)$。實作時，先設定JK正反器的初始值。首先，設定FF0的「$1\overline{PRE}$」= 0，即把7476的第2接腳接地，使Q_0 = 1。接著清除其他正反器，則$Q_3Q_2Q_1Q_0$ = 0001為初始狀態。之後，把所有的$\overline{PRE}$及$\overline{CLR}$接腳接到5 V電壓。開始啟動時脈Ck之前，以電錶再確認各個Q的電壓。同3-1節關於時脈Ck的設定，以示波器的CH1觀測Ck，同時以CH2觀看Q_3，記錄並且**繪製**Ck及Q_3的波形圖。〔為了方便觀察，亦可以在Q_0～Q_3每個輸出端與接地之間分別跨接限流電阻 (約1 kΩ) 及發光二極體，藉由發光二極體的亮或暗顯示各個正反器的1或0狀態。〕

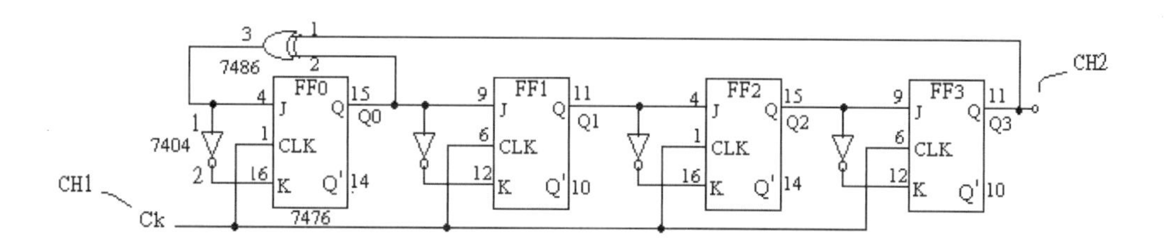

由設定$Q_3Q_2Q_1Q_0$ = 0001開始，第1個Ck後之狀態變成0011，第2個Ck後0111，依此可得到一個時序表如下。試完成下面表1的亂碼系列，直至Ck > 16，並檢視第幾個Ck之後，才重現規律。因此，Q_3的輸出為00011110……，檢驗是否符合實驗記錄？這個實驗電路的位元輸出沒有明顯的規則排列，可視為一個**近似亂碼產生器** (Quasi-random sequence generator)。除了上述的接線，可以更動XOR閘的接線，把7486的第2接腳換接到Q_1或Q_2，再作實驗，驗證理論的預測。

表1：近似亂碼序列 (只列出八個脈衝，其餘自行補充)

Ck	Q_0	Q_1	Q_2	Q_3	D_0
0	1	0	0	0	1
1	1	1	0	0	1
2	1	1	1	0	1
3	1	1	1	1	0
4	0	1	1	1	1
5	1	0	1	1	0
6	0	1	0	1	1
7	1	0	1	0	1

4. 計數器

74系列的計數器積體電路 (IC)，例如，7493是十進位計數器，屬於非同步型 (Asychronous counter)。另外，有同步計數器 (Synchronous counter)。計數器的應用很廣泛，除了計數之用，可運用到頻率及時間的量測，數位類比及類比數位轉換 (DAC/ADC)，以及微處理器等領域。

4-1 JK正反器組成計數器

使用兩顆7476，其中之JK正反器接成T型。第一個正反器FF0由Ck推動，FF0的Q_0連接FF1之CLK，FF1的Q_1連接FF2的CKL，依序接線，成為一個漣波計數器 (Ripple counter)。因此，漣波計數器的二位元輸出排列是$Q_3Q_2Q_1Q_0$，其中Q_0代表最小位元。把計數器之輸出Q_3，Q_2，Q_1及Q_0分別連接到第2-2節七段顯示驅動電路的輸入端D，C，B及A，用來顯示十位元的數字。

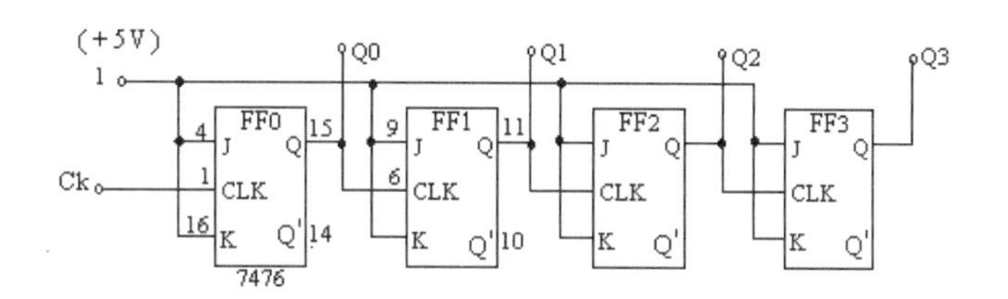

先調整信號產生器，送出脈衝Ck的參數為t_p = 5 μs及T = 10 μs。以示波器讀取Q_0及Q_1波形之間的傳輸延遲 (參考實驗11的第3節閘路量測)。記錄t_{pLH} = ________，t_{pHL} = ________。

由上述的量測，知道各個正反器不在同一時間點被觸發，前一個正反器的方波輸出作為下一個正反器的觸發脈衝，這是**非同步計數器**。因此，漣波計數器內兩個正反器之間的時間延遲跟隨閘路的數目累積增大，這種累進的時間延遲稱為進位 (Carry) 的**傳輸延遲**。若調低Ck頻率，可以降低進位延遲的效應。試調整Ck頻率低於1 Hz，使七段顯示器能緩慢計數，記錄顯示順序及顯示的字型。

上述的計數器依序由0計數到第15。設計小於16的計數，例如，除以10的計數器 (Divided by 10) 由0算到9，方法為，當瞬間$Q_3Q_2Q_1Q_0$ = 1010出現時，把四個正反器全數清除，使從0000開始。理論上，可以使用一個7400的NAND閘，如下面的接線，在$Q_3 = Q_1 = 1$時產生一個0，送到JK正反器7476的$\overline{CLR}$接腳，以清除各個正反器。實作時，若不能正確顯示0至9，如何解決？

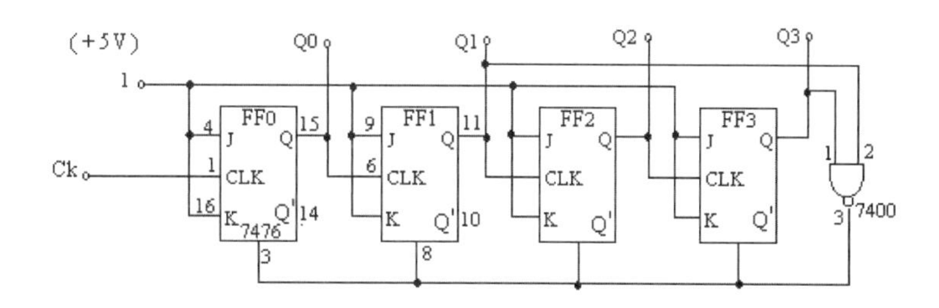

4-2 計數器 IC 的實驗

74系列之7493是一個非同步的四個位元計數器IC，內建四個JK正反器，接腳標號如下圖示：

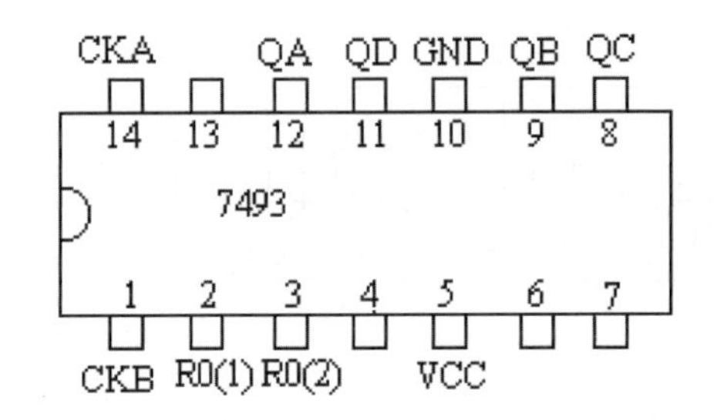

7493之各支接腳的定義及內部連線如下圖之排列，其中QC及QD的CK是由前級的Q供給，串連成為一個非同步計數器。若R0(1) = 1和R0(2) = 1，或皆為開路時，清除全部正反器，沒有計數的功能。若R0(1) = 0或R0(2) = 0，則QA～QD跟隨時脈CK作計數的輸出。

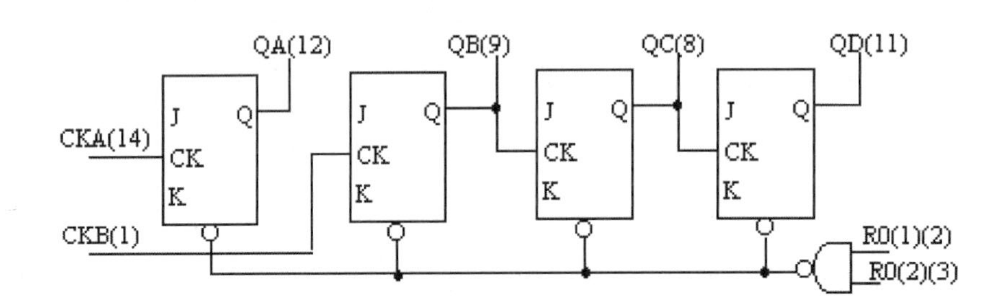

一個由0到9的計數器可以如下面的示意圖接線，包括七段顯示器及7447的電路，其中從信號產生器送出時脈Ck，作為7493的第一個JK正反器QA的時脈CKA。QA的輸出也同時作為時脈CKB，並且QD及QB分別連接到R0(1)及R0(2)。當DCBA = 1010時，即等於十進位的10，R0(1) = R0(2) = 1，則從NAND閘輸出0，用來清除全部的正反器，DCBA再重新由0000開始。因此，七段顯示器只顯現0至9的數字。

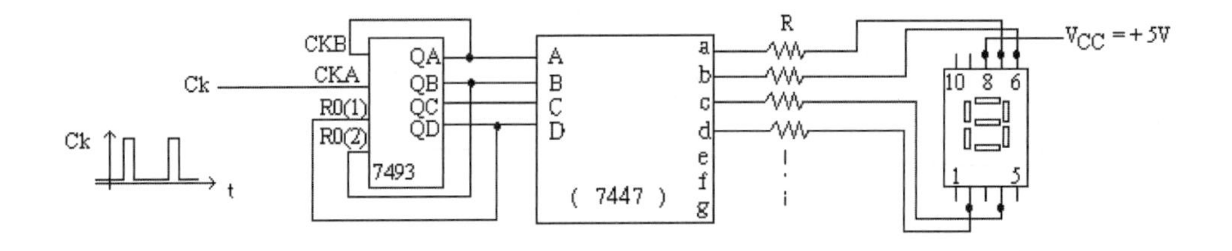

試比照上述的原理，使用7493設計一個除以7的計數器，即七段顯示器依序只顯示0至6的數字。**繪製接線圖並且記錄之**。把時脈Ck的頻率提升至約10 kHz，以示波器觀看並且記錄十個脈衝時間內的QA及QD的波形圖。試量測QA及QD相對於Ck的傳輸延遲t_{pLH}及t_{pHL}。

4-3 同步計數器

同步計數器的正反器皆由**同一個時脈觸發**，因此**沒有進位的傳輸延遲**，不使用清除正反器的方式重新計數，而是運用閘路控制計數的順序。以三個正反器的情形為例，其真值表設計如下：(一)先在表內Q_0，Q_1及Q_2的位置填入計數器位元出現的序列，例如：$Q_2Q_1Q_0 = 000$，001，010，011，...。(二)依據$Q_n \to Q_{n+1}$，決定J_n及K_n的值。例如，第0個Ck時$Q_0 = 0$，並且第1個Ck時$Q_0 = 1$，則設定第0個Ck時的$J_0 = K_0 = 1$。(三)由真值表決定連接J及K之控制閘路的邏輯函數。

這樣，可以設計完成一個八進位 ($2^3 = 8$) 或除以8計數器的真值表，如下面的表列：

Ck	J_0 K_0 Q_0	J_1 K_1 Q_1	J_2 K_2 Q_2	J_3 K_3 Q_3
0	1 1 0	0 0 0	0 0 0	
1	1 1 1	1 1 0	0 0 0	
2	1 1 0	0 0 1	0 0 0	
3	1 1 1	1 1 1	1 1 0	
4	1 1 0	0 0 0	0 0 1	
5	1 1 1	1 1 0	0 0 1	
6	1 1 0	0 0 1	0 0 1	
7	1 1 1	1 1 1	1 1 1	
8	1 1 0	0 0 0	0 0 0	

檢視上表，可得$J_0 = K_0 = 1$，$J_1 = K_1 = Q_0$，及$J_2 = K_2 = Q_0Q_1$。據此接線，實現一個0至7的計數器，其中使用三個JK正反器及一個AND閘，如下圖：

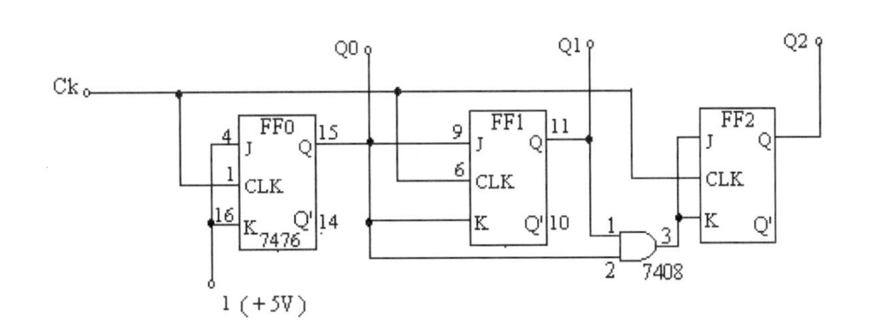

特定週期計數器的設計，從建立真值表開始。以除以10的計數器為例，須設定第9個時脈的JK值，使在第10個Ck時把全部的正反器歸零。因此，在下面的真值表，第9個時脈的J_0K_0 = x1及Q_0 = 1，則第10個Ck時Q_0 = 0。記號「x」代表0或1皆可 (Don't care)。

Ck	J_0 K_0 Q_0	J_1 K_1 Q_1	J_2 K_2 Q_2	J_3 K_3 Q_3
0	1 x 0	0 x 0	0 x 0	0 x 0
1	x 1 1	1 x 0	0 x 0	0 x 0
2	1 x 0	x 0 1	0 x 0	0 x 0
3	x 1 1	x 1 1	1 x 0	0 x 0
4	1 x 0	0 x 0	x 0 1	0 x 0
5	x 1 1	1 x 0	x 0 1	0 x 0
6	1 x 0	x 0 1	x 0 1	0 x 0
7	x 1 1	x 1 1	x 1 1	1 x 0
8	1 x 0	0 x 0	0 x 0	x 0 1
9	x 1 1	0 x 0	0 x 0	x 1 1
10	0	0	0	0

根據真值表，在第n個Ck時各個正反器的JK值可以經由控制閘路的連結自動設定，用來產生第n + 1個Ck時Q的值。因此，FF0：$J_0 = K_0 = 1$，FF1：$J_1 = K_1 = Q_0Q_3'$，FF2：$J_2 = K_2 = Q_0Q_1$，FF3：$J_3 = Q_0Q_1Q_2$，$K_3 = Q_0$。JK的邏輯關係能以Karnaugh映值表的方法簡化。以FF3為例，依據上面的真值表，把$Q_0Q_1Q_2Q_3$ = 0000的J_3K_3值0x填入Karnaugh表對應的方格，例如第7個Ck的$Q_0Q_1Q_2Q_3$ = 1110的J_3K_3值是1x，完成如下面的表列。該表亦稱為控制矩陣 (Control matrix)，其排序為Q_0Q_1 = 00，10，01，11，若對應的方格填入x或空白格皆視為x (Don't care)。J_3 = 1的方格$Q_0Q_1Q_2Q_3$ = 1110只能與$Q_0Q_1Q_2Q_3$ = 1111 (此方格的J_3 = x) 簡併，得到$J_3 = Q_0Q_1Q_2$。另外，K_3 = 1的方格$Q_0Q_1Q_2Q_3$ = 1001能與方格$Q_0Q_1Q_2Q_3$ = 1000，1010，1011，1100，1110，1101及1111簡併，得到$K_3 = Q_0$。

Q_0Q_1 / Q_2Q_3	0　0	1　0	0　1	1　1
0　0	0　x	0　x	0　x	0　x
1　0	0　x	0　x	0　x	1　x
0　1	x　0	x　1		
1　1			J　K	

其他的各個正反器的JK邏輯連接，可以同樣使用控制矩陣及Karnaugh的方法簡併。

設計一個除以10的同步計數器，運用7408 (有四個AND閘) 及兩個7476 (有四個正反器)，按上述的JK連結，繪製接線圖並且在麵包板上面完成接線。如4-2節的方式，把$Q_3Q_2Q_1Q_0$分別與7447的輸入DCBA連接，由7447驅動七段顯示器，用來顯示出0～9的計數。實作時，調整信號產生器，輸出約1 Hz的定時脈衝，測試整個電路，檢驗七段顯示器的讀值，是否正確計數。

把時脈Ck的頻率升高至約100 Hz以上，以示波器觀看各個正反器的相對於Ck的波形圖，此結果可以和4-2節非同步計數器的測試比較。

5. 要點整理

數位電路，包括組合邏輯及循序電路，基本的設計步驟是：(1)建立真值表，並且將之寫成Boolean函數；(2)簡化Boolean函數，例如利用Karnaugh映值表；(3)根據簡化的函數，製作閘路接線圖；(4)以數位IC組成電路。

循序電路的輸出與先前的電路狀態有關。熟習JK正反器的真值表是設計循序電路的基礎。基於JK的連接方式，有D-型及T-型正反器的模式，用來製作計數器及位移記錄器。就實作的觀點，74系列及CMOS是最常使用的數位IC，從規格表可以查明數位IC的接腳標示及真值表。

練習1

使用D型正反器設計一個除以3的同步計數器。

求解

(1)先依據$Q_0(n+1)=D_0(n)$及$Q_1(n+1)=D_1(n)$，從$Q_0Q_1=00$開始，建立除以3的真值表：

Ck	D_0	Q_0	D_1	Q_1
1	1	0	0	0
2	0	1	1	0
3	0	0	0	1
4		0		0

(2)建立控制矩陣（Control matrix），分別使用Karnaugh映值表，簡化D_0及D_1的邏輯函數。

D_0：在方格$Q_0Q_1=00$填入1，方格$Q_0Q_1=11$填入x (Don't care)。因此，$D_0=Q_0'\cdot Q_1'$。

Q_1/Q_0	0	1
0	1	0
1	0	x

D_1：在方格$Q_0Q_1=10$填入1，方格$Q_0Q_1=11$填入x (Don't care)。因此，$D_1=Q_0$。

Q_1/Q_0	0	1
0	0	1
1	0	x

(3)下圖(a)是閘路接線。下圖(b)是Ck，Q_0及Q_1負緣觸發的波型圖，表示除以3的計數。

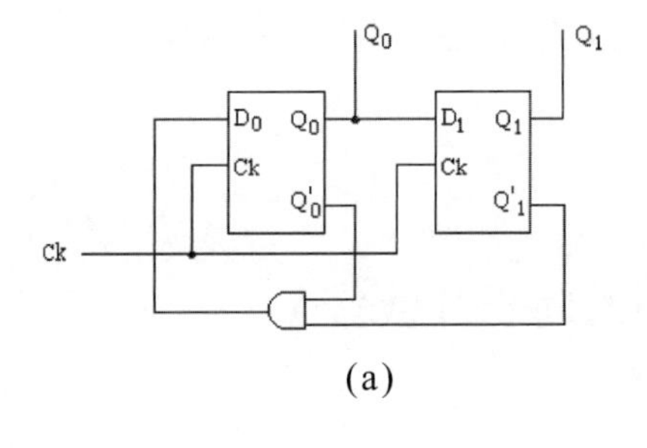

(a)

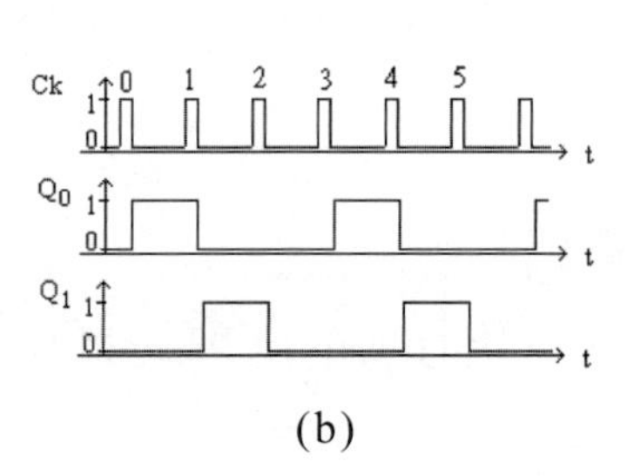

(b)

練習2

使用JK正反器設計一個除以5的同步計數器。

求解

(1)從$Q_0Q_1Q_2$ = 000開始，建立除以5的真值表：

Ck	J_0 K_0 Q_0	J_1 K_1 Q_1	J_2 K_2 Q_2
0	1 x 0	0 x 0	0 x 0
1	x 1 1	1 x 0	0 x 0
2	1 x 0	x 0 1	0 x 0
3	x 1 1	x 1 1	1 x 0
4	0 x 0	0 x 0	x 1 1
5	0	0	0

(2)建立控制矩陣 (Control matrix)，分別使用Karnaugh映值表，簡化JK的邏輯函數。

J_0，K_0：在方格$Q_0Q_1Q_2$ = 101，111，011填入xx，其餘按真值表的J_0K_0值。因此，$J_0 = K_0 = Q_2'$。

Q_2 \ Q_0Q_1	0 0	1 0	1 1	0 1
0	1 x	x 1	x 1	1 x
1	0 x	x x	x x	x x

J_1，K_1：在方格$Q_0Q_1Q_2$ = 101，111，011填入xx，其餘按真值表的J_1K_1值。因此，$J_1 = K_1 = Q_0$。

Q_2 \ Q_0Q_1	0 0	1 0	1 1	0 1
0	0 x	1 x	x 1	x 0
1	0 x	x x	x x	x x

J_2，K_2：在方格$Q_0Q_1Q_2$ = 101，111，011填入xx，其餘按真值表的J_2K_2值。因此，$J_2 = Q_0 \cdot Q_1$，$K_2 = Q_2$或者$K_2 = Q_1'$。

Q_2 \ Q_0Q_1	0 0	1 0	1 1	0 1
0	0 x	0 x	1 x	0 x
1	x 1	x x	x x	x x

(3)下圖是閘路接線。

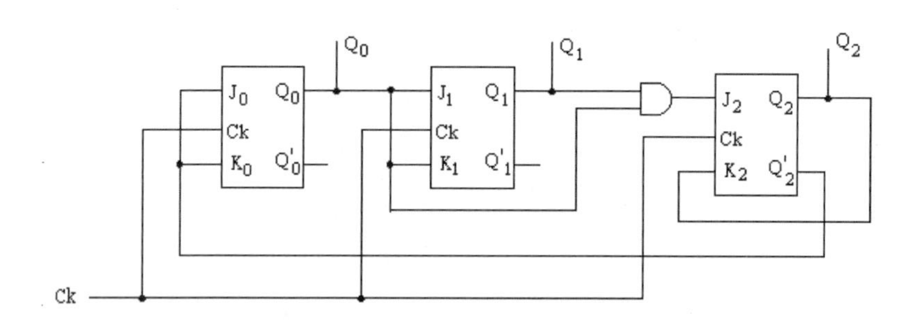

❖6. 問題及討論

6-1 參考 練習1 ，使用D型正反器設計一個除以3的同步計數器。實作使用CMOS積體電路CD4013，內含兩個D型正反器。先從網路(http://www.datasheetcatalog.com) 下載CD4013的規格表 (Data sheet)，其中有CD4013的接腳標示。使用一顆CD4013及一顆CD4011，在麵包板上完成除以3的同步計數器，並且測試接線是否正確。

6-2 如4-2節，七段顯示器顯示0～9。試由7493和7447設計一個0～99的計數器，用兩個七段顯示器顯示個位和十位數字，繪製接線圖。若時間允許，按設計圖實作並測試結果。

6-3 試從各個正反器的相對於Ck的波形圖，討論同步和非同步計數器的響應速度差異。

6-4 一般是使用VHDL程式模擬數位電路，可以另外在數位電路的課程學習到。在這裡以PSpice設計模擬數位電路。以下說明運用PSpice模擬一個除以6的同步計數器。這裡需要三個JK正反器：$Q_0Q_1Q_2$，由**真**

值表推導出JK連結，Q_0：$J_0 = K_0 = 1$；Q_1：$J_1 = Q_0Q_2'$，$K_1 = Q_0$；Q_2：$J_2 = Q_0Q_1$，$K_2 = Q_0$。簡易的數位模擬已在實驗11的問題6-2介紹過，步驟同**類比電路**，先以Schematics編輯電路。在下圖是依據上述的JK連結編輯Schematics，7473是負緣觸發的JK正反器，7408是AND閘。一顆7473數位IC含有兩個正反器，在「U?A」的標示上面以滑鼠左鍵點擊兩下，進入Gate的選項方塊，選出A和B兩個閘路，即U1A和U1B。同樣，7408選出A和B兩個AND閘路，即U3A和U3B。U1A是Q_0，其兩個JK輸入皆連接到邏輯1。從選單「Place」點選「Power...」，進入一個對話方塊「PlacePower」，點選$D_Hi，埠端Hi代表邏輯1，分別連接到U1A的JK ($J_0 = K_0 = 1$)。**注意：在數位模擬不須放置5 V的直流電源**。定時脈衝Ck取自元件庫「SOURCESTM」的DSTM1。DSTM1連接到U1A，U1B及U2A的CLK (Clock)。用滑鼠右鍵在「DSTM1」符號的位置敲擊一下，跳出一個對話方塊，進入「Edit PSpice Stimulus」的視窗，設定定時脈衝Ck。**編輯完成電路接著編輯**「Simulation Profil」。在Analysis的對話方塊內設定「Time Domain (Transient) 」模擬，及在「Options」欄內，選「Gate-level simulation」，**把所有的JK正反器的邏輯初始值設定在0**。

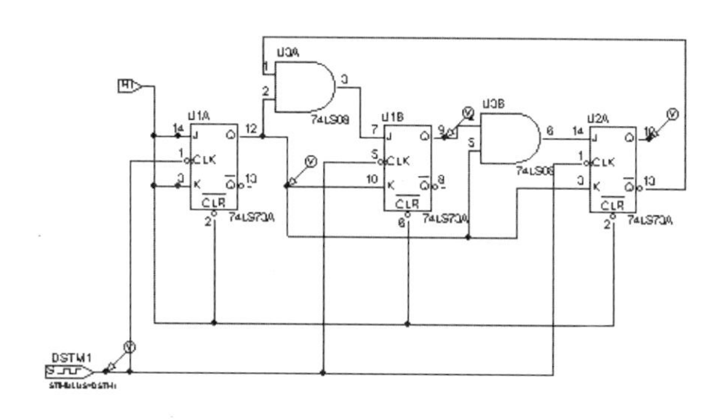

下圖是一個除以6的同步計數器的模擬結果，可以讀出{000 001 010 011 100 101}的系列，證明所設計出的電路能夠正確計數。

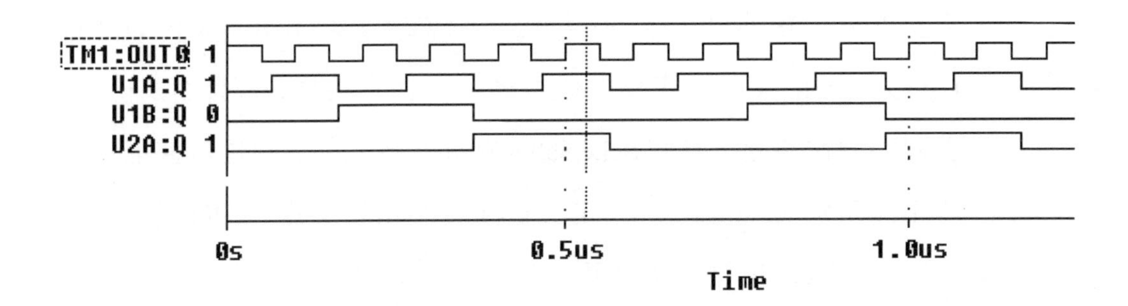

試參考上述的步驟，模擬一個除以10的同步計數器，以驗證在4-3節的電路設計是否正確。

7. 參考資料

(同實驗11數位閘路)

實驗13　微控器電路

目的：(1)認識微控器的原理；(2)微控器基礎程式的寫作及電路應用。

器材：示波器、信號產生器、個人電腦、線上模擬器、微控器SN8P2501B。

1. 說明

從實驗10的多諧振電路認識了**二位元**數位信號。數位信號包含低及高的兩個電壓值，分別代表位元0及1。實驗11及12是基礎數位電路的課題。基於數位閘路的知識，在組合及循序電路的實驗單元學習邏輯電路的原理，其中包括鎖定器 (Latch)，正反器 (Flip-Flop)，譯碼器 (Decoder)，位移記錄器 (Shift register) 及計數器 (Counter)。鎖定器是組成記憶電路 (Memory) 的單元，用來儲存位元0或1。隨機存取記憶體 (RAM，Random Access Memory) 是由巨大數目的鎖定器構成。另外，由串聯的正反器組成記錄器 (Register)，可視為一種動態記憶體，亦稱之暫存器。由數位閘路可以設計成具有運算功能的算術邏輯單元 (ALU，Arithmetic Logic Unit)。在這個實驗探討一型進階的數位電路，這型電路結合算術邏輯單元，記憶電路及暫存器/記錄器，構成**微控器** (Microcontroller，MCU)。

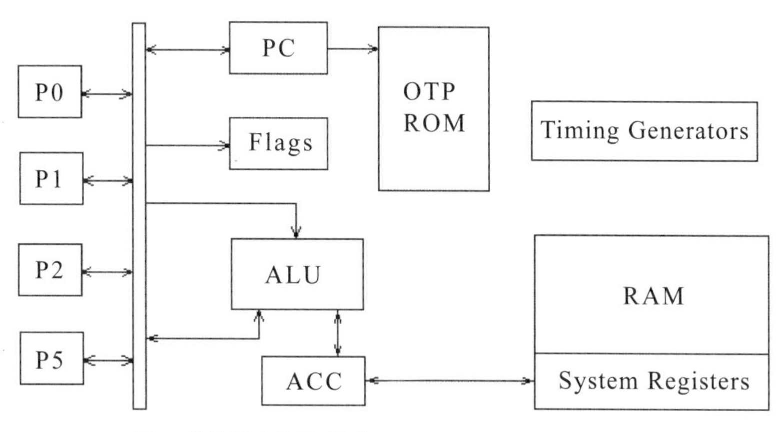

圖1　微控器方塊圖 (取自SN8P2501B User's Manual)。

圖1示一個微控器的基本組成，其核心部分包括算術邏輯單元ALU，累積器ACC，記憶體ROM及RAM，程式計數器PC (Program counter)，旗標暫存器 (Flags) 及時序產生器 (Timing generator) 等單元；其週邊配置輸入/輸出埠 (Ports) P0～P5。ROM是唯讀記憶體，存放運作微控器的系統程式。這裡的ROM只能一次燒錄程式 (OTP: One Time Programming)，這型的唯讀記憶體稱為OTP ROM。RAM是可以讀/寫的記憶體，儲存數據資料及系統暫存器 (System registers) 的位元組 (Byte)。每個位元組包括8個位元 (Bit)。ALU執行算術及邏輯運算，其運算結果經由累積器ACC傳輸到系統暫存器。ACC又稱為暫存器A，在系統暫存器及其他暫存器之間的位元傳輸皆須經由暫存器A傳送。程式計數器PC記錄系統程式執行的順序，每從記憶體ROM擷取一個程式指令時，PC的數值自動加1。旗標暫存器儲存一個位元，用來代表一個程式指令執行的結果，其他程式指令可以檢查旗標暫存器的位元狀態，作為決策的依據。

這個實驗單元選用8個位元的SN8P2501B (Sonix Technology)，學習撰寫微控器的程式。圖2(a)標示2501B的DIP封裝接腳。P0.0～P5.4是輸入/輸出埠。V_{DD}/V_{SS}是電源接腳，一般使用V_{DD} = 5 V，V_{SS}的腳位接地。圖2(b)是2501B的程式記憶體ROM之位址 (Address) 配置，其中系統程式從位址000H開始。H或h表16進位 (Hexadecimal) 數字，其位元包括0，1，2，...9，A，B，C，D，E及F。因為位址008H保留給中斷向量 (Interrupt vector)，系統程式必須從位址000H跳躍到008H之後的位址，才能按照程式計數器PC指向的位址繼續執行程式。圖2(c)是2501B的**資料** (Data) **記憶體**RAM之位址配置。在2501B的RAM只配置一個暫存器庫Bank 0，位址080H～0FFH的空間儲存128個位元組，作為系統暫存器的記憶體。須再強調，ROM是儲存系統程式的記憶體，燒錄之後就不能更改；RAM是存放數據資料的記憶體，資料是位元組的形式，可以在RAM之內搬動。

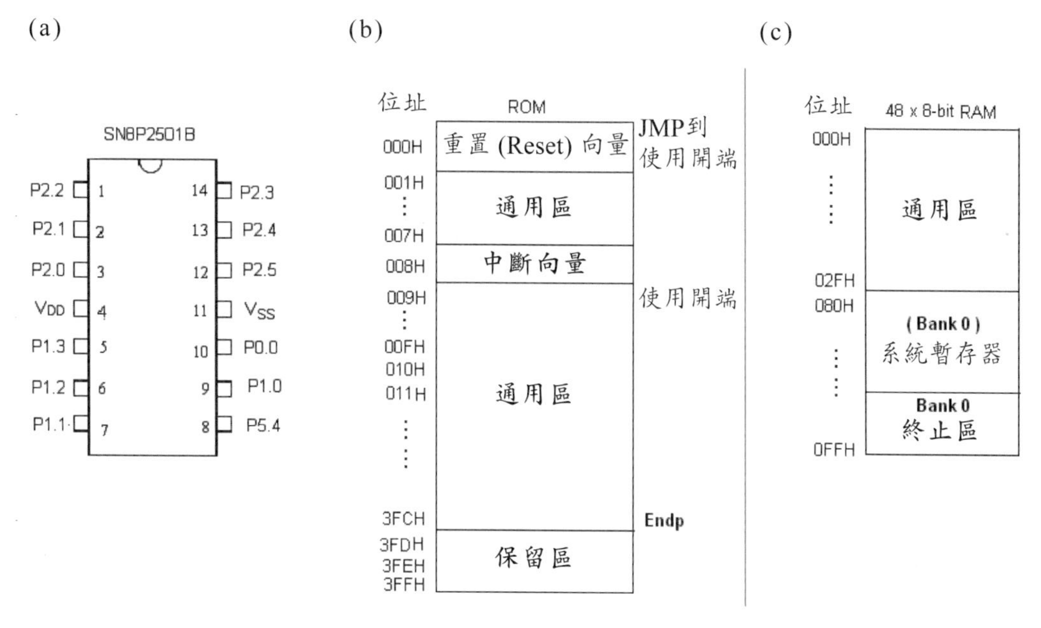

圖2　SN8P2501B之腳位圖，ROM及RAM記憶體的空間分配。

微控器的**系統程式**是由指令 (Instruction) 組成。SN8P2501B使用**組合語言** (Assembler) 編寫**指令**，經由**組譯器** (Compiler) 譯成機械碼 (Machine code)，始能被微控器辨識及執行。**指令的操作**包括，(1)**資料轉移**，如：MOV A,M，(2)**算術運算**，如：ADD A,M，(3)**邏輯運算**，如：AND A,M，(4)**程式跳躍**，如：JMP D，(5)**位元處理**，如B0BSET M.b。指令的格式如下，包括幾個元素：

[Label(標記):] Operation(運算) [Operand(運算元)] [, Operand] [; Comment (註)]

標記用來定義該指令在程式記憶體ROM的位址，提供程式跳躍之用。各種指令的功能說明詳6.附錄：Instruction Table，或參考SN8P2501B User's Manual。符號「;」及「//」表示後面的文字是作註解之用，不會被組譯器譯成機械碼。

參考圖1，微控器的時序產生器 (Timing generator) 有內建或外聯振盪器 (OSC)，產生時脈 (Clock)，其頻率為f_{OSC}，週期$T_{OSC} = 1/f_{OSC}$。時脈用來同步指令的執行，執行的順序記錄在程式計數器PC。執行一個普通指令須費時幾個時脈週期，稱之為處理器週期T_{CPU}。一般之$T_{CPU} = 4T_{OSC}$或$8T_{OSC}$。對照普通指令，執行一個跳躍指令需時兩個處理器週期，例如：JMP指令需時$2T_{CPU}$。

一個微控器的系統程式包括：〔CHIP(晶片名稱宣告)〕，〔.DATA(資料記憶體RAM的變數宣告)〕及〔.CODE(系統程式)〕。用「.DATA」指定分配資料變數到RAM的記憶空間。變數宣告的格式如：〔Label〕 ds 〔Size〕。〔Label〕標示資料變數的名稱。用「ds」讓組譯器自動在RAM記憶體內分配一個位址。〔Size〕定義位元組 (Byte) 的數目，這裡是由8個二位元組成一個位元組。用「.CODE」指示恢復正常指令的組譯。以下是SN8P2501B系統程式的格式，程式用「ENDP」結束：

```
CHIP        SN8P2501B ; Select SN8P2501B (晶片名稱宣告)
        .....
.DATA
        ORG 0       ; Define data variables that begin from RAM address 00H (RAM的變數宣告)
        .....
.CODE
        ORG 0       ; Begin of system program from ROM address 00H (系統程式)
        JMP MAIN
        .....
        ORG 10      ; Begin MAIN from address 10H
MAIN:               ; Begin of program
        .....
        ENDP        ; End of program (系統程式終止)
```

微控器的ROM只能作一次程式燒錄。使用微控器作電路設計，須借助電腦及線上模擬器 (In Circuit Emulator: ICE) 模擬，確認程式的運作無誤，才把程式燒錄到ROM內。實驗室使用的ICE型號是Sonix的SN8ICE 2K，直接經由印表機接頭，或經由一個轉換器的USB接頭連接到個人電腦。使用線上模擬器ICE須先從www.sonix.com.tw下載及安裝開發工具 (Development Tool) M2IDE。M2IDE提供M2Asm-1.15用來編輯微控器的組合語言，進行模擬。完成模擬後，使用燒錄器MPIII燒錄程式。除了使用ICE模擬，微控器電路實驗仍然借助電錶及示波器進行觀察及量測。

這個實驗單元不建議燒錄微控器。在應用專題作電路設計及量測時，才須要燒錄微控器。

❖2. 基礎控制程式

微控器是可規劃 (Programmable) 的積體電路，經由程式產生信號輸出，用來實現電路功能。因此，**撰寫系統程式**是使用微控器的主要工作。本實驗使用組合語言撰寫程式，先介紹幾個基本概念：

1. 整個程式碼的基本結構已在前面提過，包括：〔CHIP(晶片名稱宣告)〕，〔.DATA(資料記憶體RAM的變數宣告)〕及〔.CODE(系統程式)〕，請詳讀第一節1.說明。
2. 在這個基本結構下的程式語言，**每一行**為一個指令 (「;」之後的文字為註解)，指令的意義可參考本單元的最後一頁INSTRUCTION TABLE。關於程式的運作，基本上「**由上往下依序進行**」。

檢視下面的程式碼，其中BSET是作位元設定，BCLR是作位元清除，但是皆冠以「B0」，是因為輸入/輸出埠 (P2.2) 是屬於系統暫存器，其位元組儲存在暫存器庫Bank 0。因此，第一個指令將接腳P2.2設成高電位 (邏輯1)，第二個指令把接腳P2.2清除成為低電位 (邏輯0)。

```
B0BSET P2.2        ; P2.2 = 1
B0BCLR P2.2        ; P2.2 = 0
```

這只是從一個完整程式擷取出來的一小段程式，若要在接腳P2.2**量測**到電壓信號，至少還要先把接腳P2.2定義成輸出端，送出電壓信號。在後面，會提到設定輸入/輸出埠的方法。

然而程式並不會一成不變的由上往下依序進行，常見到的狀況是分岐 (Branch)。例如，指令JMP以及CALL出現時就不會依序進行。JMP是跳躍 (Jump)，會搭配標記 (Label) 或使用符號$，指明要跳躍到的記憶位址。舉例來說，每條指令佔用ROM記憶體的一個位址，指令JMP $-n的意思是跳回到前面第n個位址的指令，JMP $ + n為跳到後面第n個位址的指令。如下面的例子：

```
B0BSET P2.2     ; P2.2 = 1
B0BCLR P2.2     ; P2.2 = 0
JMP $-2         ; Generate a sequence of pulse via loop jump
```

上面程式敘述，先將接腳P2.2設成高電位，再把接腳P2.2設成低電位，接著跳回JMP前面的第二個指令，即B0BSET P2.2，如此無限次的重複。程式若被執行，並且在接腳P2.2連接上一個LED，它便會閃爍不停。不過把一個指令需要的處理時間T_{CPU}考慮進來，會知道這個時間間隔太短，根本看不出閃爍，如果真的要明顯的閃爍，可以加入時間上的額外延遲，這後面會提到。

CALL則是呼喚的意思，前提是要先定義個物件讓它呼喚。前面提到的指令的格式，包括〔Label：(標記)〕，是標示呼喚的物件。例如，可以在程式碼某個位置使用標記ORZ：

```
ORZ:    B0BSET P2.2
        B0BCLR P2.2
        RET
```

標記須要有RET作結尾。另外，標記並不必要在CALL之前，亦可以在CALL之後。在呼喚的程式碼執行完畢後，會接著回來執行CALL的下一個指令。檢視下面的程式碼，利用CALL來作呼喚：

```
.CODE       ORG 0H
            .....
            B0BSET P2.1
            CALL ORZ          ; Call Label ORZ
            B0BCLR P2.1

  ORZ:      B0BSET P2.2
            B0BCLR P2.2
```

```
        RET
```

上面的程式敘述一連串的動作，首先把接腳P2.1變成高電位，接著呼喚ORZ，把接腳P2.2設為高電位，並且接著清除成低電位，最後回來執行CALL接下來的指令，把接腳P2.1變成低電位。

2-1 微控器之處理器週期 T_{CPU} ($8/f_{OSC}$)

下圖是微控器MCU實驗的電腦連線，模擬器ICE經由印表機接頭，或經由一個轉換器的USB接頭連接到個人電腦。ICE延伸出的14支腳座(Socket) 代表2501B的接腳，腳座插入麵包板。

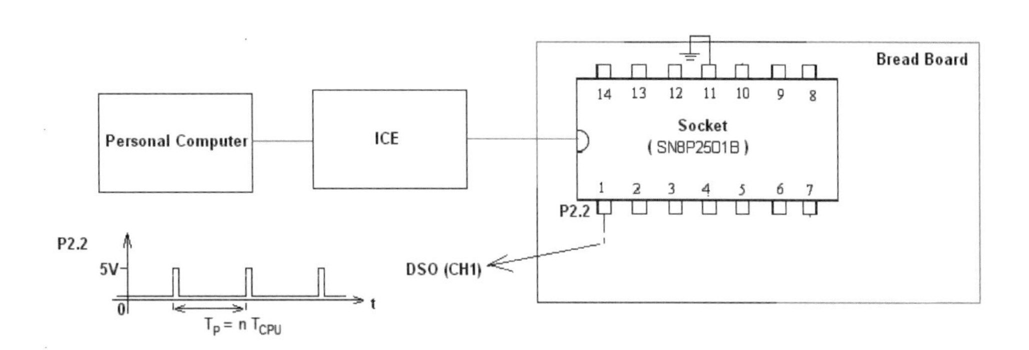

執行一個普通指令須費時一個處理器週期T_{CPU}。但是執行一個跳躍指令需時兩個處理器週期，例如：JMP指令需時$2T_{CPU}$。下面是一個不完整的參考程式，從SN8P2501B的接腳P2.2產生一系列的脈衝方波，其方波週期可以從DSO示波器 (CH1) 觀察，由此量測SN8P2501B的處理器週期T_{CPU}。

```
CHIP        SN8P2501B          ; Select CHIP
            .....
.CODE
            ORG 0H
            JMP MAIN
            ORG 0010H
MAIN:       CALL SYSINIT
            B0BSET P2.2        ; P2.2＝1
            B0BCLR P2.2        ; P2.2＝0
            JMP $-2            ; Generate a sequence of pulse via loop jump (無限迴圈產生一系列脈衝)
SYSINIT:
            MOV A, #03CH       ; 3CH = 00111100B (傳送設定埠端的數據到暫存器A)
```

```
B0MOV P2M,A        ; SET P2.0～P2.1 as input, P2.2～P2.5 as output (設定輸入及輸出埠端)
MOV A, #0FFH       ; FFH = 11111111B
B0MOV P2UR, A      .; Enable pull-up registers of P2.0～P2.5
RET
ENDP
```

2-1-1 實作時，參考 SONIX 提供的程式範本 (Template)，完成上面的程式。執行微控器線上模擬時，進入 M2Asm-1.15 的視窗，雙觸擊滑鼠左鍵進入 Debug 選單，點選 Build。在「Update Code Option」的對話方塊選取 $F_{CPU} = F_{OSC}/8$ 及 High_Clk = IHRC_16M。這代表 $f_{OSC} = 16$ MHz 及 $T_{CPU} = 8T_{OSC}$ (= 0.5 μs)。若 Debug 成功，接著點選 Go，進行模擬。JMP$-2 是跳回到前面第二個位址的指令，則下面的三條指令代表一個無限的迴圈，因此從接腳 P2.2 輸出一系列的脈衝：

```
B0BSET P2.2          ; P2.2  = 1
B0BCLR P2.2          ; P2.2  =  0
JMP $-2
```

(1) 完成上列指令，包括JMP，需要幾個 T_{CPU}？試推導出脈衝發生的週期 T_P = ______ T_{CPU}。

(2) 以示波器器觀測接腳P2.2的輸出電壓及繪製脈衝波形。量測接腳P2.2時，把示波器CH1的接地連接到ICE腳座的第11支接腳 (V_{SS})。記錄脈衝方波的週期 T_P = ______。

(3) 從實驗得到SN8P2501B之處理器週期 T_{CPU} = ______。是否 T_{CPU} = 0.5 μs？

2-1-2 在 2-1-1 小節的程式，PnM〔7:0〕是輸入 / 輸出模式控制位元。例如：設 P2M = 03CH = 00111100B，對照位元的位置，P2.0 = 0 代表接腳 P2.0 作為輸入埠；另外，P2.2 = 1 代表接腳 P2.2 作為輸出埠。試改寫 2-1-1 的程式，從接腳 P1.0 輸出脈衝方波，以示波器觀測及記錄波形，方波週期 = ______。

2-2 簡易控制發光二極體 (LED) 的發光

從微控器的接腳P2.2輸出驅動LED閃爍的方波信號。方波之高電位使LED導通發光，低電位使LED截止不發光。下面的程式「.DATA」宣告在RAM存放三個計時暫存器TCONT_A～C的數值，用來執行迴圈，產生時間延遲。「.DATA」宣告的格式，例如「TCONT_A DS 1」，TCONT_A是暫存器變數的名稱，DS或ds是define store的縮寫，「DS 1」的意思是自動分配RAM的位址給TCONT_A，其大小是一個位元組。發光ON及不發光OFF之時間長度分別由兩段時間延遲來決定，閃爍的週期則由ON及OFF兩段時間延遲組成。先檢視下列的程式指令，再依序模擬及量測。

```
CHIP     SN8P2501B            ; Select CHIP
         ....
.DATA
         ORG 0H
         TCONT_A DS 1
         TCONT_B DS 1
         TCONT_C DS 1
.CODE
         ORG 0H
         JMP RESET
         ORG 0010H
RESET:
         CALL SYSINIT
START:   B0BSET P2.2          ; P2.1 = 1, LED ON
         CALL DELAY1          ; Duty or ON value
         B0BCLR P2.2          ; P2.1 = 0, LED OFF
         CALL DELAY2          ; OFF value
         JMP START
SYSINIT:
```

```
            CLR P0M
            CLR P1M
            MOV A, #0DFH
            B0MOV P2M,A             ; SET P2.n as output
            MOV A, #0FFH
            B0MOV P2UR, A
            RET
DELAY1:  MOV A, #00FH               ; Set LED ON-time
            B0MOV TCONT_A, A
LOOP_OUT:
            MOV A, #0FFH
            B0MOV TCONT_B, A
LOOP_IN:DECMS TCONT_B               ;TCONT_B減1，若TCONT_B = 0跳過下一個指令
            JMP LOOP_IN
            DECMS TCONT_A
            JMP LOOP_OUT
            RET
DELAY2:  MOV A, #004H               ; Set LED OFF-time
            B0MOV TCONT_A, A
OUT:        NOP
            MOV A, #0FFH
            B0MOV TCONT_C, A
IN:         MOV A, #0FFH
            B0MOV TCONT_B, A
            DECMS TCONT_B
            JMP $-1
            DECMS TCONT_C
            JMP IN
            DECMS TCONT_A
            JMP OUT
```

```
RET
ENDP
```

參考上述的範本，寫成完整的程式。如2-1-1節的步驟，以ICE模擬LED的控制。實作時，在接腳P2.2連接一個電阻 (200 Ω) 及LED，藉以觀查LED發光的時間及週期是否符合延遲指令的設計？

理論上，可以從迴圈指令的執行計算出延遲時間。試調整計時暫存器TCONT_A～C的數值，使延遲時間分佈在1至10 ms範圍，直接能夠以示波器量取LED驅動方波的ON及OFF的時間長度。從這裡驗證理論數值是否符合實驗觀察？若有不符合，參考問題5-2 (257頁) 的討論。

在2-2節的系統程式.CODE，從位址ORG 0H開始，執行JMP RESET。RESET的意思是「重置」，但是在這裡只是作為跳躍的標記。事實上，微控器在(1)開始供電，(2)看門狗 (Watchdog) 計時器溢位，(3)電源電壓下降，即停止程式的執行，清除程式計數器PC，重新啟動系統程式，從ORG 0H開始執行。這是所謂的**重置** (Reset) 動作。供電重置 (Power-On Reset) 常使用外接重置電路。例如在微控器的RST接腳P1.1連接一個RC電路，如下圖，其時間常數選1～5 ms，較長於DC電源上升到定值的時間。使用外接重置電路時，須把旗標暫存器PFLAG之位元〔7:6〕設為NT0 = 1及NPD = 1。

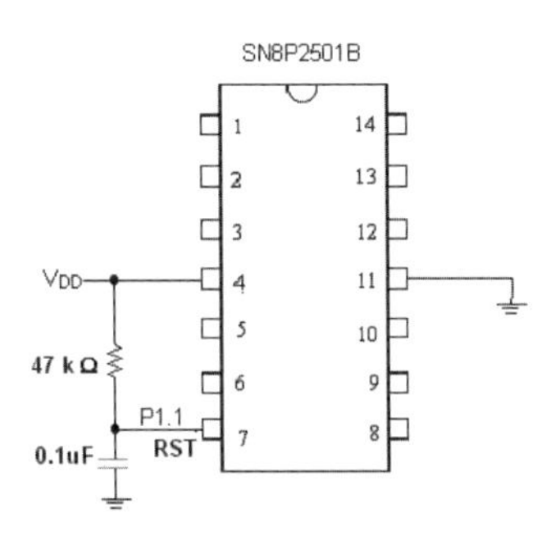

❖3. 微控器的中斷控制

微控器 (MCU) 具有運算及中斷 (Interrupt) 的功能。SN8P2501B設有三個中斷發生的來源，包括兩個**內中斷** (T0/TC0) 及一個**外中斷**

(INT0)。MCU內建的計時器T0/TC0發生溢位時，或接腳P0.0接收到觸發信號時，皆可以發生中斷。中斷發生時，停止程式執行的程序，進入中斷處理程序，完成中斷處理之後，返回原來被中斷的程式。中斷控制是使用微控器一項重要的技巧，以下介紹外中斷 (INT0) 的原理及電路應用。

下圖的接線，模擬器ICE的2501B腳座之接腳P0.0連接到信號產生器SFG-2104。信號產生器送出60 Hz的對稱方波，方波之高度5 V，其低電位為接地電位。方波進入接腳P0.0 (以示波器之CH1觀測)，當MCU偵測到P0.0的電壓值發生變化，即產生**外中斷** (INT0)，MCU進入中斷處理程式。中斷處理使用的時間其實非常短暫，這裡**利用發生中斷的時間點**當作一個**參考時間點**，從P2.2接腳產生一系列脈衝信號，其發生時間相對於方波邊緣差一個固定的延遲時間 (以示波器之CH2觀測)。另外，2501B腳座之P2.0接腳連接一個按鈕，用來產生接地信號，從外面控制MCU程式的運作。

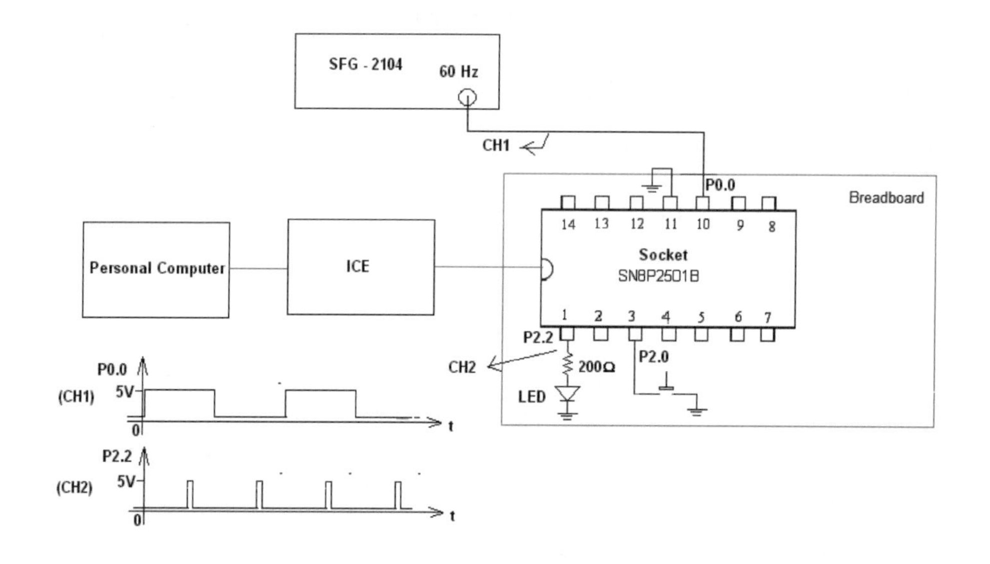

跟**外中斷**控制有關係的**系統暫存器**有堆疊指標STKP，中斷有效INTEN，中斷要求INTRQ及P0.0接腳的信號緣向PEDGE。當選擇**外中斷** (INT0)，首先設定STKP暫存器之位元〔7〕GIE = 1，啟動廣泛中斷 (Global Interrupt)；設定INTEN暫存器之位元〔5:4:0〕，即TC0IEN = 0，T0IEN = 0及P00IEN = 1；最後設定信號緣向PEDGE暫存器之位元〔4:3〕，例如：設定P00G1 = 1及P00G0 = 1，即選擇信號 (方波) 準位變

動時觸發中斷 (Level Trigger)。

中斷發生時，進入中斷處理程序：

(1) 程式計數器PC加1後存入堆疊暫存器。

(2) 跳到ROM位址08H，即中斷引導位址，進入中斷處理程序。把堆疊指標STKP的位元7清除，即GIE = 0。〔步驟(1)及(2)是由MCU自動執行〕

(3) 儲存累積器ACC及其他暫存器的數值到緩衝器 (Buffer)。〔PUSH〕

(4) 中斷發生時，**旗標暫存器**INTRQ之位元〔0〕自動變成1，即P00IRQ = 1。須要清除這個中斷要求的旗標位元，執行「B0BCLR FP00IRQ」，得到P00IRQ = 0，等待下一個中斷發生。

(5) 處理中斷服務事項。

(6) 從緩衝器取回累積器ACC及其他暫存器的數值。〔POP〕

(7) 用RETI結束中斷處理程序，回復GIE = 1，堆疊暫存器的內容存入程式計數器PC。

先檢視下列的參考程式，利用接腳P0.0的電壓準位變動時觸發MCU中斷。參考上圖，當壓下連接接腳P2.0的按鈕時，P2.0短暫接地。當MCU指令BTS0偵測到P2.0 = 0時，程式跳到產生延時脈衝信號的迴圈。每次呼叫脈衝副程式時，掃瞄中斷要求旗標的位元〔0〕P00IRQ是否為1。若是1，表示在**方波的前緣或後緣發生中斷**，跳到清除旗標P00IRQ的指令，接著產生延遲脈衝。這樣產生與方波同步的一系列延遲脈衝。

```
            CHIP SN8P2501B
.....
.....
.DATA
            ORG 0
            TCONT_A DS 1
            TCONT_B DS 1
```

```
.CODE
          ORG 0
          JMP MAIN
          ORG 8
          JMP INT_SERVICE
          ORG 20
MAIN:
          .....
          B0BSET FGIE           ; INTERRUPT enable
          MOV A, #01H           ; 01H = 00000001B
          B0MOV INTEN, A
          MOV A, #18H           ; 18H= 00011000B
          B0MOV PEDGE, A        ; Bit[4:3] = 11, set INT0 level sensing
          CALL SYSINIT
START:    BTS0 P2.0             ; Press Key P2.0 to start pulse
          JMP ...
          JMP LOOP
.....
LOOP:     B0BCLR P2.2
          CALL PULSE
          JMP $-2
          .....
SYSINIT:
          CLR P0M               ; SET P0.0 as input
          CLR P1M
          MOV A, #3CH
          B0MOV P2M,A           ; SET P2.0～P2.1 as input, P2.2～P2.5 as output
          MOV A, #0FFH
          B0MOV P2UR, A
          RET
PULSE:    B0BTS1 FP00IRQ        ; Detect Interrupt to see if the flag bit P00IRQ = 1
          JMP $-1
          B0BCLR FP00IRQ        ; If P00IRQ=1, then clear this flag bit to await next interrupt event
          CALL DELAY
          B0BSET P2.2           ; Deliver a time-delay pulse from P2.2
          CALL PULSE_WIDTH
          B0BCLR P2.2
          RET
```

```
DELAY:    MOV A, #2FH
          B0MOV TCONT_A, A
          MOV A, #01FH
          B0MOV TCONT_B, A
          DECMS TCONT_B
          JMP $-1
          DECMS TCONT_A
          JMP $-5
          RET
PULSE_WIDTH:
          MOV A, #2FH
          B0MOV TCONT_B, A
          DECMS TCONT_B
          JMP $-1
          RET

INT_SERVICE: PUSH
          POP
          RETI
          ENDP
```

3-1 參考上面的範本，寫成完整的程式。如2-1-1節的步驟，以線上模擬器ICE模擬產生時間延遲的脈衝信號。這個程式以按下連接接腳P2.0的一個按鈕，來啟動與60 Hz方波同步的延遲脈衝。實作時，更改延遲的迴圈參數，使用示波器觀測60 Hz的對稱方波與脈衝的時序關係，繪製方波與脈衝的波形圖，標示出時間延遲的量測值。檢驗脈衝的延遲時間是否符合迴圈指令的設計。

3-2 同3-1節的操作，但是程式稍作修改，用**單一個**連接接腳P2.0的按鈕，循環按下時能夠依序啟動及停止延遲脈衝的產生。這裡須考慮機械式按鈕的彈跳，會造成指令BTS0 (或B0BTS0) 的檢測不穩定。實作時，以示波器觀察循環按下按鈕時之延遲脈衝是否出現或消失。

❖4. 要點整理

微控器是完整的數位處理器，其核心組成包括算術邏輯單元ALU，累積器ACC，記憶體ROM/RAM，程式計數器，旗標暫存器及時序產生器等單元，其週邊則配置輸入/輸出埠。

本單元介紹微控器的基本概念，學習撰寫微控器的系統程式，產生信號輸出，用來實現電路功能。研讀微控器的使用者手冊，例如SN-8P2501B User's Manual，可以直接進入微控器的技術領域。

練習

(略，參考5. 討論及問題)

❖5. 討論及問題

5-1 在2-2節，副程式DELAY1的指令如下：

```
DELAY1:          MOV A, #00FH
                 B0MOV TCONT_A, A
LOOP_OUT:
                 MOV A, #0FFH
                 B0MOV TCONT_B, A
LOOP_IN:
                 DECMS TCONT_B
                 JMP LOOP_IN
                 DECMS TCONT_A
                 JMP LOOP_OUT
                 RET
```

試計算這個副程式需要多少個處理器週期T_{CPU}。〔提示：參考7.附錄之「Instruction Table」，考慮TCONT_A及TCONT_B不是系統暫存器，執行指令DECMS需要$2T_{CPU}$。設TCONT_A及TCONT_B的初始值分別是a及b，計算得到DELAY1 =〔$3 + (5 + 4b)a$〕T_{CPU}。〕

5-2 在2-2節，若暫存器TCONT_A～C設定較大的數值，代表迴圈指令的執行產生較長的延遲時間。LED發光ON及不發光OFF之時間長度可以從理論計算出來，例如問題4-1的計算。在較長的延遲時間的的實驗，發現量測值與理論的際計算不符合。這個問題可以經由停止看門狗 (Watchdog) 的功能得到解決。試申論其理由。〔提示：看門狗計時器超過256 ms時溢位，會啟動重置動作。試在2-2節的DE-LAY2副程式的適當位置插入兩條指令，清除看門狗計時器WDTR，

MOV A, #5AH

B0MOV WDTR, A　　　〕

5-3 在3-1節以中斷發生作為參考點來產生延遲脈衝。脈衝相對於方波的前緣或後緣的時間差如何計算？如何計算呼叫副程式及執行中斷處理程序之時間？

5-4 試探討3-1節的時間延遲脈衝之可能的電路應用。

6. 參考資料

6-1 SN8P2501B User's Manual, Sonix Technology Co., LTD.

7. 附錄：Instruction Table

這裡列出本實驗單元常用的微控器指令，參考下頁的表列。更詳細的資訊查閱SN8P2501B User's Manual。

指令名稱	動作描述	執行週期 (T_{CPU}數目)
MOV A,M	A←M	1
MOV M,A	M←A	1
B0MOV A,M	A←M(bank 0)	1
BCLR M.b	M.b←0	1 + N
BSET M.b	M.b←1	1 + N
B0BCLR M.b	M(bank 0).b←0	1 + N
B0BSET M.b	M(bank 0).b←1	1 + N
INCMS M	M←M+1，若M=0，跳過下一個指令(S=1)	1 + N + S
DECMS M	M←M-1，若M=0，跳過下一個指令(S=1)	1 + N + S
BTS0 M.b	若M.b=0，跳過下一個指令(S=1，否則S=0)	1 + S
BTS1 M.b	若M.b=1，跳過下一個指令(S=1，否則S=0)	1 + S
B0BTS0 M.b	若M.b=0，跳過下一個指令(S=1，否則S=0)	1 + S
B0BTS1 M.b	若M.b=1，跳過下一個指令(S=1，否則S=0)	1 + S
JMP D	跳躍到D	2
CALL D	呼喚D	2
RET	PC←堆疊，回到主程式	2
RETI	PC←堆疊，從中斷程序回到主程式	2
PUSH		1
POP		1
NOP	沒有動作	2

註：在執行週期一欄，若M是系統暫存器，N = 0；否則，N = 1。

筆記欄

筆記欄

國家圖書館出版品預行編目資料

電子學實驗／謝太炯著. ——初版. ——臺北市：五南, 2013.07

面； 公分.

ISBN 978-957-11-7159-3（平裝）

1.電子工程 2.電路 3.實驗

448.6034 102011124

5DG6

電子學實驗

作　者— 謝太炯

發 行 人— 楊榮川

總 編 輯— 王翠華

主　編— 穆文娟

責任編輯— 王者香

封面設計— 小小設計有限公司

出 版 者— 五南圖書出版股份有限公司

地　址：106台北市大安區和平東路二段339號4樓

電　話：(02)2705-5066　傳　真：(02)2706-6100

網　址：http://www.wunan.com.tw

電子郵件：wunan@wunan.com.tw

劃撥帳號：01068953

戶　名：五南圖書出版股份有限公司

台中市駐區辦公室/台中市中區中山路6號

電　話：(04)2223-0891　傳　真：(04)2223-3549

高雄市駐區辦公室/高雄市新興區中山一路290號

電　話：(07)2358-702　傳　真：(07)2350-236

法律顧問　林勝安律師事務所　林勝安律師

出版日期　2013年7月初版一刷

定　價　新臺幣320元

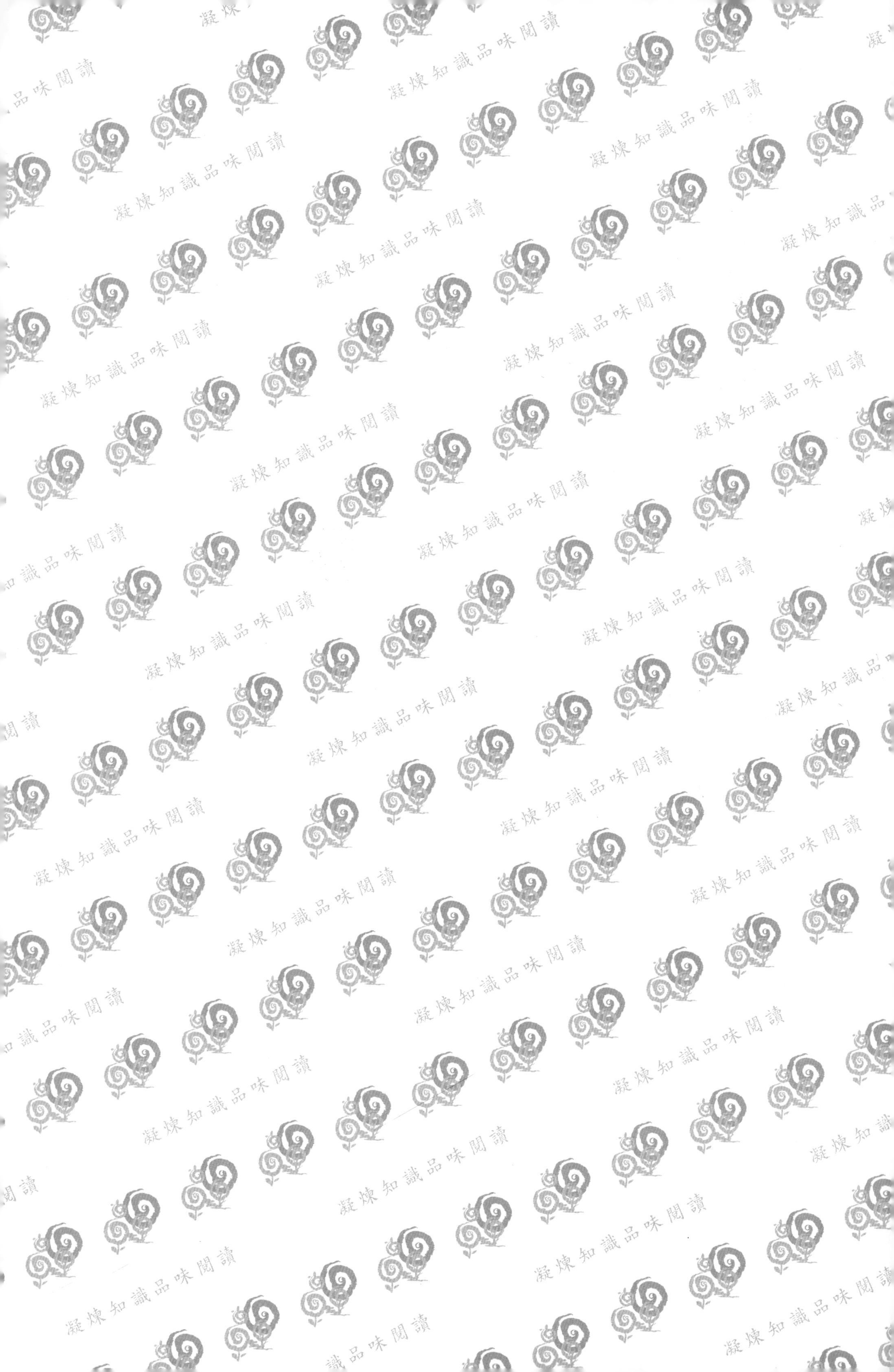

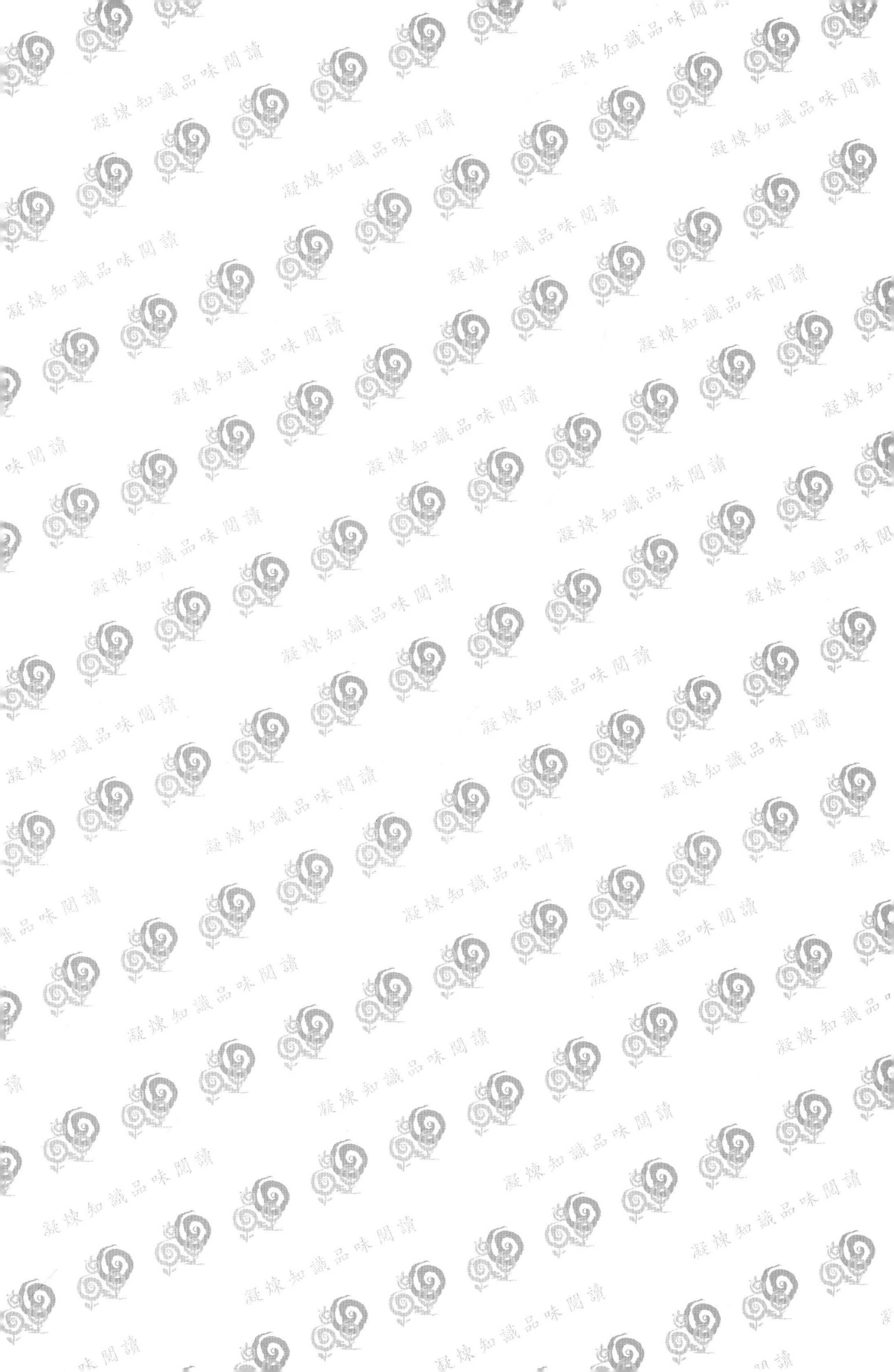
凝煉知識品味閱讀